高等学校工程管理专业应用型系列教材

工程招投标与合同管理

ENGINEERING BIDDING AND CONTRACT MANAGEMENT

张静晓　曹　珊　李志山　主　编

孔庆新　翟　颖　副主编

何红锋　主　审

中国建筑工业出版社

图书在版编目（CIP）数据

工程招投标与合同管理 = ENGINEERING BIDDING AND CONTRACT MANAGEMENT / 张静晓，曹珊，李志山主编；孔庆新，翟颖副主编 . -- 北京：中国建筑工业出版社，2025. 3. --（高等学校工程管理专业应用型系列教材）.
ISBN 978-7-112-30769-2

Ⅰ . TU723

中国国家版本馆 CIP 数据核字第 20255J0Z13 号

《工程招投标与合同管理》由建筑市场与招标投标基础、建筑工程合同管理理论与实践、建筑工程合同专项管理、建筑工程争议解决与索赔管理共 4 篇 11 章组成。通过本书的学习，学生可以系统掌握工程招标投标与合同管理的基本知识、工程招标投标的定义与过程、建筑工程合同的主要内容、建筑工程争议解决的方式等，为学生未来从事工程招标投标的理论研究及实践操作奠定良好基础。

本书在内容编写上积极吸收教学改革的新成果，强调了基础性、专业性、应用性和创新性，旨在深化对建筑市场准入制度和建设工程交易的理解，提升教育质量，培养符合行业需求的人才。同时，也强调了电子招标投标在建筑市场中的关键作用，以及面对的挑战和风险。这些内容为建筑市场的健康发展提供了有益的参考和启示。

本书的编写遵循 OBE 的教学理念，突出能力培养，按照"需求为准，够用为度，实用为先"的原则进行编写。本书可作为高等学校工程管理、工程造价及土木工程专业的教材或教学参考用书，也可供政府建设主管部门、建设单位、工程咨询及监理单位、设计单位、施工单位等有关工程管理或工程造价人员参考。

为更好地支持相应课程的教学，我们向采用本书作为教材的教师提供教学课件，有需要者可与出版社联系，邮箱：jckj@cabp.com.cn，电话：（010）58337285，建工书院：http://edu.cabplink.com（PC 端）。

责任编辑：张　晶　冯之倩
责任校对：李美娜

高等学校工程管理专业应用型系列教材
工程招投标与合同管理
ENGINEERING BIDDING AND CONTRACT MANAGEMENT
张静晓　曹　珊　李志山　主　编
孔庆新　翟　颖　副主编
何红锋　主　审

*

中国建筑工业出版社出版、发行（北京海淀三里河路 9 号）
各地新华书店、建筑书店经销
北京雅盈中佳图文设计公司制版
北京云浩印刷有限责任公司印刷

*

开本：787 毫米 × 1092 毫米　1/16　印张：18½　字数：420 千字
2025 年 3 月第一版　2025 年 3 月第一次印刷
定价：58.00 元（赠教师课件）
ISBN 978-7-112-30769-2
（44438）

前　言

数字化、低碳化引领着建筑行业的人才需求与实践导向持续变革，建设工程招标投标与合同管理涉及的市场准入、交易行为、合同类型与内容、法律法规体系及适用范围等，随之也发生了相当程度的革新。更为重要的是，工程管理人才的培养和改革面临"职普融通""产教融合""科教融汇"的机遇和挑战。人才培养的根基在于校企合作、产教融合来进行教材研发与建设。"教改"，改到深处是课程，改到难处是实践，改到实处是教材。工程管理教材建设应该充分吸收行业发展的前沿技术与实践经验，从实践材料中不断充实、优化和提升本科人才培养的知识点、知识单元和课程大纲，契合其人才培养的理论与实践并重、交叉融合的特点。

作为工程管理、工程造价、土木工程、房地产管理以及智能建造专业的核心教材，《工程招投标与合同管理》的教材建设更应该富有"产、学、研、用"的气息，反映工程建设、咨询行业成熟的新实践、新内容和新需求，达到强理论、重实践、能应用的目的和效果，让这门实践性非常强的课程走向更具实务操作的正确道路。

本书具有以下几个特点：

（1）强化"立德树人"和"以学生为中心"进行教材研发。注重用社会主义核心价值观引领知识传授，坚持招标投标及合同管理过程中厉行法治，不损害国家、企业和个人利益，树立学生职业道德和使命感，增强社会主义平等、公正、诚信、守法等观念。

（2）融合"产学研用一体化"的教材研发队伍。将高校教学、研究力量与行业顶级法律咨询团队相结合，在汲取以往优秀教材宝贵经验的基础上，产教融合、校企合作，有效解决传统教材内容与实际岗位要求脱节问题，将教育链、人才链与产业链、创新链有机衔接。

（3）研发了一套"固本创新"的教材大纲。本书在涵盖专业指南中工程招标投标与合同管理知识单元的基础上，立足大商务管理理念，采用学习目标＋知识图谱＋理论知识＋司法实例的思路，设计了"建设市场—招标投标—合同签订与履行—争议及索赔—工程司法审判"的大纲主线，增加了"政府采购项目、建设工程总承包合同管理、装配式建筑施工合同"等最新内容，并将"工程司法审判"增进同类教材中。

（4）充分反映行业发展与实践的最新成熟内容。本书中结合行业发展的现状，增加了"电子招标投标、大数据判定围标串标、EPC 和 PPP 项目中的联合体投标、建设工程 PPP 合同、建设工程 BIM（数字化）合同"等内容，坚持用全面、联系和发展的眼光看问题，力求提供新路径、解决新问题、促进新发展、催生新成果。

（5）系统性设计了"课程设计、毕业设计任务书及司法实例"。为了学生能够实操课程知识点，本书在附录部分编入了课程设计任务书和毕业设计任务书，以期提高学生独立思考、综合分析、解决实际问题的能力，便于培养高素质技术"理实一体"的管理人才。

全书章节编写分工如下：

山西大学孔庆新编写了第1章部分内容、第3章部分内容和第6章；

长安大学张静晓和陕西建工安装集团有限公司总法律顾问扈彬编写了第2章、第9章、第10章部分内容和第11章；

西安培华学院翟颖编写了第4章部分内容；

北京德恒律师事务所曹珊律师团队编写了第5章、第7章、第8章、附录1和附录2；

陕西合恒律师事务所李志山编写了第4章4.1~4.3节的司法案例和第10章的司法案例；

陕西秦北律师事务所张雪锋编写了第1章1.4~1.5节、第3章3.5节和3.7节。

本书由南开大学何红锋教授担任主审。

在编写过程中参考了国内外同类教材及相关资料，在此向原作者表示感谢！由于编者水平有限，书中难免有不足之处，真诚期待各位专家、读者提出宝贵意见。

本书适合高等院校工程造价、工程管理、土木工程、智能建造等相关专业的本科学生使用，也可作为各类工程技术人员的自学教材和企业培训用书。

目　录

第1篇　建筑市场与招标投标基础

第2篇　建筑工程合同管理理论与实践

第4篇　建筑工程争议解决与索赔管理

本教材涉及的法律法规名称及其简称

序号	法律法规全称	对应简称
1	《中华人民共和国建筑法》	《建筑法》
2	《中华人民共和国招标投标法》	《招标投标法》
3	《中华人民共和国民法典》	《民法典》
4	《中华人民共和国政府采购法》	《政府采购法》
5	《中华人民共和国保险法》	《保险法》
6	《中华人民共和国仲裁法》	《仲裁法》
7	《中华人民共和国民事诉讼法》	《民事诉讼法》
8	《中华人民共和国劳动法》	《劳动法》
9	《中华人民共和国公路法》	《公路法》
10	《中华人民共和国招标投标法实施条例》	《招标投标法实施条例》
11	《中华人民共和国政府采购法实施条例》	《政府采购法实施条例》

第1篇

建筑市场与招标投标基础

第 1 章　绪　论

学习目标：掌握建设市场相关概念；熟悉建筑工程项目管理的发展历程和趋势；掌握建设市场准入制度。

知识图谱：

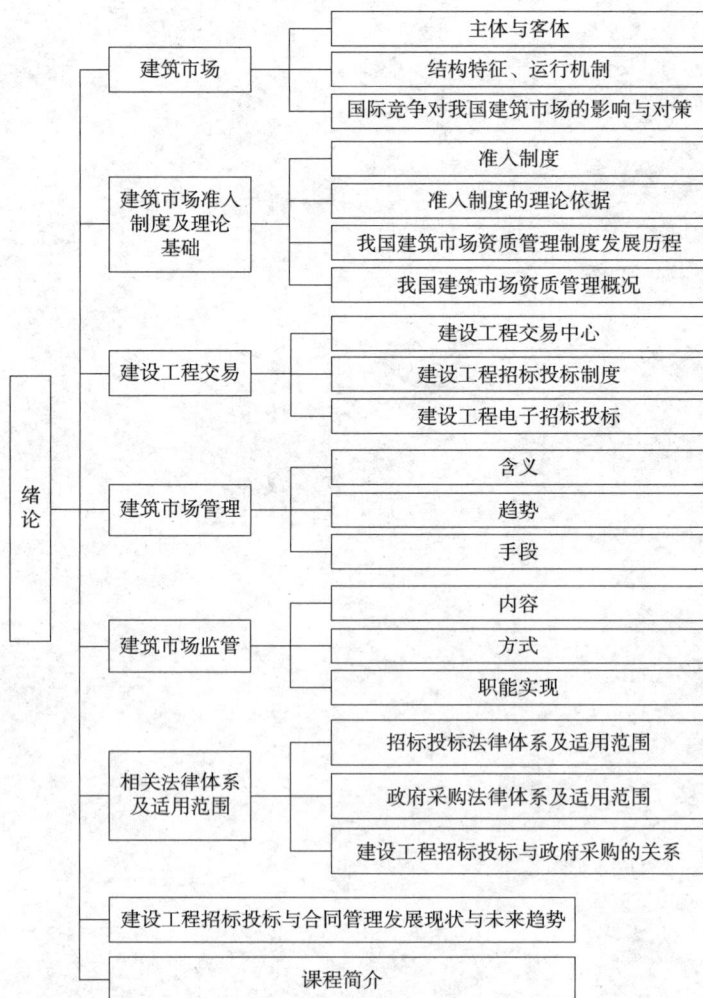

```
                           ┌─ 建筑市场 ──┬─ 主体与客体
                           │            ├─ 结构特征、运行机制
                           │            └─ 国际竞争对我国建筑市场的影响与对策
                           │
                           │  建筑市场准入  ┌─ 准入制度
                           ├─ 制度及理论 ──┼─ 准入制度的理论依据
                           │     基础      ├─ 我国建筑市场资质管理制度发展历程
                           │            └─ 我国建筑市场资质管理概况
                           │
                           │            ┌─ 建设工程交易中心
                           ├─ 建设工程交易 ─┼─ 建设工程招标投标制度
                           │            └─ 建设工程电子招标投标
                           │
                           │            ┌─ 含义
              绪论 ────────┼─ 建筑市场管理 ─┼─ 趋势
                           │            └─ 手段
                           │
                           │            ┌─ 内容
                           ├─ 建筑市场监管 ─┼─ 方式
                           │            └─ 职能实现
                           │
                           │  相关法律体系  ┌─ 招标投标法律体系及适用范围
                           ├─ 及适用范围 ──┼─ 政府采购法律体系及适用范围
                           │            └─ 建设工程招标投标与政府采购的关系
                           │
                           ├─ 建设工程招标投标与合同管理发展现状与未来趋势
                           │
                           └─ 课程简介
```

1.1 建筑市场

建筑业是国家经济建设和社会发展的重要组成部分，指国民经济中从事建筑安装工程的勘察、设计、施工以及对原有建筑物进行维修活动的物质生产部门，对于经济社会的发展具有重要的战略意义。

1-1
建筑业和
建设工程的
概念

1.1.1 建筑市场概述

建筑市场是建设工程市场的简称，是进行建筑商品和相关要素交换的市场，以建设工程承发包交易活动为主要内容，是固定资产投资转化为建筑产品的交易场所。建设工程市场有广义市场和狭义市场之分，狭义的市场一般是指有形建筑市场，具有固定的交易场所；广义的市场包括有形市场和无形市场，无形市场是在建设工程交易之外的各种交易活动及处理各种关系的场所。

1.1.2 建筑市场的主体和客体

建筑市场是工程建设生产与交易关系的总和，包括工程建设技术、劳务、租赁等市场，广告、中介机构等提供专业服务的组织体系，涉及建筑商品生产过程及流通过程的经济关系。

（1）建筑市场主体

建筑市场的主体是指参与建筑生产交易的各方。主要包括业主（又称建设单位或发包人）、承包商（勘察、设计、施工、资料供应）、为市场主体服务的各种中介机构（咨询、监理）等。

（2）建筑市场客体

1-2
建筑市场
主体的概念

建筑市场的客体一般称作建筑产品，是建筑市场的交易对象，既包括有形建筑产品——建筑物、构筑物，也包括无形产品——咨询、监理等各类智力型服务。

1-3
建筑产品的
概念

1.1.3 建筑市场的结构特征和运行机制

（1）建筑市场的结构特征

建筑市场结构特征是指建筑市场的组织特征，主要包括建筑产品交易的买方和卖方的集中程度，即买方或卖方的数目和交易的规模、产品的差别程度或买方对不同卖方的产品质量和声誉的鉴别程度等。与一般市场相比，建筑市场结构具有许多特点，主要表现在以下几个方面：

①交易在需求者和生产者之间直接进行。②建筑产品具有很长的交换过程。③建筑市场具有显著的区域性。④建筑市场竞争激烈。⑤建筑市场风险较大。

（2）建筑市场的运行机制

建筑市场运行机制是指建筑市场运行的实现体制，它依靠市场中供求、价格、竞争三大构成要素之间的相互联系和相互作用，自动调节企业的生产经营活动，实现社会经济的协调发展。我国建筑市场的运行模式可概括为："运行主体——建筑企业；运行基地——建筑市场；调节主体——国家；调节对象——市场活动"的运行模式，简单讲，即"国家调控市场，市场引导企业"的模式，以企业为本位，以市场为基础。

1.1.4 国际竞争对我国建筑市场的影响与相应的对策

随着全球经济一体化程度的提高，我国"走出去"战略不断深化，我国建筑工程企业海外业务发展迅猛，承揽的项目规模不断扩大，国际竞争力显著提升。我国的建筑工程企业正从劳动密集型向技术密集型转化，先进技术和工艺设备大量采用，专业化程度越来越高。

（1）国际竞争对我国建筑市场的影响

国际竞争对我国建筑市场的最直接的影响是市场的开放。有利的影响是市场的开放突破了封闭条件下需求和资源的制约，带动并提高了我国的建筑资源的配置效率，以及相关产业的发展，有利于我国国内建筑市场的发展和活跃。国际承包商先进的管理理念和技术应用也会进入中国。不利的影响是与我国建筑业的历史沿革及行业定位有关。我国建筑业技术水平、经济效益都相对低下，产值利润率也不高，整体水平仍然很低，在国际市场竞争中能力比较弱。

（2）应对策略

国际竞争对我国建筑行业来说机遇与挑战并存，关键是如何寻找相应的对策。就目前而言，建议从以下几个方面入手寻找解决的途径：

①加快建筑企业的改革步伐。②加快建立适应国际竞争要求的企业经营管理体系。③注重新技术的开发和引进，加大科技进步的力度。④坚持以人为本，培养和造就高素质的经营管理队伍。⑤强化建筑企业内部管理。

1.2 建筑市场准入制度及理论基础

1.2.1 建筑市场准入制度

建筑市场准入制度是对进入建筑市场提供产品和服务的主体资格进行限制和管理的制度，是国家为了加强对工程建设活动的监督管理，维护公共利益和工程建筑市场秩序，保证建设工程质量安全，促进建筑业健康发展而制定的一系列法律法规、政策规定的总称。包括《建筑法》《建设工程勘察设计资质管理规定》《工程监理企业资质管理规定》《建筑业企业资质管理规定》，以及其他相应的企业资质标准等。企业资质管理是建设工程领域非常重要的一项市场准入制度，工程建筑市场相关企业必须符合相关规定要求，并取得相应的企业资质证书（准入许可），才能进入工程建筑市场领域从事生产经营活动。

1.2.2　建筑市场准入制度的理论依据

（1）政府与市场关系理论

政府经济学家认为，市场由于存在市场缺损、市场的外部性、公共物品供给不足、市场不完善、收入与分配的不公平、信息偏差等相关缺陷，所以需要政府进行干预，这也是政府存在的一个理由。但政府的介入并不等于由政府完全代替市场，而是要以市场机制为基础，运用政府的力量，遏制或限制市场机制自发运行所产生的经济波动。但政府干预也同样存在缺陷，而且可能不仅达不到干预目标，还会起到不良的效果，即出现"政府失灵"。建筑市场准入管理是政府通过行政手段弥补建筑市场缺陷的管理活动，必须合理确定政府和市场关系，将市场的自我调节机制与政府的行政管制职能有机地结合起来。

（2）市场经济反垄断

市场经济配置资源是以利益为中心，任何资源主体都有追逐利益的权力，而这又是通过竞争机制来实现的，因而市场经济要求完全自由的竞争，否则就无法实现高效配置资源的作用。妨碍竞争的垄断主要有三种：自然垄断、技术垄断、行政性垄断。我国建筑行业由于长期受计划经济的影响，行业保护、行业垄断现象都比较突出。

（3）公共选择理论

公共选择理论是以布坎南为首的公共选择学派提出并发展的。它把个人之间相互交换的利益概念转移到政治决策领域中。在建筑市场准入管理中，政府政策的多样性容易造成公共选择的情况发生。同时，国有或国有控股的公司提供的产品相当一部分是公共产品，具备公共产品的特点。

1.2.3　我国建筑市场资质管理制度的发展历程

（1）初步建立阶段

我国早在 20 世纪 80 年代就对建筑行业实施了企业资质管理制度。1984 年以前，我国对施工企业实行"注册管理"。建筑企业只需履行注册手续，用于确定企业经营的合法性，对企业自身的资历和业绩、技术水平及经营综合实力等没有任何要求。

（2）探索和扩大阶段

在 1984 年资质管理的基础上，建设部分别于 1989 年、1995 年和 2001 年又对建筑业企业资质等级和管理规定进行了三次调整，从覆盖范围和影响力上看，资质管理的水平和深度逐步提高。

（3）资质管理深化阶段

因受国际建筑市场的影响日益增加，我国建筑业的产业结构和市场竞争环境也发生了巨大变化。在 2001 年，我国又对《建筑业企业资质等级标准》进行了修改，将建筑业资质管理分为施工总承包、专业承包及劳务分包三类；《建设工程企业资质管理制度改革方案》（建市〔2020〕94 号）将企业资质审批条件进一步大幅精简；《国务院关于深化"证照分离"改革进一步激发市场主体发展活力的通知》（国发〔2021〕7号）文，对相关资质的取消、合并提出了明确意见。

1.2.4 我国建筑市场资质管理概况

（1）建筑市场资质管理的分类

建筑业资质管理是建设工程领域非常重要的一项市场准入制度。在资质管理上，我国和欧美等发达国家有很大差别，我国侧重对建筑企业的资质管理，个人执业资格隶属于企业的市场准入制度；发达国家则是侧重于对专业人员的从业资格管理。

（2）建筑企业从业资格条件

根据《建筑法》《行政许可法》《建设工程质量管理条例》《建设工程安全生产管理条例》等法律、行政法规，以及《建筑业企业资质管理规定》中规定，企业应当按照其拥有的资产、主要人员、已完成的工程业绩和技术装备等条件申请建筑业企业资质，经审查合格并取得建筑业企业资质证书后，方可在资质许可的范围内从事建筑施工活动。取得建筑业企业资质的主要条件有：①有符合规定的净资产；②有符合规定的主要人员；③有符合规定的已完成工程业绩；④有符合规定的技术装备。

（3）施工企业的资质管理体制

我国对建筑业企业的资质管理，实行分级实施与有关部门相配合的管理模式。《建筑业企业资质管理规定》中规定，国务院住房和城乡建设主管部门负责全国建筑业企业资质的统一监督管理。国务院交通运输、水利、工业信息化等有关部门配合国务院住房和城乡建设主管部门实施相关资质类别建筑业企业资质的管理工作。省、自治区、直辖市人民政府住房城乡建设主管部门负责本行政区域内建筑业企业资质的统一监督管理。

（4）施工企业资质的许可权限

《建设工程企业资质管理制度改革方案》中规定，进一步加大放权力度，选择工作基础较好的地方和部分资质类别，开展企业资质审批权下放试点，将除综合资质外的其他等级资质，下放至省级及以下有关主管部门审批（其中，涉及公路、水运、水利、通信、铁路、民航等资质的审批权限由国务院住房和城乡建设主管部门会同国务院有关部门根据实际情况决定），方便企业就近办理。

（5）专业从业人员资格管理

在建筑市场中，专业人士是指具有一定专业学历、资历的从事建筑活动的专业技术人员。《建筑法》（2019年修正）第十四条规定，从事建筑活动的专业技术人员，应当依法取得相应的执业资格证书，并在执业资格证书许可的范围内从事建筑活动。

（6）我国建筑业资质管理中出现的问题

1）企业违规挂靠，破坏了建设市场的正常秩序。我国依据建筑市场准入制度的要求，颁布了一系列法律法规，对从事工程建设的主体资格作了严格规定。设置建筑业的进入壁垒，是引发企业违规挂靠的政策原因。经政府主管部门认定的企业资质等级后，忽略操作过程的监控管理，是引发企业违规挂靠的行政原因。资质标准在市场上有权威性，是引发企业违规挂靠的市场原因。在利益的驱使下，使挂靠者和被挂靠者各取所需，扰乱了建设市场的正常秩序。

2）人为分割建筑市场，制约企业发展。由于资质管理制度的限制，企业的经营范围被资质分割，这不利于市场主体的充分竞争，严重制约了有活力企业的发展，缩小了企业的竞争范围。

3）易导致寻租和腐败的产生。企业资质申报、审批都是由行政主管部门或由行政主管部门指定的机构负责实施，对于资质的审查、监督管理、市场违规行为的处理等整个管理环节，行政主管部门均发挥着主导作用。对于个人执业资格准入制度，从考试、注册、执业、继续教育到监督管理等均由行政主管部门组织实施。资质管理权的高度集中容易产生暗箱操作和寻租行为现象。

1.3 建设工程交易

1.3.1 建设工程交易中心

建设工程交易中心是为了建设工程招标投标活动提供服务的自收自支的事业性单位，而非政府机构。政府有关部门及其管理机构可以在建设工程交易中心设立服务"窗口"，并对建设工程招标投标活动依法实施监督。

（1）建设工程交易中心的发展现状及作用

建设工程交易中心是我国建设工程招标投标管理体制改革深化的产物。在建筑市场不断发展的背景下，截至目前，建设工程交易中心已成为我国各地推动和规范建设工程招标投标交易活动不可或缺的重要平台。

建设工程交易中心在保证工程招标投标活动健康发展、提高招标投标工作效能与服务水平和推动整个建筑市场规范发展中所发挥的重要作用越来越明显。

（2）建设工程交易中心的性质及主要职责

建设工程交易中心是服务性机构，不是政府管理部门，也不是政府授权的监督机构，本身并不具备监督管理职能。《招标投标法实施条例》第五条："设区的市级以上地方人民政府可以根据实际需要，建立统一规范的招标投标交易场所，为招标投标活动提供服务。招标投标交易场所不得与行政监督部门存在隶属关系，不得以营利为目的"。政府有关部门及其管理机构对建设工程招标投标活动依法实施监督。其主要职责主要有：贯彻执行建筑市场和建设工程管理的法律、法规和规章，为建筑市场进行交易各方提供服务；配合市场监管相关部门调解交易过程中发生的纠纷；向政府有关部门报告交易活动中发现的违法违纪行为。

（3）我国建设工程交易中心的基本功能

1）信息服务功能：我国建设工程交易中心的信息服务主要包括收集、存储和发布各类工程信息、法律法规、造价信息、建材价格、承包商信息、咨询单位和专业人士信息等，在设施上配备大型电子墙、计算机网络工作站，为承发包交易提供广泛的信息服务。

2）场所服务功能：所有建设项目进行招标投标必须在有形建筑市场内进行，必须由有关管理部门进行监督。按照这个要求，工程建设交易中心必须为工程承发包交易双方，包括建设工程的招标、评标、定标、合同谈判等提供设施和场所服务。同时，要为政府有关管理部门进驻集中办公、办理有关手续和依法监督招标投标活动提供场所服务。

3）集中办公功能：由于众多建设项目要进入有形建筑市场进行报建、招标投标交易和办理有关批准手续，这就要求政府有关建设管理部门进驻工程交易中心，集中办理有关审批手续和进行管理，建设行政主管部门的各职能机构也进驻建设工程交易中心。受理申报的内容一般包括工程报建、招标登记、承包商资质审查、合同登记、质量报检、施工许可证发放等。

（4）建设工程交易中心的运行原则

1）信息公开原则：有形建筑市场必须充分掌握政策法规、工程发包、承包人和咨询单位的资质、造价指数、招标规则、评标标准、专家评委库等各项信息，并保证市场各方主体都能及时获得所需的信息资料。

2）依法管理原则：建设工程交易中心应严格按照法律、法规开展工作，尊重建设单位，依照法律规定选择投标单位和选定中标单位的权利。尊重符合资质条件的建筑业企业提出的投标要求和接受邀请参加投标的权利。任何单位和个人不得非法干预交易活动的正常进行。

3）公平竞争原则：公平竞争的市场秩序是建设工程交易中心的一项重要原则。进驻的有关行政监督管理部门应严格监督招标。对于投标单位的行为，应防止行业、部门垄断和不正当竞争，不得侵犯交易活动各方的合法权益。

4）属地进入原则：按照我国有形建筑市场的管理制度，建设工程交易实行属地进入。每个城市原则上只能设立一个建设工程交易中心，特大城市可以根据需要，设立区域性分中心，在业务上分中心受中心领导。

5）办事公正原则：建设工程交易中心是政府建设行政主管部门批准建立的服务性机构。需要各行政管理部门做好相应的工程交易活动管理和服务工作。要建立监督制约机制，公开办事规则和程序，制定完善的规章制度和工作人员守则，发现建设工程交易活动中的违法违规行为，应当向政府有关部门报告，并协助处理。

（5）建设工程交易中心的运作程序

建设工程交易中心的运作程序一般为：

1）拟建工程得到计划管理部门立项（或计划）批准后，到中心办理报建备案手续。工程建设项目的报建内容主要包括：工程名称、建设地点、投资规模、资金来源、当年投资额、工程规模、工程筹建情况、计划开工和竣工日期等。

2）报建工程由招标监督部门依据《招标投标法》和有关规定确认招标方式。

3）招标人依据《招标投标法》和有关规定，履行建设项目包括项目的勘察、设计、施工、监理以及与工程建设有关的重要设备、材料等的招标投标程序。

4）自中标之日起30日内，发包单位与中标单位签订合同。

5）按规定进行质量、安全监督登记。

6）统一缴纳有关工程前期费用。应缴纳的工程前期费有：土地批租费、城市基础设施配套费、人防工程费、异地绿化费、招标手续费、质量与安全监督费、交易契税、合同鉴证费、工程保险费等。

7）领取建设工程施工许可证。

1-4
申请领取施
工许可证应
具备的条件

1.3.2 建设工程招标投标制度

（1）建设工程招标投标

建设工程招标投标是建筑产品作为商品进行交换的一种交易形式。通过招标采购，招标方能够以最低或更低的价格获得性价比相对最高的货物、工程或服务。工程招标投标具有能够提高经济效益和社会效益，提高招标工程质量、提高资金使用效率等众多优点，同时由于国家招标投标法等相关法律法规约束，建设工程招标投标成为建筑产品交易最重要的一种形式。

（2）建设工程招标投标制度

建设工程招标投标制度，是建设单位对拟建的建设工程项目通过法定的程序和方法吸引承包单位进行公平竞争，并从中选择条件优越者来完成建设工程任务的行为。《招标投标法》规定，在中华人民共和国境内进行下列工程建设项目包括项目的勘察、设计、施工、监理以及与工程建设有关的重要设备、材料等的采购，必须进行招标：①大型基础设施、公用事业等关系社会公共利益、公众安全的项目；②全部或者部分使用国有资金投资或者国家融资的项目；③使用国际组织或者外国政府贷款、援助资金的项目。

1.3.3 建设工程电子招标投标

（1）电子招标投标的含义

电子招标投标是以数据电文形式，依托电子招标投标系统完成的活动。电子招标投标将招标、投标、开标、评标、监督等一系列业务操作全程线上化，实现高效、规范、安全、低成本的招标投标管理。

（2）电子招标投标的优势

电子招标投标系统提供了电子标书、数字证书加解密、计算机辅助开标、评标等技术，全面实现了资格标、技术标和商务标的电子化和计算机辅助评标，支持电子签到、流标处理和中标锁定，支持电子评标报告和招标投标数字档案，网络的实时性和同步性打破了传统意义上的地域差别和空间限制，与依托纸质文件开展的招标投标活动并无本质上的区别，极大提高了招标投标的效率，节省了招标投标的成本。利用电子招标投标主要有以下三点优势：

1）消除时空屏障，构建统一招标投标市场。

2）减少寻租空间，营造阳光招标投标环境。

3）积累基础信息，构建招标资源信息库，确保数据信息的准确可靠，提高招标质量。

（3）电子招标投标与传统招标投标的区别

电子招标投标与传统模式相比，在一些环节上有所不同：

1）文件备案环节。传统招标模式招标公告和采购招标文件上报主管部门审查时，主要依据历史文件或范本。电子招标模式投标文件、资格审查文件、技术标文件、商务标文件等均采用电子标书形式；招标文件、投标文件中的签名盖章，全部采用相应数字证书的电子签名及签章；系统自动生成 PDF 格式的招标文件，加盖电子印章，审核时只需审核可换数据。

2）招标公告环节。传统招标模式由专人出售，线上或线下获取招标文件，同时确定线下开标的时间、地点等信息。投标文件打印成本高。电子招标模式在统一的电子招标投标系统发布资格预审公告、招标公告或投标邀请书，供潜在投标人下载查阅。投标人在平台注册后，网上自行购买招标文件，支付成功后自动下载，招标文件的获取不受时间限制。

3）答疑澄清环节。传统招标模式澄清和答疑由招标人或招标代理书面文件逐个通知各投标单位。电子招标模式通过平台发布和进行，公告澄清或修改内容以短信、邮件等方式通知所有已下载资格预审文件或招标文件的潜在投标人。

4）投标环节。传统招标模式需打印装订多份纸质投标文件，签字盖章、封标，在截止时间前现场投递。投标文件撤回和修改，需要在投标截止时间前去现场撤回，并书面通知招标人。电子招标模式线上制作电子投标书，加密和电子签名后上传至平台。电子投标文件的撤回和修改，可直接在平台进行操作，修改好的文件重新上传即可。

5）开标环节。传统招标模式线下现场开标，大量纸质文件递交给招标人或代理机构，供应商参加开标会的成本较高。电子招标模式线上开标大厅在线开标，有效节省了投标人的差旅费。供应商在开标前对加密投标文件自行进行解密，招标人会在招标文件中明确投标文件解密失败的补救方案。

6）评标环节。传统招标模式线下进行，人工制作评标表格，评委翻阅纸质标书书面打分，最后人工汇总分值。电子招标模式采用在线进行评标，需要投标人对投标文件进行澄清或说明的，通过电子招标投标平台进行。专家完成评标后，系统自动汇总生成评标报告。对评标结果有异议的，后续答复均通过平台进行。

7）定标环节。传统招标模式采用手工编制评标报告，由专人发布中标公告，并以传真电话的形式通知中标人领取中标通知书。电子招标模式由系统自动生成评标报告、中标公告等，通过邮件、短信等形式发送给相应供应商。中标人最终确定后，通过平台向中标人发出电子中标通知书，向未中标人发出电子中标结果通知书。最后，招标人通过平台，线上与中标人签订合同。

电子招标投标系统有交易平台、公共服务平台和行政监督平台。构成的电子招标投标系统中最重要的或者处在基础作用的是交易平台，目前，交易平台建设大体分为自建和外包两种建设方式，承建平台单位有平台提供商和软件开发商两类。

互联网初期的网站多为信息发布平台，信息流通常为单向通道，缺少反馈机制；

而现在的网站多为作业平台的入口，信息流处于多向通道，同时支持协同作业。全流程、全参与地在线协同作业，不仅能提升作业效率和经营效益，还可以助力过程数据自动生成结果数据，可以避免"数据被污染"，进而获得真实数据。真实数据经大数据技术处理，可转换为数据资源，转化成新生产要素，反馈给用户。过程数据自动生成结果数据的另一好处是显现了电子招标投标系统的区块链属性，可以助力诚信体系建设。

1.4 建筑市场管理

建筑工程领域资本规模巨大，标准规范繁多，材料工艺丰富，专业工种广泛，技术含量高，劳务参差密集，关乎国计民生，因而中国建筑行业的法律法规规范、行政监督管理、市场主体品质、市场秩序调理等呼唤着依法管理、系统管理、质量管理和能效管理的有机统筹，以期更好地适应具有中国特色社会主义建筑市场的繁荣发展。

1.4.1 建筑市场管理含义

建筑市场管理，是指各级人民政府建设行政主管部门、工商行政管理机关等有关部门，按照各自的职权，对从事各种房屋建筑、土木工程、设备安装、管线敷设等勘察设计、施工、建设监理，以及建筑构配件、非标准设备加工生产等发包和承包活动的监督、管理。

（1）明确管理定位

建筑市场管理要考虑两个方面：纵向管理和横向管理。纵向管理包括：规模、业务、文化等；横向管理则影响市场经营的效率，有必要进一步明确业务范围或区域范围。

（2）从管控到赋能

在明确组织层级定位的基础上，进一步需要扭转组织管控模式，即由"重管控"向"重服务"转变。可以提供市场经营赋能的方向：分级共享的客户资源库；提供便捷的管理工具；向经营团队赋能；品牌和技术赋能。

（3）重塑流程

市场管理机构重塑，从"我有什么能力就提供什么服务"的"以我为主"的运营模式，向"我需要做什么来实现更好的服务"转变。

1.4.2 建筑市场管理趋势

建筑业在吸纳农村转移人口就业、推进新型城镇化建设和维护社会稳定等方面继续发挥显著作用。近几年来，中国建筑业的竞争呈现以下三个特点：

第一，完全竞争性行业。中国建筑业市场准入门槛不高，建筑企业数量众多，经营业务单一，加之行业集中度低，市场竞争激烈，行业整体利润水平偏低。

第二，专业化分工不足，竞争同质化明显。中国建筑企业同质竞争严重，经营领域过度集中于相同的综合承包目标市场。同时，专业化建筑企业比例远低于发达国家水平，与建筑业多层次专业化分工承包生产的需求不相适应。

第三，大型建筑企业的竞争优势较为明显。总体上看，占据较大市场份额的是具备技术、管理、装备优势和拥有特级资质的大型建筑企业。"统一大市场"是近年来的发展趋势，相关政策意见也提出，从基础制度建设、市场设施建设等方面打造全国统一的大市场。

1.4.3　建筑市场管理手段

（1）推动交易平台优化升级

加快推进公共资源交易全流程电子化，积极破除公共资源交易领域的区域壁垒。深化公共资源交易平台整合共享，研究明确各类公共资源交易纳入统一平台体系的标准和方式。

（2）破除地方保护和区域壁垒

建立涉企优惠政策目录清单并及时向社会公开，及时清理废除各地区含有地方保护、市场分割、指定交易等妨碍统一市场和公平竞争的政策。招标投标和政府采购中严禁违法限定或者指定特定的专利、商标、品牌、零部件、原产地、供应商，不得违法设定与招标采购项目具体特点和实际需要不相适应的资格、技术、商务条件等。深入推进招标投标全流程电子化，加快完善电子招标投标制度规则、技术标准，推动优质评标专家等资源跨地区、跨行业共享。

（3）维护市场依法平等准入和退出

除法律法规明确规定外，不得要求企业必须在某地登记注册，不得为企业跨区域经营或迁移设置障碍。不得设置不合理和歧视性的准入、退出条件以限制商品服务、要素资源自由流动。不得以备案、注册、年检、认定、认证、指定、要求设立分公司等形式设定或者变相设定准入障碍。不得在资质认定、业务许可等方面，对外地企业设定明显高于本地经营者的资质要求、技术要求检验标准或评审标准。

（4）拓展信用评价应用

工程质量信用评价是构建企业、政府、协会、公众等质量共同治理体系的基础；通过信用评价掌握工程质量全局，还能通过建立竞争机制、实施差别监管，推动施工现场与交易市场的"两场"联动。构建以工程质量为核心的建筑市场体系，并积极拓展信用评价应用。要充分发挥市场机制在工程质量管理资源配置中的决定性作用，建立招标投标与工程质量信用管理联动机制。此外，结合工程质量信用评价结果，对建筑市场主体在市场准入、资质认定、行政审批、政策扶持等方面实施信用分类监管。在行业内部建立起竞争机制，并有利于深入探索工程质量信用分类监管机制，为更科学地构建以信用为基础的新型监管机制提供基础。

（5）完善质量信用体系

质量信用体系是推动工程高质量发展的重要基础。为引导建筑企业建立质量诚信自律机制，还需不断加强质量信用体系建设，从行政手段入手，形成质量诚信之风。还可以从质量信用信息认定、记录、归集、共享、公开、惩戒和信用修复各环节入手，着力解决失信行为界定不准确、失信惩戒措施滥用、信用修复机制不完善等问题。如围绕失信惩戒，住建领域可综合运用行政性、市场性、行业性、社会性约束和惩戒以及法律法规、社会信用体系建设部际联席会议确定的其他惩戒措施，并定期更新行业失信惩戒措施基础清单，经审定后向社会公布并组织实施。

（6）健全工程质量治理制度机制

尽快构建优质优价的质量治理体系，在土地招拍挂时建立质量品质竞争机制。开展质量风险分级管控和测评工作，构建以质量为核心的建筑市场和施工现场联动机制，有效实现差别化监管和精准监管。坚持以问题为导向，主攻薄弱环节，注重长短结合，实施标本兼治，全面总结提升行动经验，建立健全长效机制，开展常态化重点治理。

1.5 建筑市场监管

1.5.1 建筑市场监管内容

建筑市场监管是指监管主体依据相应规则对建筑市场交易主体及活动进行监督与管理的行为。由于建筑产品和建筑生产的特殊性以及建筑市场的复杂性，建筑市场监管是一个比较复杂的系统，主要体现在监管内容的复杂性、监管主体和监管对象的多元性。在监管内容方面，不仅需要对建筑生产行为等一系列建筑活动进行监管，还需要对市场准入和退出等行为进行监管，以及对建筑活动的成果——建筑产品进行监管；在监管主体方面，并不局限于建设行政主管部门，还包括其他政府相关部门和非政府组织；监管的对象不仅包括生产者，也包括购买者（投资者），不仅包括企业，也包括个人。

1.5.2 建筑市场监管方式

市场经济要求规范政府行为，政府的职能主要是对社会实行公共管理，制定公共政策，为全社会提供公共物品和公共服务，以满足人民群众不断增长的物质和文化需要。

为了使建筑生产经营活动高效、有序地进行，政府主管机构必须正确确定自己的管理职能，对各种问题（管理体制、管理机构、管理方法等）的决策和处理要建立在科学的基础上，要有充分的科学依据，要处理好政府与市场的关系以及政府与企业的关系。

政府的职能定位决定了政府主管机构的任务，就建筑市场而言，政府主管机构的任务包括对建筑产品和生产的管理，对建筑市场活动主体（业主、设计机构、施工机构咨询机构）的监督和管理，以及对建筑业整个行业的管理，当然，还包括建筑业外部环境的协调，如环境保护等。政府主管机构对建筑产品和生产的管理涉及以下三个方面：建筑产品的规划；对建筑产品生产过程的监督和管理；对建筑产品生产信息的管理。

1.5.3 建筑市场监管职能实现

市场监管总局印发《法治市场监管建设实施纲要（2021—2025年）》（以下简称《纲要》）。《纲要》明确，到2025年，职责明确、依法履职、智能高效的市场监管体系日益健全，市场监管法律制度更加完善，市场监管行政执法更加高效，市场监管法治监督更加强化，市场监管法治保障更加有力，市场监管法治建设推进机制更加顺畅，法治市场监管建设各项工作再上新台阶，为实现2035年基本建成法治国家、法治政府、法治社会，贡献市场监管力量和智慧。

监管建筑行业的违法行为可通过以下途径监管：

（1）加大行政执法力度，提高执法业务能力

建筑市场违法挂靠、违法分包转包等问题层出不穷，主要还是违法成本太低，对其处罚力度不够，没有触碰到违法企业的痛处。另外，可以从其资质管理方面入手，根据违法情节的严重程度，可以采取降低企业资质等级或限制其在一定时间期限内不得承揽施工任务或不得参与招标投标等惩罚措施。对于个人来说，违法挂靠注册证书的，根据其情节可以吊销其注册证书或者限定几年内不允许注册执业。

作为执法人员，其执法业务能力还需要加强和提高，对于国家的法律法规和条例等要完全掌握，对于市场的研判、案子违法情节轻重的判断均应有一个准确尺度的把握。同时，对于建筑市场的违法乱象要能够准确辨别。

（2）信息公开，充分发挥全国建筑市场监管与诚信发布平台的监管联动作用

将分包单位的企业信息、管理人员、施工项目以及企业信用等信息全部纳入"四库一平台"，有效实现建筑市场和施工现场监管的联动，全面实现全国建筑市场"数据一个库、监管一张网、管理一条线"的信息化监管目标。地方住房和城乡建设部门通过网络管理平台都能找到每个分包项目的具体实施情况和各级负责人，实现信息的共享，这在很大程度上杜绝了挂靠和违法分包转包等这些暗箱操作的行为。

（3）建立联动机制，形成合力

地方住房和城乡建设部门要统筹市场准入，综合招标投标、合同备案、施工许可、质量安全监督、行政执法等各个环节、各个部门的监管力量，建立综合执法机制。对于责任主体单位自查自纠发现问题并积极予以整改的，不予追究责任。对于发现问题后拒不整改的，要依法从严惩处。

贯彻落实国务院关于建设"互联网＋监管"系统的部署，各省陆续启动省一体化的"互联网＋监管"平台建设。从顶层设计看，"互联网＋监管"凭借政策制度、标准规范、安全运维三大保障体系，依托监管数据中心与相关业务系统的对接，平台能

够实现执法监管、监测预警、决策支持三大系统功能。为建筑市场从传统人工型管理向数字监管型管理转变提供了强大动力，推动实现事中事后监管规范化、精准化、智能化。

1）监管更规范：清单以外基本无监管

为统一监管事项口径和标准，对标国家版执法监管事项清单，"互联网＋监管"平台中明确了每一个监管事项的负责单位（监管部门）、监管层级、监管对象、设定依据、监管流程、监管结果，实施监管事项清单管理制度化。

2）监管更精准：大数据技术赋能监管

有了平台、有了事项，不断汇集的数据让"互联网＋监管"成为可能，实现了数据"一网归集""一网共享"，为"互联网＋监管"提供了坚实的数据支撑。

运用大数据算法、地理信息系统（GIS）等前沿技术通用组件，"互联网＋监管"平台能够支撑各级住房和城乡建设部门将数据资源与监管行为有效融合：数据平台提供共享调用服务；大数据处理分析平台提供批量数据建模分析支撑；各级住房和城乡建设部门可以实现从数据采集、归集、整合、共享、开放到应用的全生命周期管理，提升监管信息归集率、投诉举报受理率、协同监管响应率。

3）监管更智能：常规监管走向智慧化

在监管数据中心的基础上，"互联网＋监管"平台形成了风险情况自动监测、预警信息自动推送、核查任务自动生成、任务指令自动下达、核查结果自动反馈的闭环管理机制。实现对全业务风险的源头管控、过程监测、预报预警、应急处置和系统治理，从而推动常规监管的智能化、自动化。

"互联网＋监管"平台可形成标准、数据、检查、管制、预警、公示、信用、分析、事务等全方位业务协同关系。在此基础上住房和城乡建设部门亦可实现与各层级政府及其他部门之间的业务协同，以多部门多业务的协同式监管完善"立体化、智能化、全覆盖"的业务监管体系。

结合物联网＋大数据技术、物联设备、智能设备等科技力量，并融入工地施工管理当中，提出以下解决方案：

①流程信息化：通过对劳务线上数字化管理，从工人报名、录用、报到、薪资设置、打卡、考核和结算工资发放一系列过程管理在线上完成，打破传统低效能的工作方式和流程。

②管理数字化：平台反映的数字精准可查，自上而下打通各层管理环节，通过数字管理，解决信息不透明问题。

③监管智能化：由政府监管平台、企业端、工人端组成，实现三方有效连接。政府职能部门在平台可精准掌握各地区及各工程进度、企业用工、工工资发放情况，提前预警各环节的异常情况。

④人员实名制：通过人脸识别技术和实名认证实现人人实名，数据清晰透明，虚假、暗箱操作等形式将成为历史。

⑤工资"两系统":包括结算系统和发放系统,采取分级结算规则;农民工薪资及劳务费全部由总包发放,系统会自动根据项目工资发放情况进行预警,不同情况的项目会显示不同颜色的预警。

1.6 相关法律体系及适用范围

1.6.1 招标投标法律体系及适用范围

1. 建设项目招标投标法律体系概述

(1)建设项目及建设项目法律体系的定义

建设项目招标投标法律体系是指国家围绕工程、工程建设、与工程建设有关的货物和服务的招标、投标、开标、中标等活动而制定的一系列法律、行政法规、部门规章、政策及行政规范性文件而形成的有机联系的整体。

(2)招标投标法律体系的组成

招标投标制度起源于英国。起初,它主要作为政府"公共采购"中的一种交易方式。由于其公开透明的优势,招标范围逐渐扩大到货物、工程和服务领域。世界贸易组织《政府采购协议》将招标分为产品和服务,服务包括建筑工程。

在我国社会主义计划经济时期,基本建设是按照国家指令性计划完成的,不需要通过招标发包建设工程。因此,没有招标投标制度。改革开放后,一些省市开始进行建设工程招标投标试点,并取得了良好的效果。1984年,国家计委和城乡建设环境保护部联合制定了《建设工程招标投标暂行规定》(计施〔1984〕2410号),初步建立了我国建设工程招标投标制度。1984年,国务院颁布《关于改革建筑业和基本建设管理体制若干问题的暂行规定》,提出大力推行工程招标承包制,改变单纯以行政手段分配建设任务的方式,实行招标投标制度。我国招标投标法律体系组成如下:

1)全国人民代表大会及其常务委员会制定的法律

2000年发布的《招标投标法》和2003年发布的《政府采购法》为我国工程招标和政府采购招标提供了法律依据,是我国招标投标制度两大制度体系的基础,成为我国公开招标采购领域的基本法。除此之外,《民法典》《建筑法》均对建设领域的招标投标行为有基本规定。

2)国务院制定的行政法规

如《招标投标法实施条例》《建设工程质量管理条例》等现行有效的行政法规。《招标投标法实施条例》在总结实际操作的基础上,对《招标投标法》的规定进行了补充和细化。注意与《政府采购法》《政府采购法实施条例》《建设工程质量管理条例》等法律法规的衔接。

3)国务院各部委制定并颁布实施的部门规章

国务院各部委制定并颁布实施的现行有效地规范招标投标活动的部门规章主要有:《房屋建筑和市政基础设施工程施工招标投标管理办法》《工程建设项目施工招

标投标办法》《工程建设项目勘察设计招标投标办法》《工程建设项目货物招标投标办法》等。

4）地方性法规及地方政府规章

地方性法规，是指地方省人大常务委员会制定并颁布实施的法规。地方政府规章是由省、自治区、直辖市、省政府所在地的市或经国务院批准的主要城市制定，由地方政府以人民政府令的形式颁布实施的，一般以规定、办法等作为其名称。

5）国务院及部委规范性文件

国务院及国务院各部门规范性文件，是国务院及各部委为了落实法律、法规和国家行政事务管理，解决实际工作中存在的问题，就某一方面的事物作出的规定。规范性文件与法规最显著的区别是：规范性文件的发文采用统一文件编号的形式，法规是以"国务院令"的形式颁布，部门规章则是以"部委令"的形式颁布。

6）地方政府规范性文件

地方政府规范性文件通常是由地方政府颁布的，文件名称中常出现"办法""规定"等词。同时，部分文件是由地方省政府相关部门制定，以省级发展改革委发布的管理文件为主。

2. 招标投标法律体系效力关系

招标投标法律法规、规章及规范性文件内容多，体系庞杂。在具体适用时，应特别重视不同规范的效力等级。法的效力可从两个方面进行理解。一是空间上，即法的空间效力，是指法律在什么地方发生效力。二是时间上，即法的时间效力，是指法律何时生效，何时终止。法的效力等级是指法的体系中不同渊源、形式的法律规范在效力方面的等级差别。

（1）不同位阶法律规范的效力等级

在我国，法律的效力等级应当遵循如下的原则：第一，宪法至上；第二，上位法高于下位法；第三，特别法优于一般法；第四，新法优于旧法。对此，《立法法》第五章进行了明确的规定。

（2）同一位阶法律规范冲突时如何选择

对同一位阶的法律规定不一致时如何适用的问题，《立法法》第五章同样有明确规定，为适用法律法规方面解决条款内容冲突提供了法律依据。

首先，遵循"特别法优于一般法""新法优于旧法"的原则，即特别规定与一般规定不一致的，适用特别规定；新的规定与旧的规定不一致的，适用新的规定。

其次，自治条例与单行条例、经济特区法规在各自治区域内优先适用。

那么，当以上原则无法解决规范冲突所带来的法律适用问题时，如何适用法律？对此《立法法》依然作出了规定。具体规则为：

第一，国务院裁决。当部门规章之间、部门规章与地方政府规章之间对同一事项的规定不一致时，由国务院裁决。

第二，全国人大常委会裁决。根据授权制定的法规与法律规定不一致，不能确定如何适用时，由全国人民代表大会常务委员会裁决。

第三，国务院决定或国务院提请全国人大常委会裁决。地方性法规与部门规章之间对同一事项的规定不一致，不能确定如何适用，由国务院提出意见，国务院认为应当适用地方性法规的，应当决定在该地用地方性法规的规定；认为应当适用部门规章的，应当提请全国人民代表大会常务委员会裁决。

第四，同一机关制定的新的一般规定与旧的特别规定不一致时，由制定机关裁决。

3. 招标投标法律制度适用范围

（1）《招标投标法》及《招标投标法实施条例》的适用范围

《招标投标法》规定了其适用的地域范围为"我国境内"，也就是我国全部领域范围，即在中华人民共和国境内进行招标投标活动，均适用《招标投标法》。

《招标投标法实施条例》就建设项目、建设工程、与工程建设有关的货物、服务的定义从行政法的角度予以界定。同时，《招标投标法实施条例》针对实践中出现的新情况、新问题作了相应的制度安排。具体体现在以下五个方面：一是细化标准；二是程序严格；三是加强监管；四是强化责任；五是制度创新。

需要强调指出的是，《招标投标法》和《招标投标法实施条例》不仅适用于工程建设项目招标投标活动，还扩大到科研课题、特许经营，药品采购等领域。

（2）《招标投标法》与《政府采购法》适用范围

政府采购的工程、与工程建设有关的货物、与工程建设有关的服务，适用《招标投标法》和《招标投标法实施条例》。政府采购的其他货物和服务，适用《政府采购法》。

1.6.2 政府采购法律法规体系及适用范围

1. 政府采购法律体系概述

（1）政府采购的定义

政府采购是指各级国家机关、事业单位和团体组织，使用财政性资金采购依法制定的集中采购目录以内的或者采购限额标准以上的货物、工程和服务的行为。该定义包含了三个方面的内涵或者说三个要件：政府采购主体是各级国家机关、事业单位和团体组织，不包括国有企业、民营企业和个人；采购资金是财政资金，不包括国有企业事业自有资金和私有资金；采购对象是纳入集中采购目录以内的或者采购限额标准以上的工程、货物和服务。

（2）政府采购法律规范体系的组成

①全国人民代表大会及其常务委员会制定的法律；②国务院制定的行政法规；③地方省人大常务委员会制定并颁布实施的地方性法规；④国务院及各部委颁布实施的规范性文件；⑤地方政府部门规范性文件。

2.《政府采购法》适用范围

（1）适用范围

政府采购法从采购主体、采购资金、采购类别、采购形式、采购地域等多个方面，对政府采购的范围作了界定。

1）采购主体，政府采购活动中的采购主体范围包括各级国家机关、事业单位和团体组织。

2）采购资金，采购人全部或部分用财政性资金进行采购的，属于政府采购的管理范围。

3）采购范围，政府采购标的范围为依法制定的集中采购目录内采购或者限额以上的货物、工程和服务。

4）采购标的，政府采购中的采购是指以合同形式有偿取得货物、工程和服务的行为，契约形式包括购买、租赁、委托、雇用等。

5）采购地域范围，我国政府采购管理的地域范围，是指在中华人民共和国境内从事的政府采购活动。

（2）《政府采购法》与《招标投标法》的关系

《政府采购法》与《招标投标法》（以下简称"两法"）并存，系我国公共采购交易领域专门性法律。就两法的关系而言，《招标投标法》可以说是《政府采购法》的特别法。如政府采购工程、与工程有关的货物和服务，适用《招标投标法》及其实施条例。但《政府采购法》与《招标投标法》存在着许多不同，具体如下：

1）监管对象不同

《政府采购法》与《招标投标法》关于监管对象的不同主要体现在：前者主要监管使用财政性资金的各级国家机关、事业单位和团体组织等采购主体，以及与之相关的供应商和采购代理机构；而后者则监管在我国境内进行招投标活动的任何主体，包括招标人、招标代理机构、投标人、评标委员会及其成员，以及各类电子招标投标交易平台、服务机构及其工作人员。这种差异体现了两者在立法目的、规范主体和行为性质等方面的不同。

2）采购对象范围的处理方式不同

首先，《招标投标法》虽然主要条款是以工程以及与工程有关的货物与服务为采购对象，也可以适用于与工程无关的货物和服务。其次，《政府采购法》虽将招标确定为主要采购方式，却对招标投标的程序性事项规定较为简单，通过招标投标方式采购与工程无关的货物和服务时，不得不依赖于后续部门规章来解决。通过招标投标方式采购与工程无关的货物和服务也应当适用《招标投标法》。实践中，政府部门在项目采购时都是将工程与非工程采购内容合并进行公开招标，那么与工程无关的设备采购和服务外包能否适用《政府采购法》，存在法律适用困难。

3）"两法"在救济事由方面不同，且对提出质疑（异议）的前提要求不同

《政府采购法》明确权益受到损害才是供应商提出质疑的前提条件；而《招标投标法》及《招标投标法实施条例》却规定提出异议的前提是投标人或者利害关系人认为招标投标活动违反法律规定，并不依赖于权益受损害的界定。招标投标领域的救济理由更加宽松，但招标投标活动相较于政府采购活动在交易过程中更加公平公正。《政府采购法》规范的是财政资金，应当设置更为严格周密的救济制度才更符合其特殊性。

4）"两法"采购方式不同

"两法"的采购方式共存在三个方面的差异。第一,《政府采购法》规定了六种采购方式,而《招标投标法》只规定了两种招标方式,即公开招标和邀请招标;第二,"两法"对字面含义相同的公开招标和邀请招标,进行了不同的具体法律设置;第三,"两法"对公开招标和邀请招标所涉及的采购程序和要求不同。

1.6.3 建设工程招标投标与政府采购的关系

建设工程招标主要针对工程建设项目,涉及土木工程、建筑工程、设备安装等工程领域,主要面向具备相应资质和实力的建筑施工企业、工程设计单位、监理单位等相关建设主体;政府采购招标主要针对政府机关、事业单位等政府采购主体的采购需求,包括物资采购、工程建设、服务采购等,允许各类符合资格要求的供应商参与。建设工程招标投标与政府采购同属于采购范畴,两者之间既有区别也有联系。

1. 两者之间的区别

（1）主体范围不同

建设工程招标投标的发包人可以是国家机关、事业单位、企业法人和社会团体,也可以是依法登记的个人合伙、个体经营户以及其他具有民事行为能力的自然人;政府采购主体是国家机关、事业单位和团体组织。

（2）管理机关不同

建设工程招标投标是实行发展改革委协调指导,各行业主管部门归口监督的体制,最高管理机关是国家发展和改革委员会。政府采购是实行财政统一管理,监察、审计和行政主管部门分工监督的体制,最高管理机关是财政部。

（3）法律依据不同

建设工程招标投标主要的法律依据是《建筑法》《招标投标法》等相关法律;政府采购主要的法律依据是《政府采购法》。

（4）客体范围不同

《招标投标法》第三条明确了工程建设项目必须进行招标的范围。《政府法》的采购范围是政府集中采购目录以内的或者采购限额标准以上的货物、工程和服务。

2. 两者之间的联系

（1）竞争方式

建设工程招标分为公开招标和邀请招标;政府采购方式包括公开招标、邀请招标、竞争性谈判、单一来源采购、询价、国务院政府采购监督管理部门认定的其他采购方式。两者均以公开招标为主要方式。

（2）主要目的和遵循原则

建设工程招标投标以保护国家利益、社会公共利益和招标投标活动当事人的合法权益,提高经济效益,保证项目质量为目的,遵循公开、公平、公正和诚实信用的原则;政府采购主要是为了规范政府采购行为,提高政府采购资金的使用效益,维护国家利益和社会公共利益,保护政府采购当事人的合法权益,促进廉政建设为目的,遵循公开透明原则、公平竞争原则、公正原则和诚实信用原则。

（3）对参与方的约束形式

无论工程招标投标还是政府采购，都需要签订合同，通过合同来明确参与方的权利和义务，规范参与方的履约行为。

综上所述，建设工程招标投标和政府采购虽然在诸多方面存在不同，但在竞争方式、主要目的和遵循原则、对参与方的约束形式等方面有着诸多的联系。

1.7　建设工程招标投标与合同管理发展现状与未来趋势

1.7.1　发展现状

（1）需要进一步突出规范性

建设工程招标投标是一种具有很强竞争性的采购形式，建筑工程招标投标制度，促进了我国建筑行业的高质量快速发展，也促进了我国建筑企业国际建筑市场竞争能力的提升。建设工程招标投标制度实行以来，我国建筑行业取得了显著的经济效益和社会效益。推行建设工程招标投标，我国从立法到实际操作等方面做了大量的工作，形成了比较完善的法律体系，规范了建筑市场运行机制和参与主体行为，极大提升了市场交易效率。但是，建设工程招标投标依然存在陪标、围标等现象。针对建设工程招标投标过程中存在的问题，还需要从法律体系的完善、招标投标工作监管、惩戒机制、诚信体系建设等多个方面进行完善和规范。

（2）需要进一步实现服务性

建筑业是我国的基础性产业，随着我国建筑业企业生产和经营规模的不断扩大，建筑业总产值持续增长，建设工程招标投标市场有着良好发展趋势。建设工程招标投标可以面向各类招标投标参与主体并为其提供招标投标服务。随着计算机网络技术的不断发展，电子招标投标可以减少人为干预，实现整个流程的标准化、规范化，提高招标投标效率，使自身得到快速发展。目前，电子招标投标已经开始大量使用。

（3）需要进一步深化影响力

建设工程合同管理对于工程项目建设具有很大的影响，合同条款对建筑市场各参与方均会产生影响，甚至会影响项目的实施。建筑市场各参与方工程合同管理存在许多问题，主要问题有：合同管理法律知识缺失，掌握合同管理相关法律条款的人员较少，合同的起草和签订中可能存在一些隐患，导致合同违约现象严重；合同管理专业人才缺失，合同内容不完善，在合同起草过程管理不严格，缺乏标准，导致合同存在缺陷，影响企业效益；合同管理体系缺失，合同执行完成之后没有对合同进行进一步的整理和经验总结，合同管理低水平运行，与企业的发展趋势不相匹配。

1.7.2　未来趋势

（1）技术发展联动，提升招标投标功能

随着网络信息技术的快速发展，大数据、区块链等技术将促进建设工程招标投标在招标环节、投标环节、开标环节、评标环节、定标环节等各个环节多方面得到提升与优化。投标方按照电子招标投标平台要求进行投标文件制作，投标文件上传后，系统自动利用区块链技术，保障投标文件不会被篡改。同时，利用区块链技术也能够维护良好的招标投标市场环境，防止投标过程中恶意行为的发生，也可以利用区块链技术进行节点追溯，确保整个招标投标过程的公平公正。

（2）法规行规细化，保障招标投标权益

招标投标交易担保作为招标投标活动的重要一环，在保障招标人合法权益、规范投标人投标行为、约束中标人依约履行义务、维护招标投标交易秩序等方面发挥了重要作用。各有关部门和各地区为缓解市场主体流动资金压力，有效降低了招标投标交易担保成本，积极推进招标投标交易担保制度的改革创新，优化保证金缴纳方式，推动投标、履约、工程质量等保证金逐步由现金形式向保函（保险）方式转变。

（3）合同价值重塑，实现深层次管理

合同作为约束建设工程各参与方的最高行为准则，不仅是规范双方经济活动的依据，也是协调双方工作关系、解决合同纠纷的重要依据。合同管理能力与经济效益紧密相关，建设工程各参与方牢固树立科学管理合同的观念，工程合同管理成为项目管理的关键环节，合同全过程的管理的专业化、科学化、信息化成为大势所趋。

合同管理从操作性、事务性的工作层面走向管理性、战略性的层面，这是挖掘合同中蕴含的价值，实现合同真正的长远管理的必然。合同体现的市场需求、客户需求，本身含有的财务信息、经营信息、市场信息，作为对外交往的重要载体，使得合同管理可以实现这样的特性：审查合同的法律性、明确合同的经济性、提高合同的管理性。实现合同管理由专业管理模式向项目管理模式转变，合同的标准化和信息化提升了合同管理效率。

1.8　课程简介

《工程招投标与合同管理》是培养工程管理、工程造价、土木工程等相关专业学生的专业能力的重要课程之一，与工程经济、项目管理、建设法规等课程密切相关。

（1）课程内容

课程教学内容"固本创新"，在遵循《高等学校工程管理本科指导性专业规范》的基础上，融入行业专家建议，主要包括建筑市场、建筑市场交易、建筑市场契约管理、建筑市场监督、建设工程争议及评审、工程招标投标与合同管理相关法律体系及适用范围等六大模块内容，具体知识单元和知识点见表1-1。依据现行的法律法规，结合工程招标投标与合同管理的最新研究、教学改革和司法实例，揭示建筑市场的一般规律；明确了招标投标工作的程序和应遵循的原则及招标投标与合同管理的内在联系；总结了招标投标与合同管理的方法。依托课程知识体系，可开展课程设计、毕业设计和司法实践等环节。理论和实践相结合，培养学生分析能力、决策能力、合同管理能力、沟通能力、协调能力以及法律意识和风险控制意识。

《工程招投标与合同管理》知识单元、知识点映射表　　　表1-1

《工程招投标与合同管理》		高等学校工程管理本科指导性专业规范	与规范对比面向行业需求增补及细化的知识点
知识单元	知识点		
第1章 绪论	建筑市场		●
	建筑市场准入制度及理论基础		●
	建设工程交易		●
	建筑市场管理		●
	建筑市场监管		●
	相关法律体系及适用范围		●
	建设工程招标投标与合同管理发展现状与未来趋势		●
第2章 建设工程招标	招标人		●
	必须招标的工程项目		●
	项目招标投标的思路分析		●
	招标内容审核		●
	招标方式确定	●	●
	资格预审		●
	编制招标文件		●
	招标文件发售		●
	现场踏勘		●
	电子招标		●
第3章 建设工程投标	投标人		●
	投标人资格条件及限制		●
	投标文件编制		●
	投标文件送达及投标文件补充、修改、撤回	●	●
	联合体投标		●
	投标中的违法违规行为		●
	电子投标		●
	司法审判实务中与投标相关焦点问题		●
第4章 建设工程开标、评标、中标	建设工程开标	●	
	建设工程评标	●	
	建设工程中标	●	
	建设工程招标投标的管理与监督	●	
	建设工程开标、评标、中标中的法律责任		●
第5章 政府采购项目	政府采购方式		●
	政府采购程序		●
	政府采购项目的发展		●
第6章 建设工程合同及管理基础	建设工程合同及体系构成	●	
	建设工程合同管理	●	
	工程合同的法律基础	●	
	建设工程合同管理的相关法律		

续表

《工程招投标与合同管理》		高等学校工程管理本科指导性专业规范	与规范对比面向行业需求增补及细化的知识点
知识单元	知识点		
第7章 建设工程施工合同管理	建设工程施工合同概述		●
	《建设工程施工合同（示范文本）》简介	●	
	建设工程施工合同的进度管理	●	
	建设工程施工合同的质量管理	●	
	建设工程施工合同的成本管理	●	
	建设工程施工合同的安全、健康、环境和风险管理	●	
第8章 建设工程总承包合同管理	建设工程总承包模式概述		●
	建设工程总承包合同文本简介		●
	建设工程总承包合同主要内容		●
	建设工程总承包项目合同管理		●
第9章 建设工程其他主要合同	建设工程勘察设计合同		●
	建筑材料与设备采购合同		●
	全过程工程咨询服务合同		●
	建设工程监理合同	●	●
	建设工程PPP合同		●
	建设工程BIM（数字化）合同		●
	装配式建筑施工合同		●
第10章 建设工程争议解决及评审	工程合同争议解决	●	
	建设工程争议评审		●
第11章 建设工程司法审判	定义和意义		●
	争议类型及处理原则	●	
	面临的问题与挑战		●
	建设工程纠纷解决的多元化		●

注：《高等学校工程管理本科指导性专业规范》中有"建设工程招标""建设工程投标"和"工程合同的主要类型"
相关知识要求，但并不具体，本书面向行业需求对其进行了细化。

（2）课程目标

知识目标：了解建筑市场的运行机制和管理方法；掌握建设工程交易过程中各个
环节的基本概念、工作内容、法律法规要求及工作的重、难点；熟悉各类工程合同的
基本内容；掌握项目管理各阶段的合同管理工作；掌握建筑市场运行过程中政府监督
管理的手段；掌握建设工程合同履行过程中争议解决的途径和司法审判要点。

技能目标：具备工程招标投标和合同管理主要程序和方法的应用能力；具备熟练
且独立完成课程设计和毕业设计的能力；具备常见工程合同管理争议分析、判定的基
本能力。

素质目标：弘扬新时代法治精神，注重用社会主义核心价值观引领知识传授，树立学生的职业道德、使命感，增强社会主义平等、公正、诚信、守法等观念。

（3）课程特点

课程坚持立德树人根本任务，以学生为中心，以产出为导向，依据现行法律、法规和合同示范文本进行教学，将工程招标投标与合同管理和爱国兴国、职业素养、个人素质等思政元素相融合。

课程在重视基本理论、基本知识和基本技能教学的同时，关注行业发展和实践的最新内容，增加了"电子招标投标、大数据判定围标串标、EPC 和 PPP 项目中的联合体投标、建设工程 PPP 合同、建设工程 BIM（数字化）合同"等内容，坚持用全面、联系和发展的眼光看问题，力求提供新路径、解决新问题、促进新发展、催生新成果。

课程理论教学和司法实践紧密结合，突出应用和实务，以建筑市场相关知识为基础，对建设工程招标投标与合同管理过程、相关法律、行业规范进行讲解；通过司法实例，突出建设工程招标投标与合同管理的重点和难点，融知识传授、能力培养、素质教育于一体。既能丰富相关人员的理论知识，又能增强相关人员的实践能力；既能为相关人员强基固本，又能为相关人员从业赋能；使相关人员从理论走向实践，由知识走向实务。

本课程体系，如图 1-1 所示。

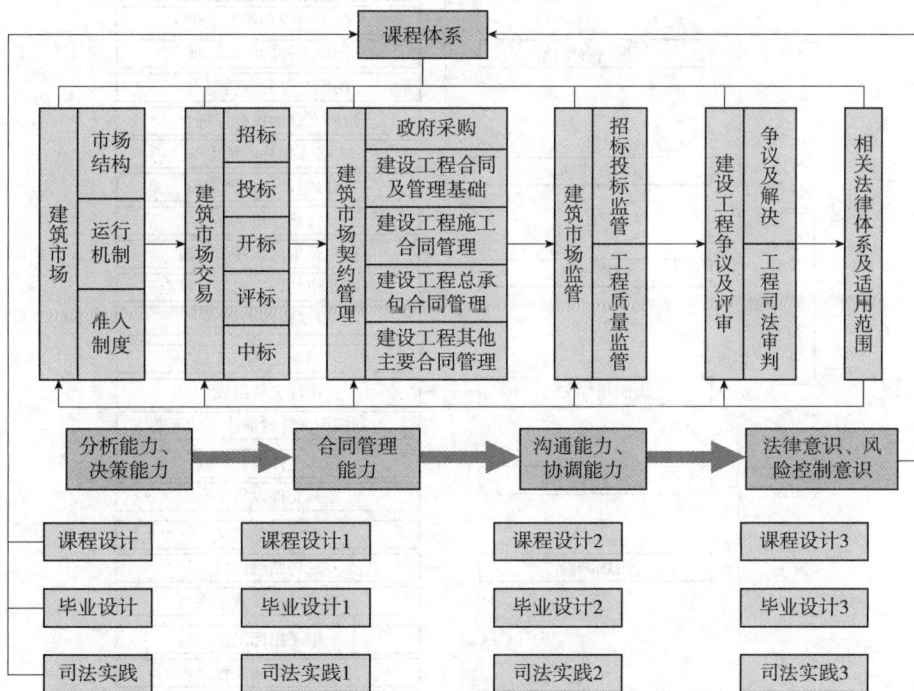

图 1-1　课程体系图

第2章　　　建设工程招标

学习目标：理解招标人在招标阶段的具体职责；熟练掌握必须招标的工程项目范围及规模；掌握如何审核招标文件；掌握招标的两种方式；理解资格预审定义及内容；熟悉招标文件的发售；了解现场勘探的注意事项；重点掌握电子招标的流程及特点。

知识图谱：

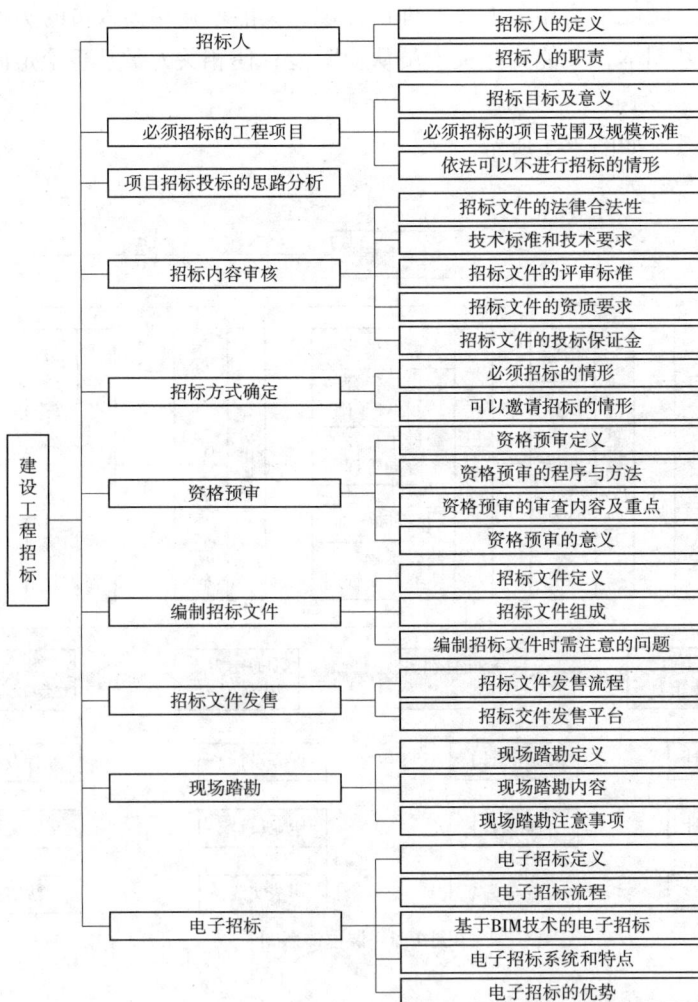

2.1 招标人

2.1.1 招标人的定义

招标人是指在购买商品或服务时向公众发布招标通知，邀请供应商参与竞争性投标，并通过评选程序选出最优质、最具成本效益的供应商。招标人通常是政府机构或大型工程企业，其目的是在保证公共利益或企业利益的前提下，选择合适的供应商。

2.1.2 招标人的职责

招标人的主要职责是公开、透明地发布招标公告，并组织评标工作，最终选定最佳供应商。具体职责如下：

（1）制定招标文件。制定招标文件是招标人最基本的职责，包括制定投标文件、工程规划、策划书、技术规范等文件。

（2）发布招标公告。招标人需要在媒体或公告栏上发布招标公告，详细说明项目情况、要求和条件。

（3）组织评标工作。通过开标、资格预审、技术评审、商务评审等环节，选出符合要求的供应商。

（4）签订合同。选定供应商后，招标人需要与供应商签订合同，明确工作范围、质量标准、交付日期、付款方式等事项。

（5）监督合同执行。招标人需要对合同的执行情况进行监督，确保供应商能够按时交付产品或服务，并满足质量和服务要求。

总的来说，招标人的职责是确保招标工作的公正、公平、公开、透明和合法性，保障公共利益或企业利益，实现最大效益。

2.2 必须招标的工程项目

2.2.1 招标目标及意义

通过公开、公平、公正、择优的招标引入全国乃至全球的最优资源来组织工程的实施，从源头上保证项目质量和控制建设风险，是工程建设项目招标最切实、最迫切的需求，是实现择优配置资源的重要途径，更是招标工作开展所面临的最大挑战，为实现项目的建设目标，更是需要招标方在设计、施工、管理等各个环节均有更为细化的建设理念。驾驭在项目中出现的各种复杂性，防控风险并最大限度消除不确定性，实现宏伟的建设目标和实施超前的建设理念，是招标最重要的意义和目的。

2.2.2 必须招标的项目范围及规模标准

为了确定必须招标的工程项目，规范招标投标活动，提高工作效率、降低企业成本、预防腐败，根据《招标投标法》第三条的规定，制定了《必须招标的基础设施和公用事业项目范围规定》（发改法规规〔2018〕843号，以下简称《规定》),《规定》对必须招标的工程项目进行了规定：

（1）全部或者部分使用国有资金投资或者国家融资的项目包括：①使用预算资金200万元人民币以上，并且该资金占投资额10%以上的项目；②使用国有企业事业单位资金，并且该资金占控股或者主导地位的项目。

（2）使用国际组织或者外国政府贷款、援助资金的项目包括：①使用世界银行、亚洲开发银行等国际组织贷款、援助资金的项目；②使用外国政府及其机构贷款、援助资金的项目。

（3）不属于《规定》第二条、第三条规定情形的大型基础设施、公用事业等关系社会公共利益、公众安全的项目，必须招标的具体范围由国务院发展改革部门会同国务院有关部门按照确有必要、严格限定的原则制定，报国务院批准。

（4）规定第二条至第四条规定范围内的项目，其勘察、设计、施工、监理以及与工程建设有关的重要设备、材料等的采购达到下列标准之一的，必须招标：①施工单项合同估算价在400万元人民币以上；②重要设备、材料等货物的采购，单项合同估算价在200万元人民币以上；③勘察、设计、监理等服务的采购，单项合同估算价在100万元人民币以上。

同一项目中可以合并进行的勘察、设计、施工、监理以及与工程建设有关的重要设备、材料等的采购，合同估算价合计达到前款规定标准的，必须招标。

2-1
工程建设项目招标范围和规模标准规定

2.2.3 依法可以不进行招标的情形

在工程项目中，为了保证工程建设的质量和进度，以及维护公共利益等方面，一般情况下需要依照法律法规的规定进行有序的招标采购流程。但是，在特定的情况下依法可以不进行招标采购，下面将对工程项目依法可以不进行招标的情形进行详细描述。

（1）紧急情况。在工程项目建设中，如果发生了突发事件或紧急情况，为了避免造成更大的损失和影响，可以不进行招标采购，直接采购需求物品和服务。紧急采购应当经采购单位负责人或授权人批准，并立即进行采购公示，尽快补齐招标采购手续。

（2）特殊行业和领域。在一些公共建设领域，由于具有特殊性，决定了它们需要的物品和服务都与国家安全、人身安全、卫生安全等问题直接相关。这些领域包括能源、通信、水利、交通、物流、住房和城乡建设、城市基础设施建设、环境保护等。按照有关法律法规的规定，这些领域和行业的单位可以不进行招标采购。

（3）技术特点突出的采购项目。在一些工程项目中，涉及具有技术特点和专业性较强的设备和物品，存在市场供应不足或选择范围较小的情况，采购项目需要采取特殊的采购方式满足特殊需求。

（4）自行完成工程项目。在一些情况下，采购单位可以自行完成工程项目。在这种情况下，采购单位应当充分考虑招标采购和自行承揽的优缺点，并综合考虑风险和成本来选择合适的采购方式。

2.3 项目招标投标的思路分析

招标投标是指运用经济、技术等市场手段、发挥市场竞争机制的作用，有组织地开展择优的交易行为。通过招标投标，项目业主与承包商双方在招标文件约定（合同条款）及投标文件的承诺下订立了合同，合同文件是项目实施的依据，是项目建设的准绳。

招标投标作为项目管理的重要环节，影响着资源的有效配置，是项目获取优质、高效资源的重要手段，同时、招标投标工作应定位为主线，贯穿于项目思路的形成、项目执行及后续持续改进等环节。不仅局限于发出中标通知书后或签订合同阶段。

（1）招标模式匹配

在现有工期约束、市场资源能力严重不足，大部分招标项目在国内属首次且无成熟经验可供借鉴的条件下，如何确定招标模式，通过招标培育、引导市场资源，让各个专业均找到各自最匹配、最优质的资源，并确保招标投标的竞争性，又能有效减少实施期间的界面管理，是当前工程建设项目招标的最大难题。

（2）合理确定招标控制价

一般大型工程建设项目招标投标标准，执行"就高不就低"的原则，标准体系复杂，需要综合考虑各方标准体系的采用。如何在保证新标准、新工艺、新技术、新设备的前提下，合理确定招标控制价，确保优质优价是招标工作的另一个巨大难题。

（3）满足绿色环保要求

在面对涉及的问题多而新，协调难度大，且环保要求高的项目时，在现行法律法规框架下，如何在有限的招标工作时间内，让各投标人能有效地了解与掌握的同时还能保证信息及时有效、准确无误地传递，并保证所有投标人均能有效领会，也是招标过程中需要重点扫除的障碍。

2.4 招标内容审核

（1）招标文件的法律合规性

评估招标文件的法律合规性，是招标审核工作的重要方面之一。招标文件在制定的过程中必须符合政府政策、行业规范、财务规定等法律法规的要求，否则，招标投标方面将面临波折和不必要的风险。

（2）技术标准和技术要求

审核招标文件的技术标准和技术要求的准确性和合适性，是招标审核的另一个关键方面。审核流程中应该强调最大限度避免过度使用标准的情况，避免可能导致贷款成本的增加，以及经济和效率的不利后果；还应根据不同的招标文件类型，包括设计、施工、监理等文件的要求进行不同的审核流程。

（3）招标文件的评审标准

评估招标文件的评审标准，是制定招标文件的过程中最重要的考虑因素之一。评审标准应具有科学性和实用性，既保证了招标文件的技术可行性，又考虑了投标人能够按照招标文件进行合理、公正、高效的竞标。

（4）招标文件的资质要求

审核招标文件的资质要求是整个评估过程中的一个非常标准性的环节。在招标文件的审核过程中，需要对相关机构（如质检机构）进行验厂，并使用与工程相关的评估标准来检查其合格性。除此之外，还要进一步检查投标人所提交的相关文件是否符合真实性并具备完整性，是否符合招标方、政府和社会公众等多个相关方的要求。

（5）招标文件的投标保证金

在招标文件审核的最后阶段，需要检查招标文件中的各项保证金和保险文件，以确保其适当性和有效性。投标保证金是招标方保证投标人能够按照招标要求进行竞标，并估计其中所产生的损失。在审核过程中，需要对投标保证金及保险文件进行详细而仔细的评估，以避免在招标之后出现不必要的法律风险。

2.5 招标方式确定

在工程项目招标前，需要确定招标形式，以便投标人了解招标要求并准备相应文件。招标形式取决于招标单位或招标人的需求和项目类型。选择正确的招标方式可以提高招标效率和结果的公正性，同时避免项目风险。下面将详细说明如何确定工程项目的招标形式。

（1）确定招标人以及可行性研究

在确定招标形式之前，必须先确定招标人。招标人可以是政府机关、企事业单位或其他法人组织。招标人需要进行可行性研究，以确定项目类型、需要的工程量和预算，并评估相应监理、施工和设计的需求。

（2）确定招标项目类型

根据项目类型的不同，可以选择不同的招标形式。例如，对于设计项目，应选择著名建筑机构或设计机构；对于施工项目，应选择建筑承包商。项目类型可以是房屋建筑、公共基础设施、市政工程、能源电力、水利工程等。

（3）确定招标人数

根据项目的性质、大小和竞争情况，应确定招标人数。对于一般项目，应设置至少3~5个招标人进行竞争，以提高招标结果的公正性和透明性。需要注意的是，确保招标人数不过少或过多以致无法满足要求或避免浪费资源。

（4）确定招标方式

工程项目的招标主要有公开招标、邀请招标和限制招标等方式。

（1）公开招标

公开招标是指全面向社会发布招标公告，无限制地允许任何符合条件的投标人参加。公开招标适用于大型和独立的工程项目，需要达到一定的资格要求。主要优点是公平公正，避免头部投标人瞄准中标，达到竞争的目的；其劣势就是需要投入更多时间、人工和成本，对于承担项目的中小型公司可能不具备参与的能力。

（2）邀请招标

邀请招标是指招标人仅邀请他们认为合适的投标人参加竞标，并根据投标人的实力和经验来确定是否有资格参与竞标。邀请招标适用于小型工程项目，不需要太多的参与者，但要求严格。主要优点是提高效率，减少合格者的干扰，尽可能选出适合招标人需求的中标方案；其劣势是可能带来争议，以及导致中标方案水平低于公开竞标的结果。

（3）限制招标

限制招标是指两种以上的投标人之间进行招标，并限制公开参与的投标人范围。这种方式较为着重标的安全性，有利于将投标人筛选出合格者，并全面评估其质量和经验情况。主要优点是向潜在投标者提供合乎要求的招标机会，确保竞争环境以及获得项目的可持续发展；其劣势在于过于依赖该范围内投标人的实力，却可能忽略评估更好的竞争者。

招标文件是确定招标形式的重要基础，其中包括了所有必要信息，以协助投标人准确理解招标邀请的要求。在判断采用哪种招标形式时，需要明确详细的招标公告和招标文件，并考虑到以下几个方面：

（1）招标文件应明确要求，包括遵守法律法规和技术标准等方面的信息。

（2）招标文件应能够充分体现招标方要求及其他各项要素。

（3）招标文件的披露应表示发出招标的意图。

（4）招标文件明确要求招标人具有相应领域的专业能力和经验等。

决定工程项目的招标形式是确保公正竞争和最终实现目标的关键因素。招标人必须对招标项目的性质、大小和竞争情况进行综合评估，以确定招标方式，以便选择可靠、合适的招标人并准备相应的文件，最大限度达到招标结果的公正和透明。

2.5.1 必须招标的情形

在我国，为了保障公共资源的合理开发和利用，维护公平竞争的市场秩序，政府所有的工程项目都必须根据相关法律法规的规定进行招标采购，其中绝大多数工程项目都需要采用公开招标的方式进行。以下是工程项目必须招标的情形：

1. 按法律法规规定必须招标的项目

根据《必须招标的工程项目规定》（中华人民共和国国家发展和改革委员会令第16号）的规定，以下项目必须招标：

（1）全部或者部分使用国有资金投资或者国家融资的项目包括：

1）使用预算资金 200 万元人民币以上，并且该资金占投资额 10% 以上的项目；

2）使用国有企业事业单位资金，并且该资金占控股或者主导地位的项目。

（2）使用国际组织或者外国政府贷款、援助资金的项目包括：

1）使用世界银行、亚洲开发银行等国际组织贷款、援助资金的项目；

2）使用外国政府及其机构贷款、援助资金的项目。

（3）不属于（1）、（2）规定情形的大型基础设施、公用事业等关系社会公共利益、公众安全的项目，必须招标的具体范围由国务院发展改革部门会同国务院有关部门按照确有必要、严格限定的原则制订，报国务院批准。

（4）以上（1）~（3）规定范围内的项目，其勘察、设计、施工、监理以及与工程建设有关的重要设备、材料等的采购达到下列标准之一的，必须招标：

1）施工单项合同估算价在 400 万元人民币以上；

2）重要设备、材料等货物的采购，单项合同估算价在 200 万元人民币以上；

3）勘察、设计、监理等服务的采购，单项合同估算价在 100 万元人民币以上。

同一项目中可以合并进行的勘察、设计、施工、监理以及与工程建设有关的重要设备、材料等的采购，合同估算价合计达到前款规定标准的，必须招标。

而关于使用国有资金的项目。《必须招标的工程项目规定》第二条第（一）项中"预算资金"，是指《预算法》规定的预算资金，包括一般公共预算资金、政府性基金预算资金、国有资本经营预算资金、社会保险基金预算资金。第二条第（二）项中"占控股或者主导地位"，参照《公司法》第二百六十五条关于控股股东和实际控制人的理解执行，即"其出资额占有限责任公司资本总额百分之五十或者其持有的股份占股份有限公司股本总额百分之五十的股东；出资额或者持有股份的比例虽然低于百分之五十，但依其出资额或者持有的股份所享有的表决权已足以对股东会的决议产生重大影响的股东"；国有企业事业单位通过投资关系、协议或者其他安排，能够实际支配项目建设的，也属于占控股或者主导地位。项目中国有资金的比例，应当按照项目资金来源中所有国有资金之和计算。

根据国家发展改革委办公厅关于进一步做好《必须招标的工程项目规定》和《必须招标的基础设施和公用事业项目范围规定》实施工作的通知[①]。

（1）关于项目与单项采购的关系。16 号令第二条至第四条及 843 号文第二条规定范围的项目，其勘察、设计、施工、监理以及与工程建设有关的重要设备、材料等的单项采购分别达到 16 号令第五条规定的相应单项合同价估算标准的，该单项采购必须招标；该项目中未达到前述相应标准的单项采购，不属于 16 号令规定的必须招标范畴。

（2）关于招标范围列举事项。依法必须招标的工程建设项目范围和规模标准，应当严格执行《招标投标法》第三条和 16 号令、843 号文规定；法律、行政法规或者国务院对必须进行招标的其他项目范围有规定的，依照其规定。没有法律、行政法规或者国务院规定依据的，对 16 号令第五条第一款第（三）项中没有明确列举规定的服务事项、843 号文第二条中没有明确列举规定的项目，不得强制要求招标。

（3）关于同一项目中的合并采购。16 号令第五条规定的"同一项目中可以合并进

---

① 国家发展改革委办公厅关于进一步做好《必须招标的工程项目规定》和《必须招标的基础设施和公用事业项目范围规定》（发改办法规〔2020〕770 号），其中《必须招标的工程项目规定》（国家发展改革委 2018 年第 16 号令，简称"16 号令"）和《必须招标的基础设施和公用事业项目范围规定》（发改法规规〔2018〕843 号，简称"843 号文"）

行的勘察、设计、施工、监理以及与工程建设有关的重要设备、材料等的采购，合同估算价合计达到前款规定标准的，必须招标"，目的是防止发包方通过化整为零的方式规避招标。其中"同一项目中可以合并进行"，是指根据项目实际，以及行业标准或行业惯例，符合科学性、经济性、可操作性要求，同一项目中适宜放在一起进行采购的同类采购项目。

（4）关于总承包招标的规模标准。对于16号令第二条至第四条规定范围内的项目，发包人依法对工程以及与工程建设有关的货物、服务全部或者部分实行总承包发包的，总承包中施工、货物、服务等各部分的估算价中，只要有一项达到16号令第五条规定的相应标准，即施工部分估算价达到400万元人民币以上，或者货物部分达到200万元人民币以上，或者服务部分达到100万元人民币以上，则整个总承包发包应当招标（16号令具体内容，参看第五条）。

需要指出的是，虽然以上三个方面是必须按照招标法规定进行公开招标的建设工程项目，但是根据实际情况，还有一些非常规项目也可以依照招标投标法规定进行招标，具体情况需要依据相关的法律、法规规定进行判定。

2. 其他法律法规规定必须公开招标的项目

《建设工程质量管理条例》《城市房地产管理法》《城市绿化条例》《公路法》《测绘法》等法律法规也明确规定了必须公开招标的工程项目。

（1）根据标准规定必须公开招标的项目

国家和地方都出台了一系列具有普遍性的工程项目公开招标的标准规定，例如工程招标中标办法、土地规划和禁止出租土地计划条例、土地规定条例等。

（2）有关部门规定必须公开招标的项目

各地政府根据本地和实际情况，也出台了相应的规定，要求对某些工程项目必须采用公开招标方式进行，例如环保、文化、体育等公共设施建设项目，各种教育机构建设项目，公安、消防等系统工程项目等。

除了上述情况，还有一些特殊的情况需要采用公开招标方式，例如某些机会性的工程项目可能在一定条件下采用通过网站公布信息的方式进行公开招标，以便更好地解决特殊情况下的大型工程项目招标问题。

总之，对于绝大多数工程项目，均需要采用公开招标的方式进行，以保障各项资源的合理使用、营造公平竞争的市场环境。

2.5.2 可以邀请招标的情形

在某些情况下，一些工程项目可以采用邀请招标的方式，这种方式可以简化招标流程，降低招标成本，提高招标效率，减少招标者带来的不确定性和风险。以下是工程项目可以邀请招标的情形：

（1）严格控制招标范围。项目业主在实施招标前就已经明确设计、材料及设备等要求，同时对接受招标的厂商范围进行严格控制，只邀请符合条件的客户参与招标，避免过多无用投入。

（2）项目具有特定的技术和专利难度，或需要制定或研发新的技术标准。此时要求招标者有相当的技术储备和专业知识，参与竞标的厂商实力底子比较强，且有足够的技术优势和研发实力。

（3）项目安全关键、信誉价值比较高或社会影响较大。比如，针对政府建设项目、高档住宅小区、银行金库等领域，需要邀请拥有较高信誉的企业参加招标，以保证工程质量及施工安全。

（4）项目时间限制比较紧、工期较为紧迫或突发事件需要迅速处理的情况。如市政重点工程、水灾抢险等需要迅速调派人员和车辆，减少招标期间的耽误和风险。

邀请招标的方式虽然可以简化招标程序，降低招标成本，提高效率，但同时也需要注意诸多细节，比如邀请投标人应该公平、透明，并符合相关规定，不可以违反法律、法规和技术规范等。因此，在实施邀请招标过程中，需要严格按照相关程序、要求及标准进行，并密切关注其中可能存在的风险和挑战。

2.6 资格预审

2.6.1 资格预审定义

资格预审，是指投标前对获取资格预审文件并提交资格预审申请文件的潜在投标人进行资格审查的一种方式。《招标投标法实施条例》规定，招标人采用资格预审办法对潜在投标人进行资格审查的，应当发布资格预审公告、编制资格预审文件。招标人应当合理确定提交资格预审申请文件的时间。依法必须进行招标的项目提交资格预审申请文件的时间，自资格预审文件停止发售之日起不得少于 5 日。进行资格预审，保证潜在投标人能够公平获取公开招标项目的投标竞争机会，并确保投标人满足招标项目的资格条件，避免招标人和投标人的资源浪费，招标人可以对潜在投标人进行资格预审。资格预审是招标人根据招标方案，编制发布资格预审公告，向不特定的潜在投标人发出资格预审文件，潜在投标人据此编制提交资格预审申请文件，招标人或者由其依法组建的资格审查委员会按照资格预审文件确定的资格审查方法、资格审查因素和标准，对申请人资格能力进行评审，确定通过资格预审的申请人。未通过资格预审的申请人，不具有投标资格。

2.6.2 资格预审的程序与方法

资格预审的程序包括以下五个方面：

（1）编制资格预审文件。由业主组织有关专家人员编制资格预审文件，也可委托设计单位、咨询公司编制。资格预审文件的主要内容有：①工程项目简介；②对投标人的要求；③各种附表。资格预审文件须报招标管理机构审核。

（2）在建设工程交易中心及政府指定的报刊、网络发布工程招标信息，刊登资格预审公告。资格预审公告的内容应包括：工程项目名称、资金来源、工程规模、工程量、工程分包情况、投标人的合格条件、购买资格预审文件日期、地点和价格，递交资格预审投标文件的日期、时间和地点。

（3）报送资格预审文件。投标人应在规定的截止时间前报送资格预审文件。

（4）评审资格预审文件。由业主负责组织评审小组，包括财务、技术方面的专门人员对资格预审文件进行完整性、有效性及正确性的资格预审。

（5）向投标人通知评审结果。业主应向所有参加资格预审申请人公布评审结果。

根据《招标投标法实施条例》的有关规定，资格预审一般按照以下程序进行（图 1）：资格预审文件的编制→资格预审通知的发布→资格预审文件的发售→资格预审文件的澄清、修改→申请文件的编制和提交资格预审→成立资格审查委员会→评审资格预审申请文件→确认通过资格预审的候选人。

资格预审方法一般分为定性评审法和定量评审法两种。

资格预审现场定性评审法是以符合性条件为基准，筛选资格条件合格的潜在投标人。通常，符合定性条件的包括以下五个方面的内容：

（1）具有独立订立合同的权利。

（2）具有履行合同的能力。

（3）以往承担过类似工程的业绩情况。

（4）财务及商业信誉情况。

（5）法律法规规定的其他资格条件。

资格预审文件通过对以上五个方面的条件进行细化制定出评审细则，潜在投标人必须完全符合资格预审条件，方能通过资格预审。投标资格预审流程示意图，如图 2-1 所示。

定量评审法是定性评审法的延伸和细化，评审标准较为复杂，一般包括以下两个方面内容：

（1）资格符合性条件。包括潜在投标人的资质等级、安全生产许可证及三类人员安全生产合格证书等有关法律法规规定的资格是否满足要求。

（2）建立百分制评分标准。即根据工程的具体情况，将招标文件中商务部分内容按照一定的分值比例建立起评分标准，并设定通过资格预审的最低分数值。潜在投标人通过资格预审的条件为，通过资格符合性条件检查且得分不低于最低分数值。具体评审步骤为，首先对资格预审申请文件进行符合性条件检查，条件符合者方可按照资格预审文件的评分标准对其赋分，达到或超过最低分数线的潜在投标人评判为通过资格预审，具有进行投标的资格。

2.6.3 资格预审的审查内容及重点

资格预审的审查内容主要包括以下三个方面：

（1）工程项目总体描述。使潜在投标人能够理解本工程项目的基本情况，做出是否参加资格预审和投标的决策。

（2）简要合同规定。对潜在投标人提出具体要求和限制条件，对关税、当地材料和劳务提出相关要求及外汇支付的限制等。

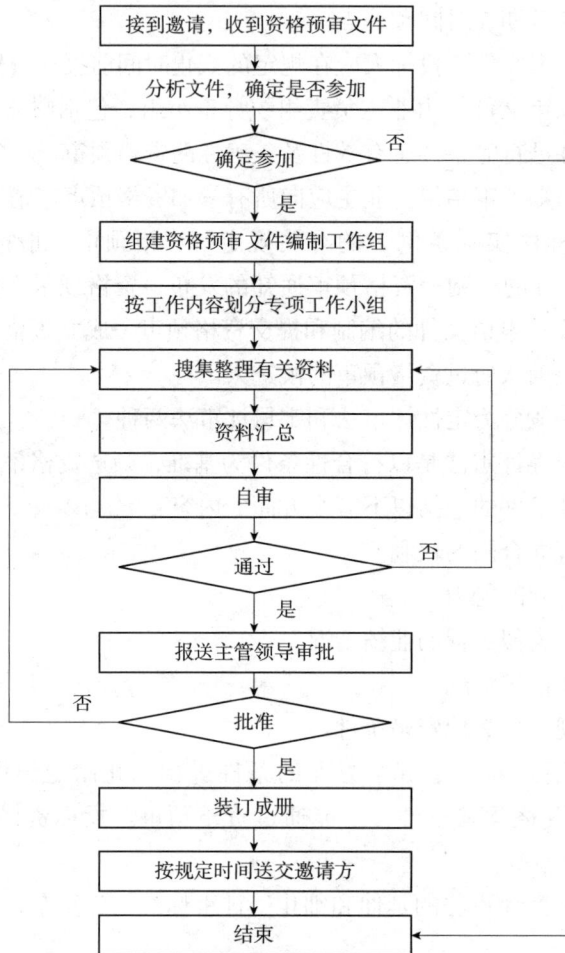

图 2-1　投标资格预审流程示意图

（3）资格预审文件说明。准备申请资格预审的潜在投标人（包括联营体）必须回答资格预审文件所附的全部提问，并按资格预审文件提供的格式填写。

资格预审的基本评审标准，其重点包括以下五个方面内容：投标人基本信息和信誉状况、工程实践经验、财务能力、人员技术能力，以及拟投入施工设备。在投标人的经验与信誉评定方面，要参考他们的过往工程实践履约状况，再对比类似工程中投标人所承担的工程项目规模、所使用的承包方式来评估他们的施工经验水平及信誉标准。

财务能力是资格预审中最容易被忽视的环节，但实际上它对资格预审过程非常重要，因为它关系投标人是否具备充足流动资金与项目操作潜力，进而实现对工程合同的完整履约过程。另外，财务能力也包括投标人经过会计师事务所提交审计的财务报表内容，这其中还包括了投标人的项目收益表、资产负债表以及营业总额表，以及由银行所签发的信贷证明文件，这些重要文件从不同角度综合反映出投标人的基本资金状况与财务能力。

在人员能力方面，在资格预审中就要求投标人承担过类似工程项目的主要责任，或参与过类似工程项目，并具有相当年限的工作时间和工作经验。然后考察投标人的技术资格能力，看其是否能满足招标工程实际需求。一般来说，工程资格预审主要考察的人员对象包括工程投标方工程管理人员，即项目经理、工程技术人员、特种作业人员持证上岗等。

招标人应当按照资格预审公告、招标公告或者投标邀请书规定的时间、地点发售资格预审文件或者招标文件。

资格预审文件或者招标文件的发售期不得少于 5 日。招标人约定递交资格预审申请文件的时间应详细注明开始递交时间和截止接收时间。整个招标过程一般所需时间：如果项目手续齐全的情况下，一般有资格预审时为 40 日左右，无资格预审或资格后审时为 30 日左右。公开招标项目需在指定网站发布招标公告，招标公告发布时间不少于五个工作日，一般要求在公告发布时间内领取资格预审文件或招标文件。招标投标法还规定，从领取招标文件到开标截止时间之日不得少于二十日。

2.6.4 资格预审的意义

通过资格预审体现择优原则，达到社会资源优化配置，从而促进社会生产力的发展。对业主来说，首先可以了解投标人的财务能力、技术状况及类似本工程的施工经验。可以让在财务、技术、施工经验等方面优秀的投标人参加投标。其次，可以淘汰不合格或资质不符的投标人。

减少评审阶段的工作时间，减少评审费用；还能排除将合同授予没有经过资格预审的投标人的风险，为业主选择一个优秀的中标人打下良好的基础，使建设工程的工期、质量、造价各方面均获得良好的经济效益和社会效益。此外，一是，资格预审可以淘汰一批不符合资质要求的投标人，选择在技术、资金等方面优秀的投标人参加投标，避免因未经资格预审而可能造成的项目建设风险。二是，可以提前掌握投标人的基本情况，在一定程度上减少或防止恶意投标，保证秩序竞争。三是，可以减少开标后的评审时间。

2.7 编制招标文件

2.7.1 招标文件定义

招标文件是招标工程建设的大纲，是建设单位实施工程建设的工作依据，是向投标单位提供参加投标所需要的一切情况。因此，招标文件的编制质量和深度，关系着整个招标工作的成败。招标文件的繁简程度，要视招标工程项目的性质和规模而定。建设项目复杂、规模庞大的，招标文件要力求精练、准确、清楚；建设项目简单、规模小的，文件可以从简，但要把主要问题交代清楚。招标文件内容应根据招标方式和范围的不同而异。工程项目全过程总招标，同勘察设计、设备材料供应和施工应进行分别招标，其特点、性质都是截然不同的，应从实际需要出发，分别提出不同内容要求。

招标是为某项工程建设或大宗商品的买卖，邀请愿意承包或交易的厂商出价，以从中选择承包者或交易者的行为。程序一般为：招标者刊登广告或有选择地邀请有关厂商，并发送招标文件，或附上图纸和样品；投标者按要求递交投标文件；然后在公证人的主持下当众开标、评标，以全面符合条件者为中标人；最后，双方签订承包合同或交易合同。招标是在一定范围内公开货物、工程或服务采购的条件和要求，邀请众多投标人参加投标，并按照规定程序从中选择交易对象的一种市场交易行为。

2.7.2 招标文件组成

招标文件按照功能作用可以分成三部分：

（1）招标公告或投标邀请书、投标人须知、评标办法、投标文件格式等，主要阐述招标项目需求概况和招标投标活动规则，对参与项目招标投标活动各方均有约束力，但一般不构成合同文件。

（2）工程量清单、设计图纸、技术标准和要求、合同条款等，全面描述招标项目需求，既是招标活动的主要依据，也是合同文件构成的重要内容，对招标人和中标人具有约束力。

（3）参考资料，供投标人了解分析与招标项目相关的参考信息，如项目地址、水文、地质、气象、交通等参考资料。

招标文件至少应包括以下内容：

（1）招标公告。

（2）投标人须知。即具体制定投标的规则，使投标人在投标时有所遵循。投标须知的主要内容包括：

1）资金来源。

2）如果没有进行资格预审，要对投标人的资格提出要求。

3）货物原产地要求。

4）招标文件和投标文件的澄清程序。

5）投标文件的内容要求。

6）投标语言。尤其是国际性招标，由于参与竞标的供应商来自世界各地，故必须对投标语言作出规定。

7）投标价格和货币规定。对投标报价的范围作出规定，即报价应包括哪些方面，统一报价口径便于评标时计算和比较最低评标价。

8）修改和撤销投标的规定。

9）标书格式和投标保证金的要求。

10）评标的标准和程序。

11）国内优惠的规定。

12）投标程序。

13）投标有效期。

14）投标截止日期。

15）开标的时间、地点等。

16）品牌要求等。

2.7.3　编制招标文件时需注意的问题

招标文件的编制要特别注意以下几个方面：

（1）所有采购的货物、设备或工程的内容，必须详细地一一说明，以构成竞争性招标的基础。

（2）制定技术规格和合同条款不应造成对有资格投标的任何供应商或承包商的歧视。

（3）评标的标准应公开和合理，对偏离招标文件另行提出新的技术规格的标书的评审标准，更应切合实际，力求公平。

（4）符合本国政府的有关规定，如有不一致之处须妥善处理。

2.8　招标文件发售

招标文件是招标人发布招标公告后，为了向投标人提供更为详细的招标信息而编制的一份文件，包括招标项目的技术规格、合同条款、投标文件要求等内容。投标人需要购买招标文件后才能了解招标项目的具体要求，并准备投标文件。对招标文件进行发售是为了让投标人更了解招标项目，方便投标。法律规定，不得以营利为目的。以下是关于招标文件的发售流程：

（1）编制招标文件和标底，制定评标、定标办法；招标人到综合招标投标交易中心领取并填写招标申请表，并将项目审批、土地、规划、资金证明、工程担保、施工图审核等前期手续上报招标投标管理办公室和行政主管部门核准或备案。

（2）发出招标公告或招标邀请书，或请有关上级主管部门推荐、指定投标单位；招标人或委托代理机构发布招标公告或发出邀请书，招标公告经招标投标管理办公室和行政主管部门备案后，由综合招标投标交易中心在指定媒介统一发布。

（3）审查投标单位资格，向合格的投标单位分发招标文件及其必要的附件；招标人需要对潜在投标人进行资格预审的，应当在招标公告或者招标邀请书中载明预审条件、预审方法和获取预审文件的途径，由招标人在综合招标投标交易中心组织资格预审。

（4）组织投标单位赴现场踏勘并主持招标文件答疑会；在综合招标投标交易中心发售招标文件和相关资料，组织投标人现场勘察，并对相关问题作出说明。

（5）按约定的时间、地点、方式接受标书；由招标人提交评标专家抽取申请表、合格投标人明细表，上报招标投标管理办公室和行政监督部门备案，并在其现场监督下，从市综合性评标专家库或省综合性评标专家库中随机抽取专家名单，组建评标委员会，负责相关招标项目的评标工作。

（6）主持开标并审查标书及其保函；投标人在规定截标时间前递交投标文件并签到。招标人在行政主管部门的监督下按程序组织开标、评标。评标委员会完成评标后，应当向招标人提出由评标委员会全体成员共同签字的书面评标报告，推荐前3名合格的中标候选人，并标明排名顺序。

（7）组织评标、决标活动；招标人应当在开标之日起7日内，根据评标委员会提出的书面评标报告和推荐的中标候选人确定中标人。招标人也可以授权评标委员会直接确定中标人。

（8）发出中标与落标通知书，并与中标单位谈判，最终签订承包合同。公示期内没有异议或异议不成立的，招标人经相关行政监督部门和招标投标管理办公室备案后向中标人发出中标通知书，同时通知未中标人，并在30日内按照招标文件和中标人的投标文件与中标人订立书面合同。招标人应当在签订合同之日起15日内将合同报招标投标管理办公室和行政主管部门备案。

招标人应结合招标项目需求的技术经济特点和招标方案确定要素、市场竞争状况，根据有关法律法规、标准文本编制招标文件。依法必须进行招标项目的招标文件，应当使用国家发展改革部门会同有关行政监督部门制定的标准文本。招标文件应按照投标邀请书或招标公告规定的时间、地点发售。一般情况下，都是在当地的政府网站发布招标信息，政府网站也是免费查看信息的，如中国电力招标网或者中国招标与采购网等网站。

2.9 现场踏勘

2.9.1 现场踏勘定义

现场踏勘是指招标人组织投标人对项目实施现场的经济、地理、地质、气候等客观条件和环境进行的现场调查。招标人在发出招标通告或者投标邀请书以后，可以根据招标项目的实际需要，通知并组织潜在投标人到项目现场进行实地勘查。这样的招标项目通常以工程项目居多。

2.9.2 现场踏勘内容

现场踏勘时，投标人到现场调查，进一步了解招标人的意图和现场周围的环境情况，以获取有用的信息并据此作出是否投标以及投标策略和投标报价。招标人应主动向投标人介绍所有施工现场的有关情况。投标申请人对影响工程施工的现场条件进行全面考察，包括经济、地理、地质、气候、法律环境等情况。

根据《招标投标法》第二十一条规定，招标人根据招标项目的具体情况，可以组织潜在投标人踏勘项目现场。潜在投标人可根据是否决定投标或者编制投标文件的需求，到现场调查，进一步了解招标者的意图和现场周围环境情况，以获取有用信息并据此作出是否投标或投标策略以及投标价格的决定。

踏勘项目现场时，招标人应主动向潜在投标人介绍所有现场的有关情况，潜在投标人对影响供货或者承包项目的现场条件进行全面考察，包括经济、地理、地质、气候、法律环境等情况，对工程建设项目一般应至少了解施工现场以下内容：

（1）是否达到招标文件规定的条件。

（2）地理位置和地形、地貌。

（3）气候条件，如气温、湿度、风力等。

（4）地址、土质、地下水位、水文等情况。

（5）现场环境，如交通、供水、供电、污水排放等。

此外要注意的是，依据《工程建设项目施工招标投标办法》第三十二条规定，招标人根据招标项目的具体情况，可以组织潜在投标人踏勘项目现场，向其介绍工程场地和相关环境的有关情况。潜在投标人依据招标人介绍情况作出的判断和决策，由投标人自行负责。第三十二条最后一款特别说明：招标人不得单独或者分别组织任何一个投标人进行现场踏勘。《招标投标法实施条例》第二十八条同样对招标人组织踏勘项目现场作出明确的规定：招标人不得组织单个或者部分潜在投标人踏勘项目现场。

2.9.3 现场踏勘注意事项

《招标投标法》第二十一条规定，招标人根据招标项目的具体情况，可以组织潜在投标人踏勘项目现场。投标人如果在现场勘察中有疑问，应当在投标预备会前以书面形式向招标人提出，但应给招标人留有时间解答。

2.10 电子招标

2.10.1 电子招标定义

电子招标投标是以数据电文形式完成的招标投标活动。通俗地说，就是部分或者全部抛弃纸质文件，借助计算机和网络完成招标投标活动。为了规范电子招标投标活动，促进电子招标投标健康发展，国家发展改革委、工业和信息化部、监察部、住房和城乡建设部、交通运输部、铁道部、水利部、商务部联合制定了《电子招标投标办法》[①]及相关附件，于2013年2月4日发布自2013年5月1日起施行。《电子招标投标办法》是中国推行电子招标投标的纲领性文件，它将成为我国招标投标行业发展的一个重要里程碑。

该文件颁布的必要性在于以下三个方面：一是，解决当前招标投标领域突出问题的需要。推行电子招标投标，为充分利用信息技术手段解决招标投标领域突出问题创造了条件。例如，通过匿名下载招标文件，使招标人和投标人在投标截止前难以知晓潜在投标人的名称数量，有助于防止围标串标；通过网络终端直接登录电子招标投标系统，不仅方便了投标人，还有利于防止通过投标报名排斥潜在投标人，增强招标投

---

① 2013年2月4日，中华人民共和国国家发展和改革委员会令第20号公布《电子招标投标办法》（以下简称"办法"）。该《办法》分总则，电子招标投标交易平台，电子招标，电子投标，电子开标、评标和中标，信息共享与公共服务，监督管理，法律责任，附则9章66条。

标活动的竞争性。二是，保障电子招标投标活动安全的需要。电子招标投标活动专业性、技术性很强，如果没有统一的规则和技术标准，对电子招标投标系统建设进行必要的规范，容易出现流程设计不合法、系统程序"后门"、信息安全漏洞等问题。三是，建立信息共享机制的需要。由于没有统一的交易规则和技术标准，各电子招标投标数据格式不同，也没有标准的数据交互接口，使电子招标投标信息无法交互和共享，甚至形成新的技术壁垒，影响了统一开放、竞争有序的招标投标大市场的形成。四是，转变行政监督方式的需要。与传统纸质招标的现场监督、查阅纸质文件等方式相比，电子招标投标的行政监督方式有了很大变化，其最大区别在于利用信息技术，可以实现网络化、无纸化的全面、实时和透明监督。

电子招标投标市场发展的最终目标，是在全国范围内建立起交易平台、公共服务平台、行政监督平台三大平台，以及分类清晰、功能互补、互联互通的电子招标投标系统，最终实现所有招标项目全过程电子化。基于企业内部网络和外部互联网，建立一个多方、多部门、多层级协同工作的物资采购网上招标投标平台，全面实现网上招标投标。建立物资供应商信用及准入控制机制，对中标人进行跟踪监管和闭环管理，促进和重视物资供应商的诚信，重视竞争，促进中标人不断提高履约质量。

2.10.2 电子招标流程

（1）招标文件的获取

电子模式下，一般要求投标人进入交易平台获取招标文件。因此，需在招标公告中注明获取方式和获取流程，包括招标文件的网址以及获取路径、支付方式等。如果投标人需要注册后方可获取招标文件，也应当说明注册步骤、审核时限。

（2）CA[①]办理

网上的公众用户通过验证 CA 的签字从而信任 CA，任何人都可以得到 CA 的证书（含公钥），用以验证其所签发的证书。如果用户想得到一份属于自己的证书，他应先向 CA 提出申请。在 CA 判明申请者的身份后，便为他分配一个公钥，并且 CA 将该公钥与申请者的身份信息绑在一起，并为之签字，之后便形成证书发给申请者。

（3）投标文件的递交

电子模式下投标文件的递交方式与传统模式下存在显著差异，投标人需要使用文件编制工具离线编制投标文件后，将已加密文件通过网络递交至交易平台。

（4）开标时间地点

在电子模式下，开标地点也从有形场所转移至网上开标大厅。同时，所有投标人均应准时在线参与开标，并对其投标文件进行解密。对于这一关键要求，应当在招标公告中特别说明。

---

① CA 数字证书可以为招标投标双方安全通信提供电子认证，使用电子签章保障电子招标投标文件的真实性和完整性，能够实现身份识别和电子信息加密，通过验证识别信息的真伪实现对证书持有者身份进行认证。

（5）平台运营机构

一般电子交易平台运营机构都会设立专人专岗提供系统操作咨询，招标公告中应注明联系方式、联系人，便于投标人就操作问题进行咨询。

2.10.3　基于 BIM 技术的电子招标

BIM 技术作为建筑行业的新兴技术，极大提高了建筑行业精细化程度和管理水平。基于 BIM 的电子招标投标系统是将 BIM 技术引入建设工程招标投标过程，在现有电子招标投标系统基础上，基于三维模型与成本、进度相结合，以全新的五维视角，集成大数据研究成果，并与深圳市空间地理信息平台（GIS）对接，打造基于 BIM+ 大数据 +GIS 的专业招标投标模式，实现深圳建设工程招标投标向智能化、可视化跨越式变革。

BIM 电子招标投标系统的建设与应用，是国内率先将 BIM 技术应用到建设工程招标投标阶段，率先实现技术标和商务标的关联评审，率先将 BIM 技术与 GIS、大数据进行融合应用。

基于 BIM 的招标投标系统是在传统的电子招标投标系统基础上增加了 BIM 相关内容，简述如下：

（1）招标阶段：招标人编制含有 BIM 招标相关标准与要求的招标文件。

（2）投标阶段：投标文件中增加了 BIM 标书，投标人采用市场化的工具，按照招标文件中 BIM 相关标准与要求，编制并提交 BIM 标书。

（3）开标阶段：招标人或招标代理对投标人递交的 BIM 标书进行合规性检测，并导入到内部服务器。

（4）评标阶段：评标专家通过 BIM 辅助评标系统对投标递交的 BIM 标书进行评审。

（5）定标阶段：定标委员会查看评审结果（含 BIM 标）和标书文件（含 BIM 标书）。

采用 BIM 辅助评标后，专家可以借助 BIM 可视化优势，在评标中通过单体、专业构件等不同维度，对模型完整度和精度进行审查，形象展示本项目的建设内容。基于进度和模型的关联关系，在平台中动态展示施工过程，方便评委专家对投标单位的施工组织进行更加精准的评审。另外，将场地等措施模型与实体模型结合展示，对现场的临建板房、现场监控布设等文明施工要素进行可视化审查。从而彻底改变传统电子评标阅读难度大、评审不直观的问题。

采用 BIM 辅助评标后，改变了以往技术标和商务标脱离的现状。专家可以根据项目周期，查看项目的资金资源需求，结合业主的资金拨付能力，评审最适合的项目进度计划。还可以通过筛选模型，查看对应部位预算文件中清单工程量及直接费，能够有效针对重点区域进行详查，辨别投标人不平衡报价，提前排除项目施工过程中因变更产生的成本超支风险。

通过 BIM 技术与 GIS 技术的融合应用，将 BIM 模型与深圳市空间地理信息平台进行对接，将建筑方案设计模型基于真实的空间地理环境中进行精准定位、展示，实现了基于模型的设计方案周边环境查看和对比分析。通过 BIM 技术与大数据技术创新应用，基于当前项目的特征参数，利用大数据研究成果，智能推送历史同类工程的中标方案，实现不同工程之间的 BIM 设计方案横向对比分析。引入 BIM 技术，用三维模型代替传统的纯电子文档评审方式，彻底解决传统电子评标的阅读难度大、投标方案不直观、方案对比难、周围环境无法呈现等诸多问题。同时，以 BIM 三维模型为基础，将成本、进度相结合，以全新的五维视角，集成项目相关数据和大数据研究成果，使商务标、技术标深度融合与联动，进一步提升招标投标的准确性和专业性，以及评标的智能化与科学性。

招标人通过 BIM 模型应用，提升招标投标过程中方案的一致性；投标人借助 BIM 模型快速准确地完成设计方案、投标报价和施工方案，评标专家通过 BIM 模型更直观、快捷和深入地理解投标方案，更准确地评审各投标方案的优劣。相对于传统的二维图纸模式，BIM 技术的应用使得招标人、投标人、评标专家之间的协作效率和质量大幅提升。

工程招标投标是建设工程全生命周期中的一个重要环节，是建筑行业各从业主体协作的桥梁，通过在工程招标投标阶段应用 BIM 技术，有效促进建筑行业各主体和从业人员对 BIM 技术的掌握与应用，推动建设工程设计、施工及运维阶段的有机衔接，使行业监督管理更加便捷，从而提高整个建筑行业的精细化管理水平。

2.10.4　电子招标系统与特点

电子招标投标系统提供了电子标书、数字证书加解密、计算机辅助开 / 评标等技术，全面实现了资格标、技术标和商务标的电子化和计算机辅助评标，支持电子签到、流标处理和中标锁定，支持电子评标报告和招标投标数字档案，极大提高了招标投标的效率，节省了招标投标的成本。

电子招标投标模式是在互联网的基础上将传统的资格预审、企业备案、正式招标、现场投标、专家评标、现场开标、中标公示、发布中标通知书和合同签约等过程全部移至网络，线上进行，实现电子化、网络化、信息化的新型招标投标模式。信息的保密工作更加严密，规范化管理也更加完善，有效降低了招标投标的经济成本和时间成本，提高了工作效率，节省了人力物力财力。且具备数据库建档管理等功能，从某种程度上说，实现了真正意义上的电子流程化、全方位无纸化和无接触化。

（1）电子化

电子化是指数据电文化。相对于传统的纸质招标投标而言，电子招标投标实现了潜在投标人网上电子备案，招标人直接在权威网站发售电子招标文件，潜在投标人在线报名购买电子招标文件后，可直接下载获取电子招标文件。潜在投标人在编制投标文件期间可直接在线发送电子答疑，招标人收到答疑后进行网上回复，不再进行传统的纸质传真。投标文件编制好后，不再打印成纸质投标文件、盖章和手写签字，只需编辑成电子投标文件，加盖电子印章和电子签字。最后，投标文件使用电子数字证书加密后直接在指定平台上传至网上，即表示投标文件成功递交，评标专家使用评标软件对电子投标文件进行评标，评标过程中投标人可以向招标人通过数据电文形式发送投标文件的澄清。评标结束后，评标专家向招标人提交电子评标报告等。

（2）网络化

《电子招标投标办法》中规定，电子招标投标交易平台必须具备在线完成招标投标全部交易过程，说明网络是实现电子招标投标的必要条件之一。招标人借助网络将依法必须进行公开招标项目的资格预审公告或招标公告在线上的交易平台向所有潜在申请人或潜在投标人公布。潜在申请人或潜在投标人同样可借助网络下载资格预审文件或招标文件。借助网络，潜在申请人或潜在投标人可以将自己编制并加密好的资格预审文件或投标文件在线成功递交。借助网络，招标人可以在网络上邀请所有投标人参加线上开标。借助网络，评标也可以在有监控和保密的环境下在网上进行。评标结束后，评标委员会通过网络向招标人提交电子评标报告。招标人可以在网上向社会大众对依法必须招标的项目进行中标候选人的公示和中标结果的公布等。

（3）信息化

1997 年召开的首届全国信息化工作会议上，对信息化的定义，是指培养、发展以计算机为主的，以智能化工具为代表的新生产力，并使之造福于社会的历史过程。信息化代表一种信息技术被高度应用，信息资源被高度共享，是基于现代网络形成的各种物质资源被共享和充分利用。电子招标投标通过数字化、网络化对接处理后，形成的数据可以被存储，也可以被二次或多次处理并以此类推，对数据进行汇总与比对，供从事招标投标活动的人员进行学习、工作、竞争、决策等。

电子招标投标在信息化的基础上实现了信息共享。社会大众可以在电子招标投标交易平台上查阅此平台上记载的所有交易过程或正在交易的招标投标活动记录，公共服务平台还公开、共享了所有备案在库的招标人信息、投标人信息和代理机构信息等。相比传统招标投标，电子招标投标在评标结束后会将中标候选人进行公示，有些平台还会公示中标候选人排序、投标报价、拟任项目经理、拟任技术负责人、投标人业绩等相关信息，这些内部信息在过去的传统招标投标模式下是无法共享的。从某种程度上说，电子招标投标的信息共享化进一步加强了招标投标的公平化和透明化。

（4）公平公正性

《招标投标法》明确招标投标活动应当遵循公开、公平、公正和诚实信用的原则。电子招标投标系统的公平公正性主要表现在招标投标活动交易的公开性、透明度，公共信息的对外公开共享性以及行政监督平台中行政监督部门和监察机关对电子招标投标活动的在线监督。相较于传统招标投标，电子招标投标的电子化、网络化和信息共享化的特点使电子招标投标更加公平公正。例如在招标阶段，所有符合招标文件规定的资格条件的潜在投标人均可参与投标活动。专家评标直接使用评标系统软件打分，进行综合计算，有效杜绝了人为计算汇总统计失误或者恶意修改分数控制中标结果等情况的发生，电子辅助评标系统可以对围标、串标等行为进行自动甄别，进一步遏制了投标活动中围标和弄虚作假等违法行为。

（5）经济环保

经济环保，随着电子招标投标交易活动的日益普遍，人们越来越发现电子招标投标的经济环保性这一又大又好的特点。传统招标投标的浪费主要表现在：招标人大量印刷和出售纸质招标投标文件，投标人由于投标要求必须大量打印和复印投标文件，而这其中很多文件的实际有效性时间并不长，造成了大量的纸张浪费；由于信息不透明，投标人需靠自身力量进行调研从而浪费了大量人力、财力和物力；因为物理距离的原因，投标单位在购买纸质招标文件和投标开标时不可避免要投入大量的人力、物力和财力；为了进行现场开标评标，不管是招标人、招标代理、投标人还是评标专家等，均从全国各地聚集在开标地点，准时进行开标，唱标和评标，这样所有参与人均不可避免地投入了大量的路途时间成本和经济成本。电子招标投标依据自身电子化、网络化、信息共享化的特点，有效节约资源，做到效率提升，更加方便快捷。

（6）"不见面"性

在电子招标投标交易活动中，由于招标公告的发布、招标文件下载到在线办理银行保函、提交投标文件、在线"不见面"开标和远程异地在线监督评标、合同签署等一系列环节都是在网络上进行，故而有效避免了人员的聚集和接触。正是由于这一鲜明特点，在各种疫情频发的时代，电子招标投标交易方式对减少人员到场开标、减少人员聚集、阻断疫情传播和保障人民群众生命安全和身体健康等方面产生了积极的作用，而这些都是传统招标投标方式做不到的。

2.10.5 电子招标的优势

招标人公布项目需求，通过投标人公平竞争，择优选择交易对象和客体的过程，招标投标双方通过规范邀约和承诺，确立双方权利、义务和责任，规定了合同的交易方式。招标投标双方不得在招标投标过程中协商谈判和随意修改招标项目需求、交易规则以及合同价格、质量标准、进度等实质内容。招标要约邀请、投标要约和中标承诺只有一次机会，这是保证招标投标双方公平和投标人之间公平竞争的基本要求。

利用电子招标投标交易平台记录并积累完善的基础数据库体系，为推动招标工作发展提供了重要的数据统计基础。各类数据表单和各种统计报表为全方位、多角度加强招标工作科学管理提供了依据。首先，对开展各项管理工作（如招标机构资质审核、供应商资质审核、采购商年检、供应商信用体系建设、评审专家申报等）提供必不可少的数据支撑，使各项管理工作更加规范化、制度化。其次，对于各项工作开展的成效，均有数据基础以供统计、分析、总结和检验。再次，电子招标投标交易平台提供的信息资源库，既高效满足了招标投标各方的日常业务所需，也为在线招标活动的顺利实施提供了不可或缺的载体。

传统招标投标和电子招标投标各自的特点和优势，对比详见表2-1。

电子招标投标与传统招标投标特点对比表   表 2-1

阶段	内容	电子招标投标	传统招标投标
备案阶段	前期备案	可通过互联网在线申请注册公司账户和在线填写信息进行企业备案，为后期招标投标做准备	只能去现场，带着厚重的纸质版资料办理备案，多次往返备案场所，耗费人力、财力和精力
招标阶段	招标信息的登记	在互联网可随时随地查询关注项目的相关信息，该项目已进入什么阶段，是否具备招标条件等	项目信息在购买了招标文件后才能知晓。各地方的招标媒介并不相通，管理和查询较为困难
	招标文件的制作与上传	招标文件的编制符合国家统一规范，文件及其附件完整上传且符合国家规定	招标文件及其附件编写不规范或不完整，影响招标投标活动
	购买标书	可以通过网上报名，在规定时间内购买并下载招标文件	现场购买招标文件，易受工作机构的时间、场地、人员影响
投标阶段	制作投标文件	统一规范的软件、格式，尤其体现在资格标和商务标中；采用数字证书加密的方式密封	普通的计算机辅助制作标书；制作完成后打印和复印成厚重的纸质标书；需耗费人力加盖实物章并手写签名；密封采用传统纸质密封
	上传电子标书	在规定的时间内上传：有现场人员参与和无须现场人员参与网上在线开标	必须人员到达开标地点签到开标
开标阶段	开标	在规定的时间内进行远程不见面开标	时间、地点受人为因素影响
	唱标	解密开标后系统自动公布开标结果，简单明了	有些地区唱标不规范，受人为因素影响
评标阶段	专家库抽取	电脑随机抽取，公平公正	代理机构或交易中心直接联系专家到场评标
	评标过程	在视频直播监控下进行远程评标，专家在线登录系统后在系统内对应的评标模块中直接打分	无视频监督存档，只有监督机构到场监督，专家手写评分由代理统计，受人为因素影响
定标阶段	中标公布	中标结果直接反馈在网上，锁定中标人	受人为因素影响
	公示期内质疑	可在法律法规规定的期限内，在电子系统中对中标候选人的中标公示结果的真实性进行查询，如有质疑可向有关部门提出，可通过线上系统中进行递交	可在法律法规规定的期限内，通过自身的调研对中标人的资格和标书内容的真实性进行查询，如有质疑可向有关部门提出

总之，由于法律法规赋予数据电文形式与纸质形式的招标投标活动同等的法律效力，线上招标投标日趋常态化，其法律风险也随之频发。为了减少争议、防范风险，在电子投标阶段，投标人应当避免违法参与招标投标，注意按招标文件要求采取有力措施保障投标文件顺利解密，并确保电子版和纸质版投标文件内容保持一致。

2-2
案例

思考题

1. 请简述工程招投标的基本流程。

2. 工程招标文件中通常包含哪些主要内容?

3. 投标人应如何准备投标文件以确保其符合招标要求?

4. 工程招投标中,何为"最低评标价法"? 请简要说明其特点。

5. 简述工程招投标过程中可能出现的违规行为,并说明其可能带来的后果。

6. 请说明在工程招投标过程中,招标人与投标人各自的权利与义务是什么?

7. 工程招投标中的"资格预审"环节有何作用?

8. 在工程招投标过程中,如何确保评标的公正性和透明性?

9. 请简述工程招投标中合同类型(如总价合同、单价合同等)的选择依据。

10. 投标人在投标过程中应注意哪些风险,并如何进行有效管理?

第 **3** 章　　建设工程投标

学习目标：熟悉投标步骤；熟悉投标人；熟悉投标人资格条件及限制；掌握投标文件组成；掌握施工组织设计；熟悉建设工程投标报价技巧；了解串标的情况。

知识图谱：

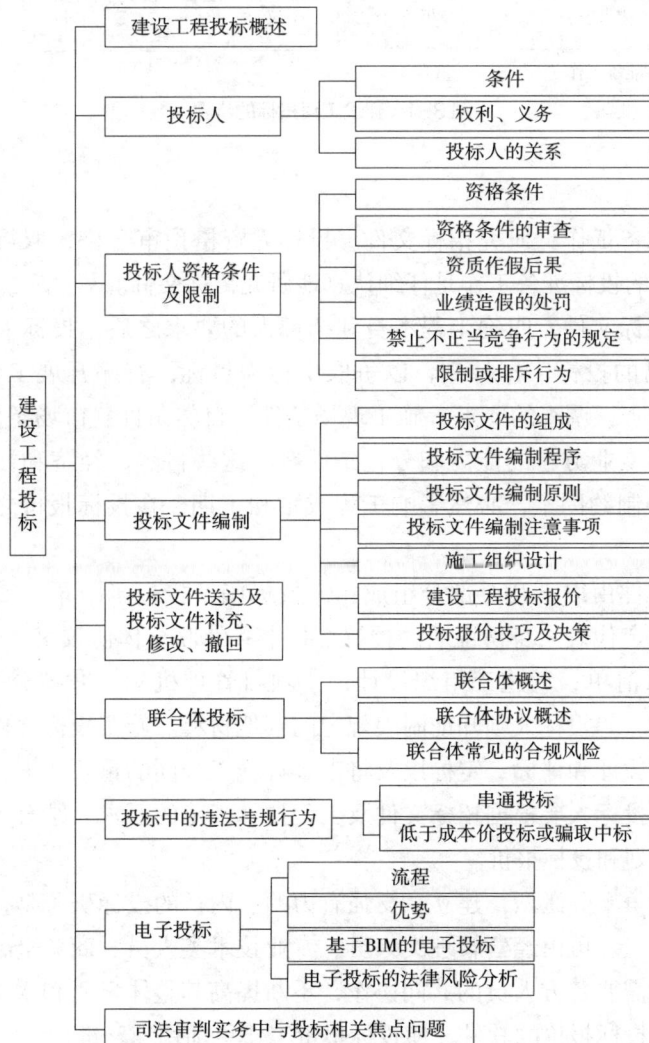

3.1 建设工程投标概述

建设工程投标是指经过审查获得投标资格的建设承包单位按照招标文件的要求，在规定的时间内向招标单位填报投标书并争取中标的法律行为。

建设工程投标一般要经过以下几个步骤（图 3-1）：

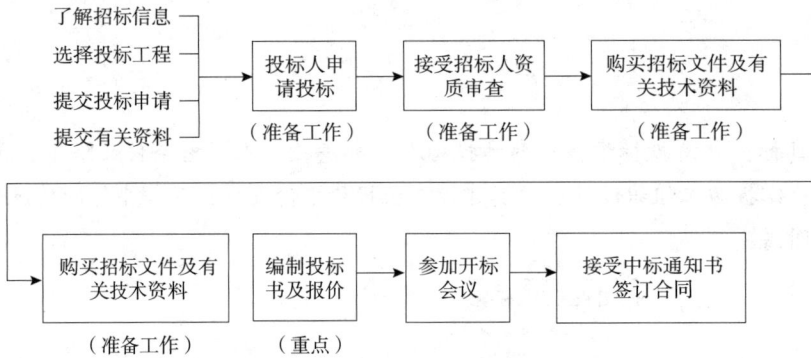

了解招标信息
选择投标工程
提交投标申请
提交有关资料

→ 投标人申请投标（准备工作） → 接受招标人资质审查（准备工作） → 购买招标文件及有关技术资料（准备工作）

购买招标文件及有关技术资料（准备工作） 编制投标书及报价（重点） 参加开标会议 接受中标通知书签订合同

图 3-1 建设工程投标的步骤

施工投标准备工作：研究招标文件。投标人资格预审合格，取得招标文件后，首要的投标准备工作是仔细认真地研究招标文件。

全面研究招标文件，明确工程本身和招标人的要求之后，投标人才能便于制定自己的投标工作计划，以争取中标为目标，有序开展工作。进行施工环境调查，调查的要点：施工现场条件、自然条件、市场条件、物资供应条件、专业分包的能力和分包条件等。这些自然、经济和社会条件都是施工的制约因素，必然影响工程成本和工期，在投标报价之前尽可能全面调查、掌握。

3-1
研究招标
文件的重点

施工投标文件由以下几个部分组成：①投标函及投标函附录；②法定代表人身份证明或附有法定代表人身份证明的授权委托书；③联合体协议书；④投标保证金；⑤已标价工程量清单；⑥施工组织设计；⑦项目管理机构；⑧拟分包项目情况表；⑨资格审查资料；⑩投标人须知前附表规定的其他材料。施工投标文件是投标人参与投标竞争的重要凭证和评标、定标以及将来签订施工合同的重要依据，也是投标人素质的综合反映。投标人要根据招标文件及工程技术规范的要求，结合工程及施工环境条件制定施工规划和投标报价。

投标过程竞争十分激烈，建立一支强有力的、内行的投标班子是投标获得成功的根本保证。投标组织可由经营管理类人员、专业技术类人员、商务金融类人员等类型的人员组成。还需要各方人员的共同协作，不断提高其整体素质和水平。同时，还应逐步采用和开发投标报价的软件，使投标报价工作更加快速、准确。

3.2 投标人

3.2.1 投标人的条件

按照《招标投标法》的规定，建设工程投标人就是指响应招标并购买招标文件、参加投标竞争的法人或其他社会经济组织。投标人应具备承担招标项目的能力。

投标人分为三类：一是法人；二是其他组织；三是具有完全民事行为能力的个人，亦称自然人。

法人、其他组织和个人必须具备响应招标和参与投标竞争两个条件后，才能成为投标人。如果投标书中法定代表人授权委托了代理人，则投标人的代表人指的是委托代理人。若无授权委托，则指的是法定代表人。

法人或其他组织响应招标、参加投标竞争，是成为投标人的一般条件。要成为合格投标人，通常应具备以下条件：

（1）投标人应具备承担招标项目的能力。

（2）投标人应当按照招标文件的要求编制投标文件。

3-2
投标人资格

3.2.2 投标人的权利、义务

投标人享有的权利一般包括：①平等地获得招标信息；②要求招标人或招标代理机构对招标文件中的有关问题进行答疑；③控告、检举招标过程中的违法行为。

与此同时，投标人应该履行下列义务：①保证所提供的投标文件的真实性；②按招标人或招标代理机构的要求对投标文件的有关问题进行答疑；③提供投标保证金或其他形式的担保；④中标后与招标人签订并履行合同，非经招标人同意不得转让或分包合同。

3.2.3 投标人的关系

投标人与招标人的关系：招标人是依照规定提出招标项目、进行招标的法人或者其他组织。投标人是响应招标、参加投标竞争的法人或者其他组织。通常若潜在投标人和招标人之间存在隶属关系、个人关系、经济关系三个方面的关系，则可以认定为潜在投标人和招标人之间存在利害关系。

隶属关系主要是招标人与潜在投标人之间相互控股或参股，或者有行政主管关系。

个人关系主要是投标人的法定代表人等高管人员与招标人的法定代表人等高管人员存在夫妻关系、亲属关系或者为同一人的情况。

经济关系指的是潜在投标人为招标项目前期准备提供设计或咨询服务等情形。

3.3 投标人资格条件及限制

3.3.1 投标人资格条件

资格审查应主要审查潜在投标人或者投标人是否符合下列条件：①具有独立订立合同的权利；②具有履行合同的能力，包括专业、技术资格和能力，资金、设备和其他物质设施状况，管理能力，经验、信誉和相应的从业人员；③没有处于被责令停业，投标资格被取消，财产被接管、冻结，破产状态；④在最近三年内没有骗取中标和严重违约及未出现重大工程质量问题；⑤国家规定的其他资格条件。资格审查时，招标人不得以不合理的条件限制、排斥潜在投标人或者投标人，不得对潜在投标人或者投标人实行歧视待遇。任何单位和个人不得以行政手段或者其他不合理方式限制投标人的数量。

3.3.2　投标人资质条件的审查

《招标投标法》第十八条规定：招标人可以根据招标项目本身的要求，在招标公告或者投标邀请书中，要求潜在投标人提供有关资质证明文件和业绩情况，并对潜在投标人进行资格审查，国家对投标人的资格条件有规定的，依照其规定。

根据《招标投标法》的释义，本条规定是对潜在投标人的资格审查及对资格审查的基本要求。资格审查程序是为了在招标投标过程中剔除资格条件不适合承担或履行合同的潜在投标人或投标人。

一般来说，资格审查可以分为资格预审和资格后审。

3-3
资格预审与
资格后审

3.3.3　投标单位资质作假的后果

根据《招标投标法》规定：投标人不得用他人名义或做假的方式骗取中标，给招标人造成损失的必须负法律责任，处中标项目金额千分之五以上千分之十以下的罚款，对单位直接负责的主管人员和其他直接责任人员处单位罚款数额百分之五以上百分之十以下的罚款；如果有违法所得，没收所得的财产；如果情节较为严重，公告取消其1~3年的投标资格，直至吊销营业执照。

3.3.4　投标业绩造假的处罚

投标人有下列情形之一的，属于以其他方式弄虚作假的行为：使用伪造、变造的许可证件；提供虚假的财务状况或者业绩；提供虚假的项目负责人或者主要技术人员简历、劳动关系证明；提供虚假的信用状况；其他弄虚作假的行为。

根据《招标投标法实施条例》第六十八条的规定，投标人以他人名义投标或者以其他方式弄虚作假骗取中标的，中标无效；构成犯罪的，依法追究刑事责任；尚不构成犯罪的，依照招标投标法第五十四条的规定处罚。依法必须进行招标的项目的投标人未中标的，对单位的罚款金额按照招标项目合同金额依照招标投标法规定的比例计算。

3-4
投标人违法
行为处罚

3.3.5　禁止投标人实施不正当竞争行为的规定

在建设工程招标投标活动中，投标人的不正当竞争行为主要表现在投标人相互串通投标或者与招标人串通投标、投标人以行贿手段谋取中标、投标人以低于成本的报价竞标、投标人以他人名义投标或者以其他方式弄虚作假骗取中标等方面。这些不正当竞争行为，特别是投标人相互串通投标、投标人与招标人串通投标时有发生，严重扰乱了建设工程招标投标的秩序，损害了招标人和其他投标人的合法权益，损害了国家利益、社会公共利益，是国家法律、法规明确禁止的。

3.3.6 限制或者排斥投标人的行为

招标人有下列行为之一的，属于以不合理条件限制或者排斥潜在投标人或者投标人：①不向潜在投标人或者投标人同样提供与招标项目有关信息的；②不根据招标项目的具体特点和实际需要设定资格、技术、商务条件的；③以获得特定区域、行业或者部门奖项为加分条件或者中标条件的；④对不同的潜在投标人或者投标人采取不同审查或者评审标准的；⑤要求提供与投标或者订立合同无关的证明材料的；⑥限定或者指定特定的专利、商标、名称、设计、原产地或者生产供应者的；⑦限制投标人所有制形式或者组织形式的；⑧以其他不合理条件限制或者排斥潜在投标人或者投标人的。

3.4 投标文件编制

施工投标文件是投标人参与投标竞争的重要凭证和评标、定标以及将来签订施工合同的重要依据，也是投标人素质的综合反映。投标文件应提供三份，其中正本一份，副本二份。

3.4.1 投标文件的组成

投标文件一般包含了三个部分，即商务部分、价格部分、技术部分。

商务部分包括公司资质、公司情况介绍等一系列内容，同时也是招标文件要求提供的其他文件等相关内容，包括公司的业绩和各种证件、报告等。

技术部分包括工程的描述、设计和施工方案等技术方案，工程量清单、人员配置、图纸、表格等和技术相关的资料。

价格部分包括投标报价说明，投标总价，主要材料价格表等。

根据《标准施工招标文件》（2007 版）的规定，具体组成部分有以下内容：

（1）投标函及投标函附录。

（2）法定代表人身份证明或附有法定代表人身份证明的授权委托书。

（3）联合体协议书。

（4）投标保证金。

（5）已标价的工程量清单。

（6）施工组织设计。

（7）项目管理机构。

（8）拟分包项目情况表。

（9）资格审查资料。

（10）其他材料。

3.4.2 投标文件的编制程序

投标文件的编制程序主要包括校核工程量、编制施工组织设计、计算投标报价等步骤。

（1）校核工程量

校核工程量直接影响投标报价及中标机会。投标人应根据设计图纸及工程量计算规则校核工程量清单中的工程内容和数量，如发现工程量有重大出入的，可找招标人核对，要求招标人认可，并给予书面证明。

（2）编制施工组织设计

施工组织设计是指导施工的技术经济文件，体现投标人技术、管理水平，它表明投标人对招标工程怎样进行施工活动。施工组织设计的主要内容是施工方案、施工进度计划、施工平面布置图等，其编制的原则是在保证工期和工程质量的前提下，如何使成本最低、利润最大。

（3）计算投标报价

计算投标报价投标人应收集现行定额标准、取费标准及各类标准图集，掌握政策性调价文件，在此基础上计算投标报价，并按工程量清单的要求填写相应报价数额。投标文件应严格按照招标文件的要求和格式编制。一般不能带有任何附加条件，否则可能导致投标作废。在投标截止日之前还必须按照招标文件的要求提供投标担保，一般是投标保证金或者投标保函。

3.4.3 投标文件编制原则

一份成功的投标文件，是整个投标过程中最为关键重要的环节。在编制中需遵循以下原则，如图3-2所示。

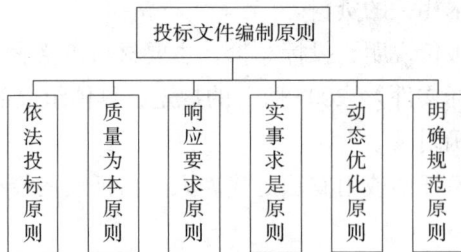

图 3-2　投标文件编制原则

3-5
投标文件
编制原则

3.4.4 投标文件编制注意事项

技术标一般指施工组织设计或施工方案。

编制技术标应注意以下几点：①要有针对性。编制时，应根据招标文件的要求及项目的特点，提出相应的保证措施。②要有实用性。平面布置图中，临时设施构筑、建筑机械安放、施工材料的堆置、临时管线安装及道路布置，均应考虑可行性，避免施工时引起平面立体交叉矛盾。③技术标编制中，在保证响应招标文件的前提下，不应拘泥于固定的格式。④及时修改套用已有标书的部分文档。⑤对于重大工程投标，技术标在编制过程中，应增加图示和表格内容。⑥由于有的技术标在招标文件中规定，不得出现投标单位名称及单位特征，故在编制标书时应特别加以注意。

商务标一般包括报价书、预算书、投标函综合说明及承诺书等。

编制商务标时应注意以下几点：①招标文件提供的格式，应严格按要求进行填写，规定投标文件打印的就不得手写。未规定不允许更改的，更改处应加盖更改专用章。②需承诺的投标文件，承诺书应对招标文件中需承诺的条款逐项对口承诺。③商务标应按规定完整附上企业所获荣誉资料。④商务标中需盖企业及法人印鉴的地方较多，盖章时千万不可遗漏。报价书因封标前可能涉及改动，最好带空白备份以便应急。⑤应招标文件规定封标，预先盖好的封标袋，应预留好标书厚度空间。投标文件封标前，应建立单独审核制度，以减少标书的失误。

3.4.5　施工组织设计

施工组织设计是以工程项目为对象进行编制，用以指导其建设全过程各项施工活动的技术、经济、组织、协调和控制的综合性文件。在投标过程中，招标单位可以通过施工企业编制的施工组织设计进一步了解企业的素质和有关信息。

（1）分类

根据建筑业管理模式的要求，施工组织设计主要分指导性施工组织设计和实施性施工组织设计两大类。指导性施工组织设计包括施工组织总设计、投标阶段施工组织设计。实施性施工组织设计包括单位工程施工组织设计、分项工程施工组织设计，是工程施工的依据。

根据编制时间，施工组织设计可以分为投标性（标前）施工组织设计和实施性（标后）施工组织设计。投标性施工组织设计是投标人按招标条件和产品标准，以较短的工期、最佳的方案、合理的报价和较少的投入，向业主提供合格或优良的产品，并在方案的实施中获取一定效益的技术经济文件。

（2）投标施工组织设计的编制内容

投标施工组织设计包含的内容要根据招标文件的要求进行编制，一般由下列内容组成：企业综合说明、编制依据、工程概况和工程特点、项目组织机构、施工部署、施工方案、施工进度计划、资源需求计划、工期、质量、安全保证措施、物资供应管理、特殊施工措施、施工总平面布置等。

（3）投标施工组织设计的组织流程

投标施工组织设计的编制工作分为四个阶段。

第一阶段为投标工作的组织建立，制定投标文件编制全过程策划书，落实人员职责分工。

第二阶段为投标工作的调研收集信息等准备阶段。

第三阶段为编制阶段，根据招标文件的时间、人员、内容、设备、成本、投标文件格式等要求进行详细编制、组拼、审核。

第四阶段为评审阶段，投标人将审核后的投标施工组织设计进行打印、装订，按要求签章后进行封标，并在规定时间赴指定地点参加正式开标会议。

（4）投标施工组织设计的编制特点

与设计单位或施工单位在相关阶段编制的相应施工组织设计相比，投标施工组织设计有其特殊性，主要体现在以下几个方面（表3-1）：

设计单位施工组织设计与施工单位施工组织设计对比表 表3-1

对比项目	设计单位施工组织设计	施工单位施工组织设计
应用目的	设计文件的组成部分； 编制概预算的依据	投标书的组成部分； 编制投标报价的依据围绕一个工程项目或一个单项工程的战略性或战术性部署
编制条件	在初步设计（或技术设计）阶段； 在对现场进行充分调查的基础上编制而成	在时间、方案上均有特殊要求，时间紧、调查现场有限、方案要令招标单位满意和信服等，给投标施工组的编制增加了难度，要求编制者具有足够的知识和经验
阅读对象	主要供设计人员、施工预审人员阅读及上级有关部门审阅	供招标单位及相关人员评标、定标的投标文件，阅读者基本上是高水平的专业人员或领导，因此要求施工组织设计要有较高的水准
内容幅度	投标书的组成部分； 着重于工程的施工方案与安排及其相关的"三控制、一管理"（即工期、质量、安全控制及合同管理）	施工组织设计自成一体
责任水平	编制概（预）算的依据； 仅用于工程投标； 具有一定的先进性	要对工程造价负责； 必须具有实施性

3.4.6　建设工程投标报价

投标报价是指承包商采取投标方式承揽工程项目时，计算和确定承包该工程的投标总价格。招标文件的投标人须知和工程量（货物）清单中应对投标报价的内容、范围、技术标准规格、报价方式等提出清晰、准确、具体的要求，防止投标人产生歧义和不公平竞争。同时，招标项目选择的合同类型、风险责任条款对投标报价有很大影响，投标报价应与合同条款中的双方责任风险分配相对应。投标人不得低于成本报价，进行恶意竞争。

1. 编制依据

建设工程投标报价编制依据包括：①招标文件；②招标人提供的设计图纸及有关的技术说明书等；③工程所在地现行的定额及与之配套执行的各种造价信息、规定等；④招标人书面答复的有关资料；⑤企业定额、类似工程的成本核算资料；⑥其他与报价有关的各项政策、规定及调整系数等。在标价的计算过程中，对于不可预见费用的计算必须慎重考虑，不要遗漏。

2. 编制要点

（1）熟悉工程预算的编制方法。

（2）善于积累和运用各项技术经济指标。

（3）研究报价技巧与策略。

总之，报价要定得合理，要按价值规律进行测算，要采取优质优价的原则，还要掌握大量的信息，以果断决策。需不断从投标实践活动中总结和积累经验。

3. 投标报价步骤

（1）研究招标文件。

（2）现场考察。

（3）依据设计图纸复核招标工程量清单。

（4）编制施工方案。

（5）计算工、料、机单价。

（6）计算各分部分项工程和单价措施项目的综合单价、合价。

（7）确定投标总价。

4. 影响投标报价的风险因素

影响投标报价的主要风险因素可以从内部、外部两个方面进行分析。影响投标报价的风险因素，如图 3-3 所示。

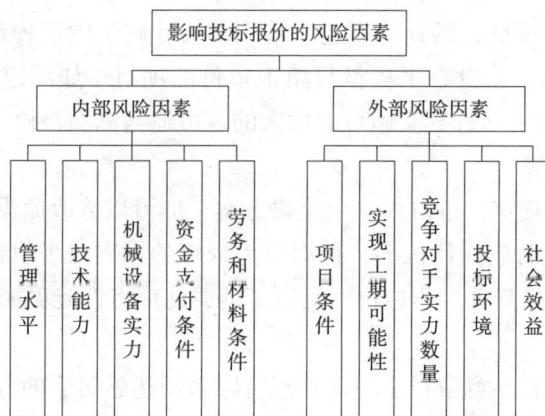

图 3-3　影响投标报价的风险因素

3.4.7　投标报价决策及技巧

1. 投标决策和策略

正确的投标决策和投标策略决定着投标人能否提高中标率并获取最大利润。投标决策和策略的含义应有三个方面的内容：首先判定是否投标；若参加投标，是投什么性质的标；采取什么方式、策略和技巧投标才能中标。需综合考虑市场行情、企业目标、竞争对手等情况进行投标决策，确定投标策略。

（1）是否投标？进行投标决策必须对投标与否作出论证，决策的主要依据是招标公告以及对招标工程、招标人情况的调研和了解的程度。

（2）投什么性质的标？当充分分析了主客观情况，对某一具体工程决定投标以后，就必须认真研究招标文件，根据本企业等级、施工水平、管理水平及社会信誉等决定投什么性质的标，以及在投标中采取投风险标、保险标、盈利标还是保本标的策略。

（3）常见的投标策略：靠提高经营管理水平取胜；靠改进设计和缩短工期取胜；低报价、高索赔；着眼于未来。

2. 投标报价技巧

投标人进行施工投标报价时，可以在保证施工质量与工期的条件下，寻求一些报价技巧，以增加中标的可能性或在施工中获得可观的盈利。

（1）视具体情况报价

投标报价时，既要考虑自身的优势和劣势，也要分析招标项目的特点，并根据其特点、类别、施工条件等进行选择性报价。

3-6
具体情况
报价的情形

（2）不平衡报价法

不平衡报价法，是指在一个工程项目总报价基本确定的前提下，通过调整内部各子项的报价，以期不提高总报价（不影响中标），又能在结算时获取更好经济效益的方法。通常采用的不平衡报价有下列几种情况：①对能早期结算收回工程款的项目（如土方工程、基础工程等）适当调高所报的单价；对后期项目（如装饰、设备安装等）适当调低所报的单价，以利于资金周转。②估计施工中工程量可能增加的项目，适当调高所报的单价。③没有工程量只填报单价的项目（如河道工程中的开挖淤泥等）。④对于暂定项目，估计其实施可能性大的，可适当调高报价。

（3）增加建议方案

有时招标文件中规定，可以提一个建议方案，即可以修改原设计方案，提出投标人的方案。投标人这时应抓住机会，提出更为合理的方案以吸引招标人，促成中标。这种新建议方案要突出降低工程造价、缩短工期或使项目性能更加合理。

（4）突然降价法

施工投标报价中，各竞争对手往往在报价时采用迷惑对手的方法。即先报一个较高的价格，到投标快截止时，再突然降价。应用这种投标报价技巧时，一定要考虑好降价的幅度，以便在临近投标截止日期前作出最后决策。

（5）多方案报价法

对于招标文件，如果发现工程范围不够明确、条款不清楚或很不公正、技术规范要求过于苛刻时，要在充分估计投标风险的基础上，按多方案报价法处理，即按原招标文件要求件报一个价，然后再按某条款（或某规范规定），对报价作某些变动，报一个较低的价，这样可以降低总价，吸引招标人。

3.5 投标文件送达及投标文件补充、修改、撤回

根据合同自由原则，当事人可以自由决定合同的订立、内容、变更与解除等事项。投标属于要约，在向对方承诺之前，投标人当然可以自由补充、修改、撤回投标文件。

补充是对投标文件中遗漏和不足部分进行增补；修改是对已有内容变更；撤回是收回招标文件放弃投标或以新投标文件准备重新投标。

电子招标投标项目，在投标截止时间前，投标人可以补充、修改或者撤回投标文件，任何单位和个人不得解密、提取投标文件。电子招标投标交易平台收到投标人送达的投标文件，应当即时向投标人发出确认回执通知，并妥善保存投标文件。投标人应当在投标截止时间前完成投标文件的传输递交，并可以补充、修改或者撤回投标文件。投标截止时间前未完成投标文件传输的，视为撤回投标文件。投标截止时间后送达的投标文件，电子招标投标交易平台应当拒收。在投标截止时间前，除投标人补充、修改或者撤回投标文件外，任何单位和个人不得解密、提取投标文件。

3.6 联合体投标

3.6.1 联合体概述

1. 联合体的起源

"联合体"一词来源于 FIDIC 合同，我国 1997 年制定的《建筑法》确立了两个以上的承包单位联合共同承包建筑工程的制度，这是我国在工程建设领域法律层面最早的"联合体"起源。

2020 年 3 月 1 日，《房屋建筑和市政基础设施项目工程总承包管理办法》正式施行，工程总承包单位设计、施工"双资质"要求最终尘埃落定；由于现实中具备设计、施工"双资质"的承包人并不常见，则具备相应设计资质和具备相应施工资质的两个以上承包人组成的"联合体"承揽工程总承包项目成为一个现实的选择。因此，"联合体"再次获得关注。

2. 联合体的概念

《建设项目工程总承包合同示范文本（试行）》（GF—2011—0216）第 1.1.7 项："联合体，指经发包人同意由两个或两个以上法人或者其他组织组成的，作为工程承包人的临时机构，联合体各方向发包人承担连带责任。联合体各方应指定其中一方作为牵头人。"

《建设项目工程总承包合同（示范文本）》（GF—2020—0216）第 1.1.2.4 项将联合体定义为："联合体；是指经发包人同意由两个或两个以上法人或者其他组织组成的，作为承包人的临时机构。"

据此可见，联合体承包是工程承包形式的一种。从承包商的角度，联合体承包指的是某承包单位为了承揽不适于自己单独承包的工程项目而与其他单位联合，以一个承包人的身份去承包的行为。从发包商的角度，在工程招标策划时，根据专业和工法进行分析，潜在投标人无法独立完成本工程，但各专业部分密切相关无法分割发包，此时为了完成这项复杂工程，需要考虑将工程发包给由一家单位牵头同时联合其他专业单位组成的临时联合体。

3. 联合体投标优势

（1）联合体投标可以优势互补、利用和整合联合体各方的优势力量，承揽单个单位难以胜任的招标项目。

（2）联合体投标能够以大带小，促进中小企业的发展。

（3）联合体参与招标契合当下国家提倡的全过程工程咨询服务，可以推进全过程工程咨询服务的有效开展，倒逼企业拓展专业领域，实现转型升级。

4. 联合体的组织形式

从联合体的概念可知，工程建设联合体的组织形式具有临时性的特点。一般而言，联合体是为了一个项目的实施投标而组成的临时性组织，不具备法人资格。其从招标开始启动，投标文件投递后开始具备效力，在项目结束时解散；中标的联合体转化为联合体承包单位，作为一个临时组织，承担一个大型、复杂工程项目的建造实施；而未中标的联合体则自动解散失去效力。中标的联合体在工程项目实施结束、交工验收后，也将完成使命，在和发包方签订竣工结算协议后，自动解散。

《招标投标法》第三十一条规定，联合体投标的组合有三种形式：①法人与法人；②法人与其他组织；③其他组织与其他组织。

《政府采购法》第二十四条规定，联合体投标的组合有六种形式：①自然人与自然人；②自然人与法人；③自然人与其他组织；④法人与法人；⑤法人与其他组织；⑥其他组织与其他组织。

两部法律对联合体成员的规定不同，主要源于两部法律对投标人的定义的差异。《招标投标法》将联合体范围限定为法人和其他组织，而《政府采购法》将联合体的范围限定为自然人、法人和其他组织。

其他组织是指合法成立、有一定的组织机构和财产，但又不具备法人资格的组织。具体包括：①依法登记领取营业执照的个人独资企业；②依法登记领取营业执照的合伙企业；③依法登记领取我国营业执照的中外合作经营企业、外资企业；④依法成立的社会团体的分支机构、代表机构；⑤依法设立并领取营业执照的法人的分支机构；⑥依法设立并领取营业执照的商业银行、政策性银行和非银行金融机构的分支机构；⑦经依法登记领取营业执照的乡镇企业、街道企业；⑧其他符合规定条件的组织。

5. 联合体的组成条件

从《招标投标法》和《政府采购法》对联合体的规定可以看出，联合体组成需满足以下几个条件：

（1）联合体应具有项目发包范围内的所有资质。

（2）联合体在招标投标阶段形成（直接发包的项目在合同谈判阶段），联合体成立的前提是发包人接受联合体方式。

（3）联合体之间应当签订联合体协议，明确各方的工作职责和责任划分。没有联合体协议，或虽签订了联合体协议但以一人名义投标的，均不属于联合体方式。

（4）联合体中标或签约之后，联合体成员应共同与发包人签订合同。

以上四个条件属于必要条件，只有同时满足才可以构成工程承包联合体。

6. 联合体的法律属性

联合体的法律性质是"承包人的临时机构"，联合体成员间的组织方式仅为联合体协议，联合体可以刻制项目印章，但不进行工商登记，不具备法人资格，也不具备诉讼主体资格。从联合体的成立方式、各方的权利义务、责任的承担方式等可以看出，工程建设联合体的法律性质属于民法上的合伙，联合体各方就是合伙人，联合体协议属于合伙协议。联合体成员之间的权利义务应当按照合伙的规定来确定。

7. 联合体的资质条件

（1）不同资质等级的单位组成联合体，应当按照资质等级低的单位确定资质等级，即"就低不就高"原则。

（2）联合体各方均应具备承担招标项目的相应能力，由同一专业的单位组成的联合体，应当按照资质等级较低的单位确定资质等级。

由此可知，对于同一专业组成的联合体，其资质等级的确定应当按照"就低不就高"的原则来进行。同时，还应当注意，该条规定的前提是针对"同一专业"。

8. 联合体成员的内外责任

（1）联合体成员的内部责任

联合体成员间的内部关系及责任以联合体协议为准，一般按照合伙处理，承担按份责任。

（2）联合体成员的外部责任

联合体对外承担连带责任，该责任属于法定责任。即不会因为合同中未约定或约定不承担责任而发生免除或排除的法律后果。具体体现在以下两个方面：

第一，中标的联合体各方应当共同与招标人签订合同。

这里所讲的共同"签订合同"，是指联合体各方均应参加合同的订立，并应在合同书上签字或者盖章。

第二，就中标项目向招标人承担连带责任。

所谓"连带责任"有两层意思，一是在同一类型的债权、债务关系中，联合体的任何一方均有义务履行招标人提出的债权要求；二是招标人可以要求联合体的任何一方履行全部的义务，被要求的一方不得以"内部订立的权利义务关系"为由拒绝履行。

3.6.2 联合体协议概述

1. 联合体协议的概念

工程承包联合体协议是指两个或两个以上法人或者其他组织为了共同承包工程而签署的，约定各方为实施工程项目的分工与责任，各方对建设项目承担连带责任及各方权利与义务等内容的协议。

工程总承包联合体协议是指设计单位、施工单位或者设备供应单位为了共同承揽工程总承包业务签署的协议，成员各方在该协议中约定各方为实施工程总承包项目的分工与义务，以及约定成员各方就其与建设单位签署的工程总承包合同向建设单位承担连带责任等内容。

2. 联合体协议的主要内容

联合体协议的内容对联合体成员尤为重要，联合体各成员应予以高度关注，一般而言，应包括以下内容：

（1）就联合体牵头单位协议须约定的条款

1）联合体牵头对外行为的效力条款，即联合体成员对外的行为，哪些对联合体成员有效，哪些对联合体成员无效，应有明确约定。

2）联合体牵头单位对联合体各方的管理和组织的权限及应承担的相应义务条款，如因联合体成员方的问题出现安全、工期、质量等问题，牵头单位是否应承担管理责任，管理责任的比例是多少，应加以明确。

3）联合体牵头单位在执行牵头工作过程中的责任承担条款。如联合体牵头单位的对外行为引起过错从而造成联合体各方损失时，如何承担责任，责任比例是多少，应加以明确。

4）联合体牵头单位不履行管理职责或超越权力履职的责任承担条款。

5）联合体成员不服从管理的责任承担条款。

6）牵头单位的责任转移条款。在联合体协议中，约定成员方按比例提供履约担保、质保金、违约金等内容，通过增加违约成本来限制和督促各方的行为，防范风险。

（2）联合体各方成员协议需要约定的条款

1）联合体成员的分工和职责条款。

2）联合体成员不按约定的分工和职责履行义务的违约责任条款。

3）联合体成员方过错责任及所应承担的相应比例。

4）联合体成员内部税负承担条款。

5）联合体成员工程款收付条款，该条款中需约定工程款的收款主体、给其他联合体成员的支付条件、支付方式、支付时间，支付比例，以及不按约定支付的违约责任。

6）联合体成员内部决策、表决条款。

7）联合体合同相对方违约时权利主张条款。

8）联合体成员方授权条款。

9）联合体成员方的保密条款。

3.6.3　联合体投标常见的合规风险

1. 工程总承包项目中联合体投标的合规风险

（1）工程总承包项目中联合体投标的资质合规风险及防范

风险：设计单位和施工单位组成联合体投标时，设计单位应具有与工程规模相适应的设计资质，施工单位需具有与工程规模相适应的施工资质，各自在其资质许可的范围内履行职责。

也就是说在联合体模式下，联合体各方应该具备其分工职责内的相应资质和能力，即负责设计的企业应具备相应设计资质和能力，负责施工的企业应具备相应施工资质和能力。这是法律法规对联合体成员的能力要求，具备相应能力的成员才有资格组成联合体。但若设计单位干了施工的活，或者施工单位干了设计的活，设计单位既干设计的活也干施工的活，施工单位干了设计的活又干施工的活，都是不合规的，前者超越了许可的资质范围，后者涉嫌转包，都会带来工程总承包合同无效的合规风险。

据此，工程总承包项目中采用联合体方式投标的，联合体各成员应具有联合体协议确定的分工职责范围内，与工程总承包建设规模相适应的资质和能力，由同一专业的单位组成的联合体，应按资质等级较低的单位确定资质等级。

（2）在同一招标项目中同时投标的合规风险及预防

联合体成员不得在同一招标项目中以两个及以上身份同时投标，否则会导致投标无效的合规风险。因此，联合体投标时应注意，以一个投标人的身份共同投标，防止投标无效。

（3）投标过程中更换联合体成员的合规风险及预防

投标过程中不得更换或增减联合体成员，否则会导致投标无效的合规风险。因此，联合体各方应在联合体协议中约定投标过程中任何一方都不能退出联合体，并约定相应的违约责任。以此防止在投标过程中联合体成员更换导致的合规风险。

（4）工程总承包合同签订后联合体成员更换的合规风险

在合同履行阶段，联合体成员若发生增减或变化，可能导致联合体违反合同约定，合同被发包方解除并承担违约责任的法律后果，从而给其他联合体成员造成损失。

因此，联合体协议中应明确约定其他联合体成员退出时的违约责任及责任承担方式，从而避免联合体成员不当退出而带来的法律风险。

（5）"名为联合体，实为转包"的合规风险及预防

联合体成员方应按照联合体分工协议的约定履行各自的职责，分别对各自的施工、设计、采购实施和管理进行负责，若未按约定实际履行，或一方仅收取相应的管理费，则可能构成转包，从而导致联合体协议无效。

（6）联合体成员方以自己名义签订分供合同的合规风险及预防

《招标投标法》第三十一条规定，"联合体各方应当共同与招标人签订合同，就中标项目向招标人承担连带责任。"

《房屋建筑和市政基础设施项目工程总承包管理办法》第十条规定："工程总承包单位应当同时具有与工程规模相适应的工程设计资质和施工资质，或者由具有相应资质的设计单位和施工单位组成联合体。工程总承包单位应当具有相应的项目管理体系和项目管理能力、财务和风险承担能力，以及与发包工程相类似的设计、施工或者工程总承包业绩。设计单位和施工单位组成联合体的，应当根据项目的特点和复杂程度，合理确定牵头单位，并在联合体协议中明确联合体成员单位的责任和权利。联合体各方应当共同与建设单位签订工程总承包合同，就工程总承包项目承担连带责任。"

上述法律及部门规范性文件均规定联合体成员应共同与建设单位签订合同，但对于联合体成员是否也应共同与下游分包商、材料供应商签订分供合同，则未明确规定。在司法实践中，对于联合体牵头单位或联合体其他成员方以自己名义签订的分供合同对其他成员方是否有约束力，其他成员方是否对下游分包商和材料供应商承担连带责任，则认识并不统一。

2. 社会资本合作 PPP 项目中联合体投标常见的合规风险

（1）联合体成员主体资格及资质合规风险

《招标投标法》第三十一条规定："两个以上法人或者其他组织可以组成一个联合体，以一个投标人的身份共同投标"。

《政府采购法》第二十四条规定："两个以上的自然人、法人或者其他组织可以组成一个联合体，以一个供应商的身份共同参加政府采购"。

上述规定是 PPP 项目中社会资本组建联合体的法律依据，需要注意的是，两法对联合体的主体资格要求并不一致。《招标投标法》规定的联合体必须是法人或其他组织，自然人不能成为联合体的成员；《政府采购法》则允许自然人加入联合体。

《政府采购法实施条例》及《招标投标法》对 PPP 项目中联合体成员资质均有规定。联合体中有同类资质的供应商按照联合体分工承担相同工作的，应当按照资质等级较低的供应商确定资质等级。由上述规定可知，PPP 项目中联合体成员资质确定是按照联合体分工确定资质，如果所分工负责的工作在法律上并没有资质的要求，则无须资质。

因此，为了强强联合，增加联合体的整体竞争力，在选择联合体成员时，应结合法律法规和招标文件中的资质要求来选择具有相应能力的不同专业分工的合作伙伴，从而防止联合体成员资质不符合法律和招标文件的相关规定，从而产生不合规风险。

（2）联合体中标 PPP 项目后，联合体成员增减变化的合规风险

联合体不是法人组织，而是一种以联合体协议为基础的临时组织，无须到工商部门登记。联合体在投标过程中，需以一个完整的投标人身份投标，其内部成员的增减、替换等变更将导致原来联合体的不复存在。因此，在整个投标阶段，自递交资格预审文件开始，一直到 PPP 项目合同签订的过程中，若出现联合体成员的变更，将会造成投标无效的结果。

实践中，经常出现联合体成员下列变更情形：

变更情形之一：联合体成员不实际出资，而是以拟设立的基金代替出资。

3-7 联合体成员不实际出资，以拟设立的基金代替出资

变更情形之二：联合体成员不入股项目公司，而是以拟设立的基金入股。

（3）联合体成员违约风险

在联合体投标的 PPP 项目中，联合体成员违约是联合体项目法律风险的重灾区。

3-8
联合体成员
不入股项目
公司，以拟
设立的基金
入股

比如，负责出资的联合体成员未履行注资义务而导致项目合同被政府解除并承担违约责任；负责设计施工的联合体成员因自身原因而导致建筑产品不合格或延误工期；联合体成员不按招标文件的要求入股项目公司而选择中途退出；联合体成员在股权锁定期转让项目公司股权等。这些违约或违规行为均会给联合体其他成员带来巨大风险，甚至造成严重损失。

3.7　投标中的违法违规行为

投标的违法违规行为及处理。

（1）投标文件有下列情形之一的，招标人不予受理：

1）逾期送达的或者未送达指定地点的。

2）未按招标文件要求密封的。

（2）投标文件有下列情形之一的，由评标委员会初审后按废标处理：

1）无单位盖章并无法定代表人或法定代表人授权的代理人签字或盖章的。

2）未按规定的格式填写，内容不全或关键字迹模糊、无法辨认的。

3）投标人递交两份或多份内容不同的投标文件，或在一份投标文件中对同一项目报两份或多份报价，且未声明哪一份有效，按招标文件规定提交备送投标方案的除外。

4）投标人名称或组织结构与资格预审时不一致的。

5）未按招标文件要求提交投标保证金的。

6）联合体投标未附联合体各方共同投标协议的。

（3）投标人有下列情况之一的，招标人有权拒绝：

1）招标文件规定的投标有效期终止之前，投标人补充、修改、替代投标文件的。

2）联合体参加资格预审并获通过的，但其组成的变化使联合体削弱了竞争，含有事先未经过资格预审或资格预审不合格的法人或者其他组织，或者联合体的资质降到资格预审文件中规定的最低标准以下的。

3.7.1　串通投标

串通投标是指房屋建筑和市政基础设施工程招标投标活动中的招标人、招标代理机构、电子招标投标系统运营服务管理机构、维护机构及相关人员之间，或评标专家与投标人之间，或投标人与投标人之间，在招标投标活动中通过串通投标等不正当手段谋取中标，损害国家利益、社会公共利益或者其他当事人合法权益的违法违规行为。

《招标投标法实施条例》第二十六条规定，以现金或者支票形式提交的投标保证金应当从其基本账户转出。根据工商管理相关要求，每一个企业，只有一个基本账户。因此，如果出现 2 个及以上的投标人，从同一个基本账户缴纳投标保证金情形时，则视其为有串通投标的嫌疑。

1. 串通投标行为

串通投标行为有以下几类：

第一类：招标人或招标代理机构与投标人存在串通投标行为。

第二类：电子招标投标系统运营管理机构、系统维护机构及相关人员在招标投标活动中有下列情形之一的，应认定其存在串通投标行为。

第三类：投标人在招标投标活动中存在串通投标行为。

第四类：招标人与投标人串通投标行为。

第五类：评标委员会成员在招标投标活动中的串通投标行为。

3-9
各种串通
投标行为

2. 串通投标表现

通常，串通投标表现为投标人之间相互通气，彼此就投标报价形成书面或口头的协议、约定，或者就报价互相通报信息，以期避免相互竞争，牟取不正当的利益。主要有以下表现形式：①投标人之间相互约定，一致抬高投标报价；②投标人之间相互约定，一致压低投标报价；③投标人之间相互约定，在类似项目中轮流以高价位或低价位中标；④投标人之间相互串通，约定给没有中标或者弃标的其他投标人以"弃标补偿费"。

3. 串通投标后果

（1）串标损害其他投标人的合法权益，形成不良的市场竞争秩序。

（2）串标也损害招标人的合法权益，导致中标价高于正常范围，进而加大招标人的招标成本。

（3）容易使工程质量不合格，导致事故发生。由于参与串标的企业往往信誉度低，施工方面不注重工程质量，其一旦中标施工，有可能造成难以估量的损失。

按照"谁监管、谁处理、谁负责"的原则，各级建设主管部门依法对涉嫌串通投标行为进行认定并处理。被认定为有串通投标行为的，按照相关法律、法规和规章依法处理，并记录不良行为；情节严重构成犯罪的，移交司法机关依法处理。

串通投标罪是指投标者与投标者，或招标者与投标者之间，相互串通投标报价，损害招标人和其他投标人的合法权益。如果采取威胁、欺骗等非法手段，造成直接经济损失金额达 50 万元以上，或受到两次处罚后仍串通投标的，可以进行串通投标罪立案。投标人相互串通投标报价，损害招标人或者其他投标人利益，情节严重的，处三年以下有期徒刑或者拘役，并处或者单处罚金。投标人与招标人串通投标，损害国家、集体、公民的合法利益的，依照相关规定处罚。

4. 串通投标风险防范

（1）在资格审查方面，降低对招标工程标准所需要的资质条件，让更多的投标人能够有资格参与投标，让串标者的串标成本加大，从而减少甚至避免串标行为。

（2）使用最低价评标的方式进行，避免串标抬高价格。

（3）严格限制评标委员会的废标行为。

【案例 3-1】

2007 年 2 月，××市××附属第一医院迁建工程土建 1 标段、3 标段，并在网上公开招标。郑某，为××市××实业有限公司股东。郑某获悉后，先后与参与此工程的其他投标人鲁某、黄某等人商量串通投标，并承诺事成给予好处费。鲁某等人分别代表几家公司按照郑某确定的投标报价，制作标书参与投标。在 11 家投标的公司中，郑某串通控制了参与投标中的 9 家公司的投标价。

最后，郑某代表的公司以人民币 2.4 亿元的报价中标 3 标段。事后，郑某分给参与串标的鲁某、黄某等人（均另案处理）好处费 10 万元至 80 万元人民币不等。工程 1 标段涉及金额人民币 1.1 余亿元，郑某虽未中标，但因其参与串通投标也拿到了好处费。

××市××区检察院以涉嫌串通投标罪对郑某等人提起公诉。此案是××省公安厅公布的 2010 年十大经济犯罪案件之一，工程标的合计达 3.5 亿元，是××市近年来最大一起串通投标案。

3.7.2 低于成本价投标或骗取中标

对于投标人以低于成本价竞标的情况，我国《招标投标法》第三十三条规定："投标人不得以低于成本的报价竞标，也不得以他人名义投标或者以其他方式弄虚作假，骗取中标。"该法第四十三条规定："在确定中标人前，招标人不得与投标人就投标价格、投标方案等实质性内容进行谈判。"根据上述两条规定的内容可以看出，对于投标人低于成本价竞标的情况，国家是明令禁止的。根据我国《民法典》合同篇关于违反法律、行政法规的强制性规定的合同应属无效的规定。投标人以低于成本价竞标显然违反了《招标投标法》的强制性规定，应属无效。

1. 低于成本价的认定

确认投标人是否低于成本价竞标，关键在于如何理解成本。招标投标活动中，界定投标人的报价是否低于成本十分重要。如果被评标委员会认定为低于成本价投标的，将作废标处理；被认定为合理低价的，将会增加其中标机会。

中标企业有义务向鉴定机构提供相关书面说明及相关证明材料，以说明其没有低于成本价竞标。投标人为了中标往往会提出各种"让利"条件。如果让利前的投标报价并不低于成本价，但让利后的实际结算价低于成本价，应当也认定为构成低于成本价竞标。其中"让利"的"利"，在具体解释时应当首先按照合同其他条款的规定、交易习惯确定其真实意思，不能确定的，中标方可以主张其为"利润"而非工程结算价，以避免出现低于成本价的情况。

总之，认定投标报价是否低于成本，是一个专业性比较强且非常重要的问题，要求评标委员会要懂设计，懂施工、懂技术、懂经济、懂造价。投标人对投标技巧的运用，也将影响到投标报价，如先亏后盈法、不平衡报价法等。评标委员会在认定报价是否低于成本时，一定要认真、负责、科学、公平、公正、严谨的对待。

2.低于成本价的原因及后果

一般来说，投标企业的投标报价应在企业成本价的基础上加上适当的利润。但是，为什么还有投标企业冒着低于成本价而被否决的风险投标呢？第一，由于市场竞争激烈，投标企业低价投标有利于增加中标概率。因此，投标企业采用"低价中标，高价索赔"策略，中标后以招标项目"要挟"招标人额外对其进行加价或补偿，或想方设法在项目执行过程中增加变更签证，追加款项；第二，由于法律法规规定的否决投标情况中的低于成本价指的是低于企业自身的成本，而每个企业的成本，一般都是属于商业机密，外人无法知晓。在实际操作的过程中很难判定投标人的报价是否低于成本，于是企业便容易钻空子，存在侥幸心理；第三，为了抢占市场，先在某一地区低价中标，赢得企业的知名度和影响力，然后利用资源谋求再次中标得益；第四，为了围标、串标、陪标的需要，以低于成本价报价拉低基准价，配合他人中标。

工程招标投标活动中，低于成本价中标会产生很多不良后果，具体包括：第一，由于中标价太低，在施工过程中，中标人往往会想方设法增加变更签证或者中途停建，甚至以招标项目"要挟"招标人进行额外加价或补偿。很容易造成工期拖延，加大纠纷风险，增加施工管理难度。第二，低价中标最直接的后果就是施工企业的利润太低或者面临亏损的局面，施工企业不得不减少技术力量、设备设施的投入；不得不使用劣质材料以次充好、偷工减料来降低成本支出；不得不雇佣技术较差的廉价劳动力来压缩管理成本，这些均严重影响了工程质量，为安全生产带来极大的隐患。第三，为了节约成本，低价中标的承包商势必会大量雇佣廉价劳动力。廉价劳动力作为一个弱势群体，自身素质不高，流动性大，加上无良企业不给或者少给廉价劳动力买保险，克扣、拖欠工资，致使廉价劳动力工资拖欠问题频发，加大了社会的不稳定因素。第四，扰乱市场秩序，公平竞争的环境被破坏，使一些投标报价合理、真正想参与市场公平竞争的企业受到损害。

低于成本价中标在货物、服务招标中的体现形式虽与工程招标项目不尽相同，但产生的影响都十分恶劣。

3.低于成本价中标合同的效力

我国《招标投标法》第三十三条规定："投标人不得以低于成本的报价竞标，也不得以他人名义投标或者以其他方式弄虚作假，骗取中标。"该规定并未明确将低于成本价竞标的情况列入中标无效的范畴，但业内主流意见认为低于成本价中标的合同其价格条款无效。理由为，最高人民法院《关于审理建设工程施工合同纠纷案件适用法律问题的解释》第一条中明确规定："建设工程必须进行招标而未招标或者中标无效的"，建设工程施工合同无效。

《招标投标法》对所谓"中标无效"规定有七种法定情形，其中之一为"投标人以他人名义投标或者以其他方式弄虚作假，骗取中标的，中标无效"。根据上述内容，该法第三十三条还规定，以低于成本的报价竞标属于骗取中标的行为。所以低于成本价中标的合同，违反了我国《招标投标法》的强制性规定，应属无效。必须注意的是，这里的合同无效是指该合同价格条款无效，不影响合同其他部分的效力。

部分地方法院对该问题也作了规定，如江苏省高级人民法院关于印发《关于审理建设工程施工合同纠纷案件若干问题的意见》（苏高法审委〔2008〕26 号）第三条明确规定，中标合同约定的工程价款低于成本价的，当事人要求确认建设工程施工合同无效的，人民法院应予支持。

仔细分析《招标投标法》第三十三条的规定，及结合第五十四条的规定，不难得出低于成本竞标属于骗取中标行为的必然结论。从第三十三条的文字表述来看，前段"投标人不得以低于成本的报价竞标"的表述与后段的表述是并列关系，该行为并不包含在"骗取中标"的行为之中，且第 54 条关于骗取中标的责任中也没有列示以低于成本竞标的行为。

因此，只有在以低于成本竞标的同时实施了声称其投标报价不低于企业个别成本的欺骗行为，才构成骗取中标的行为，单纯以低于成本竞标，其行为虽然违法但并不一定致使合同无效。

4. 低价中标的风险防范

（1）表现形式

1）投标人的报价明显低于其他投标报价，中标价比成本价低。

2）在设有标底时明显低于标底，投标人无法对投标报价低于其成本做出合理说明或者无法提供相关材料证明。

（2）不利后果

1）干扰正常招标投标秩序。

2）低于成本报价使工程质量无法得到保证，安全投入不足，从而发生工程事故。

3）容易出现非法分包或转包的现象。

4）合同履行中增加签证致最终结算价格增加。

5）合同在履行时出现履行困难。

（3）风险防范

1）评标时发现投标人可能存在低于成本报价情形时，应要求其加以说明，如果投标人无法做出合理说明或者无法提供相关证明材料证明其投标报价低于其成本的视为废标。

2）在合同履行的过程中，把好增项关，禁止随意增加各种款项。

【案例 3-2】

2008 年 11 月 15 日下午 3 时 15 分，正在施工的杭州地铁 ×× 站北 2 基坑现场发生大面积坍塌事故，造成 21 人死亡、24 人受伤，直接经济损失 4961 万元。

经查明，杭州地铁 ×× 站北 2 基坑坍塌是由于参与项目建设及管理的 ×× 股份有限公司所属 ×× 集团第六工程有限公司、安徽 ×× 设计研究院、浙江 ×× 建设工程检测有限公司等，在有关方面工作中存在一些严重缺陷和问题，且并未得到应有重视和积极防范、整改，多方因素综合作用下最终导致了事故的发生，是一起重大责任事故。

据了解，公安、检察机关依法对涉嫌犯罪的 10 名事故责任人立案侦查，所有案件已侦查终结，进入审查起诉阶段。另有 11 名责任人受到政纪处分。

3.8 电子投标

3.8.1 概述

电子投标是指以数据电文形式，依托电子招标投标系统完成的全部或者部分投标交易、公共服务和行政监督活动。

在信息化时代"互联网+"的大潮流下，电子标书已逐渐取代纸质标书成为主流，许多地区已经基本实现公共资源交易平台从依托有形场所向以电子化平台为主的转变。国家鼓励利用信息网络进行电子招标投标，并规定数据电文形式与纸质形式的招标投标活动具有同等法律效力。

3.8.2 电子投标流程

（1）下载招标文件。注册登录网络电子招标投标平台，找到要投标的项目，报名成功后，缴纳标书费，下载电子版招标文件。

（2）上传招标文件。安装并登录投标书编制软件，上传已下载的电子招标文件，"投标书编制软件"里会自动生成招标信息、投标文件主体信息。

（3）导入资格审查。上传资格审查所要求的资质文件，比如：营业执照、企业信用等级证书、ISO 三体系证书、安全生产许可证等，应将资质文件的扫描件转化成 DOC 格式的文件后再进行上传。

（4）制作投标文件。按"投标书编制软件"里生成的结构分别编制投标函、商务标、技术标等具体内容，并加盖电子印章。

（5）导出投标文件和密钥。将 U 盾插入电脑 USB 接口，点击确认输入 U 盾密码，密码正确后会自动导出已经制作好的投标文件并生成密钥。

（6）上传密钥。上传密钥并对投标文件进行校验。插入 CA 证书，登录网上平台，缴纳保证金后上传密钥，系统会对上传的密钥进行校验，校验成功后等待网上开标（图 3-4）。

3.8.3 电子投标的优势

网上远程招标投标和网上实时开标评标应该是电子招标投标将来发展的趋势，投标商可以不用亲临开标现场，只需要将投标文件加密并加入电子签名后，以电子邮件的方式发送至电子开标大厅。

1. 全程电子操作，信息公开透明

招标投标全程电子化，节约因制作标书等而浪费的大量纸张；提高了工作效率，

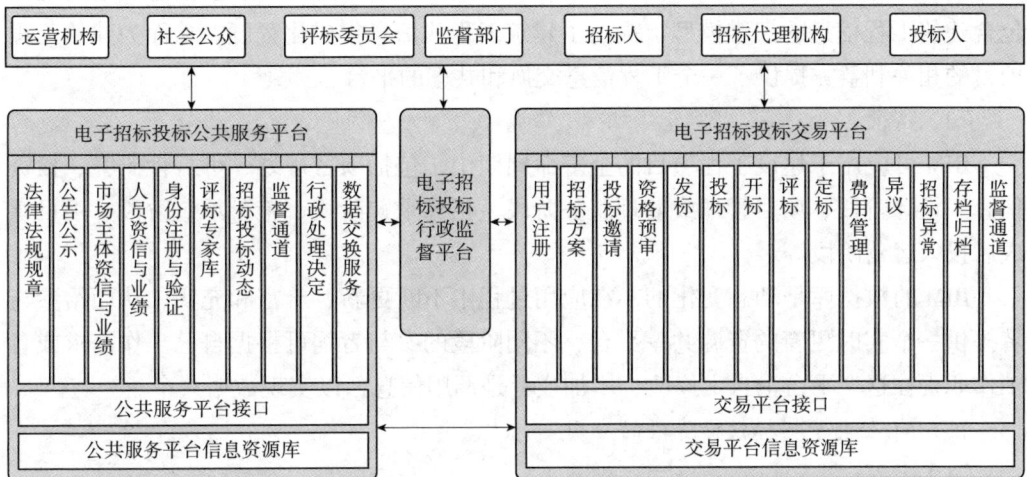

图 3-4　电子投标流程

节约了大量人工成本；无须车马劳顿，节省差旅费用；采用网上招标投标节约办公资源。

招标投标活动中涉及的所有环节均可在网上进行，交易各方均可登录系统，实时了解掌握与其相关的各类公开招标投标信息，增强了信息透明度，实现了招标投标的阳光运行，避免了因招标投标信息不对称造成的暗箱操作。

2. 投标书详细分析，锁定违规线索

系统自动记录用户硬件特征码、工具软件、计价软件身份码等，将该招标投标信息和投标文件实施捆绑，评标时对这些不应该雷同的投标信息，进行识别比对和详细分析，可有效锁定违规线索。

3. 提供协同工作的平台，强化监管

随着国家公共服务平台建设的推进，会逐渐形成全国评标专家资源共享。并通过远程评标技术，完成全地域异同步评标，不再需要代理机构去提供专门的开标评标室。平台将会通过有效的技术手段对评标过程及评标结果的公正性进行评估和检测，而监管平台也可借助平台的数据同步，实时对交易平台产生的数据进行监督检查。恶意低价中标、围标、串标等违规行为都可以通过对所有投标数据的分析准确给出相应的反馈结果。

3.8.4　基于 BIM 的电子投标

1. BIM 技术概述

（1）含义

BIM 是建筑信息模型（Building Information Modeling）英文的缩写。BIM 的核心是通过建立虚拟的建筑工程三维模型，利用数字化技术，为这个模型提供完整的、与实际情况一致的建筑工程信息库。该信息库不仅包含描述建筑物构件的几何信息、专业属性及状态信息，还包含了非构件对象（如空间、运动行为）的状态信息。借助这个包含建筑工程信息的三维模型，提高了建筑工程的信息集成化程度，从而为建筑工程项目的相关利益方提供了一个工程信息交换和共享的平台。

（2）特征

BIM 可应用于建设工程项目的全寿命周期中，包括项目规划、可行性研究、投资估算、设计阶段、项目管理或监理服务阶段、招标采购阶段、施工承包阶段、项目建成后投入运营阶段等。

BIM 的数据库是动态变化的，在应用过程中不断更新、丰富和充实，从而给参与者提供一个实时更新的资源共享平台，不同阶段的参与者均可根据自己工作需求或者工作职责在这个平台上自由修改、增加或者是调用信息，以实现数据共享。

2. BIM 在电子招标投标阶段的应用

（1）内容

基于 BIM 的电子招标投标就是将 BIM 技术引入建设工程招标投标的过程中，在现有电子招标投标系统的基础上，基于三维模型与成本、进度相结合，实现建设工程招标投标向智能化、可视化跨越变革。将 BIM 技术引入电子招标投标阶段，能够利用三维模型将施工项目客观地展现出来并进行可视化分析，如图 3-5 所示。建设单位可以将设计院设计的 BIM 模型与招标投标文件直接发给施工企业，这样一方面可以避免图纸设计的数据偏差，另一方面施工企业能够根据具体的计价规则快速完成报价，企业也能更好地结算利润，提升中标率，高效完成投标工作。

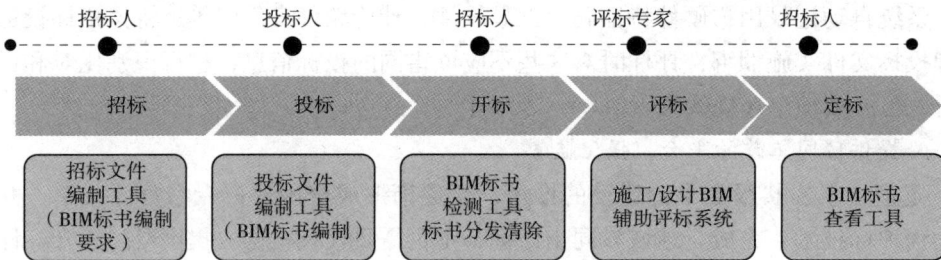

图 3-5　BIM 在电子招标投标中的运用

BIM 技术的全面应用是建设、设计工程咨询及施工企业等各方创新管理、创新技术、提升核心竞争力的有力保障。招标投标是建设工程项目全生命周期中非常重要的一个阶段，要想完成建筑行业技术信息化、管理信息化的建设，基于 BIM 的投标模式将会成为建筑工程项目未来的业务发展方向。

（2）基于 BIM 的招标投标流程

我国建设工程招标投标分为五个阶段，分别为招标、投标、开标、评标和定标阶段。基于 BIM 的电子招标投标就是在传统的电子招标投标系统基础上增加 BIM 的相关内容。具体在投标阶段为：招标投标文件中增加 BIM 标书，投标人采用市场化的工具，按照招标文件中 BIM 相关标准与要求，编制并提交 BIM 标书。

3. 基于 BIM 的电子投标的优势

（1）实现可视化投标，方案展现更直观，评审更高效

BIM 以三维模型方式代替传统的纯电子文档评审方式，直观展现投标设计方案及其设计亮点和基于 BIM 的施工组织计划和商务报价等信息。投标方案比传统的文字标书更直观、更清晰，评委评审时用动态模拟的方式取代了传统的文本阅读模式，大幅提高了标书评审效率，评审的专业性和科学性也更有保障。有助于评选出最适宜的投标方案和综合实力最强的投标人。

（2）投标文件集成化，提升招标投标服务协作

招标人通过 BIM 模型应用，提升招标投标过程中方案一致性；投标人借助 BIM 模型快速准确地完成设计方案、投标报价和施工方案，评标专家通过 BIM 模型更直观、快捷和深入地理解投标方案，更准确地评审各投标方案的优劣。相对于传统的二维图纸模式，BIM 技术的应用使得招标人、投标人、评标专家之间的协作效率和质量大幅提升。

（3）提升围标串标治理效能，强化全过程动态监管

以往的投标文件是以纸质文件或者电子文档的方式提交，有串标围标的风险。而 BIM 要求投标人深入研究招标条件，并有针对性地编制细化的施工方案。投标人需要建立三维模型，进度与模型关联、成本与模型管理等专项方案进行可视化展示。因此，招标投标过程技术含量更高，上述特性在客观上使得投标人无法通过简单的复制、拼凑和修改完成投标文件，BIM 投标文件增加了投标人的围标、串标成本。此外，通过评标系统的自动检索和比对可以很快发现投标文件的雷同情况，这也为发现围标串标提供了新的高效方法。

3.8.5　电子投标的法律风险分析

招标投标是建设工程项目中很重要的环节。但在实践中，工程投标存在诸多法律风险，现就建设工程项目电子投标中的常见法律风险进行分析。

3-10
电子投标
违法行为

1. 投标人违法参与招标投标风险

虽然电子招标投标方式可在一定程度上避免招标投标违法活动的出现，但更多地还是依赖于招标人和投标人共同遵守《招标投标法》及《招标投标法实施条例》等法律法规，杜绝串通投标或弄虚作假骗取中标等违法行为，否则依照相关规定，投标人将会承担行政责任甚至刑事责任。

随着经济、社会、技术等的发展，尤其是电子招标投标的推广，亦有部分省市出台地方政府规章、行政规范性文件，对视为投标人相互串通投标的情形进行扩充。

3-11
案件实例

2. 投标文件未能顺利解密风险

投标人应当仔细审阅招标文件，尤其应当关注解密的时间、解密是否有补救措施等，按招标文件的约定，按时在线解密，避免因自身原因导致解密失败。《电子招标

投标办法》第三十一条规定："因投标人原因造成投标文件未解密的，视为撤销其投标文件；因投标人之外的原因造成投标文件未解密的，视为撤回其投标文件，投标人有权要求责任方赔偿因此遭受的直接损失。部分投标文件未解密的，其他投标文件的开标可以继续进行。招标人可以在招标文件中明确投标文件解密失败的补救方案，投标文件应按照招标文件的要求作出响应。"

3-12
案件实例

3. 电子印章的效力认定风险

《电子招标投标办法》第二条第三款规定，数据电文形式与纸质形式的招标投标活动具有同等法律效力。《民法典》第四百六十九条明确认可了依法采用数据电文形式订立合同的效力，同时根据《电子签名法》第三条、第十三条、第十四条，当事人约定使用电子印章、数据电文的文书，不得仅因为其采用电子印章、数据电文的形式而否定其法律效力。

目前在有第三方认证要求的情况下，电子印章的安全性已能够保障，但其在实际使用过程中仍然可能存在被冒用的风险，即行为人非法获取了电子印章的存储介质，冒用签名人身份而与第三人产生法律行为，从而给被冒用身份的主体造成极大的风险，被冒用身份的主体可能因此承担相应的合同责任，甚至行政责任。实务中发生的电子印章被他人盗用或未经授权使用时，印章单位是否需承担使用电子印章相对应的法律责任？关键在于认定签名人的行为能否认定为职务行为，是否能代表公司的意志。

4. 不同形式的投标文件内容不一致的风险

由于法律法规赋予数据电文形式与纸质形式的招标投标活动同等的法律效力，线上招标投标越来越成为常态，其法律风险也随之频发。为了减少争议、防范风险，在电子投标阶段，投标人应当避免违法参与招标投标，注意按招标文件要求采取有力措施保障投标文件顺利解密，并确保电子版和纸质版投标文件内容的一致性。

3.9　司法审判实务中与投标相关焦点问题

焦点问题一：母子公司同时参加投标将导致所有招标作废

根据《招标投标法实施条例》第三十四条第二款规定，单位负责人为同一人或者存在控股、管理关系的不同单位，不得参加同一标段投标或者未划分标段的同一招标项目投标。母子公司虽然是两个独立的法人主体，但母子公司系存在控股关系的两个公司，故而不得参加同一标段或者未划分标段的同一项目的投标。

焦点问题二：必须进行招标投标的项目在招标投标前，发包人与承包人即签订了建设工程施工合同，后又经招标投标程序签订了备案的建设工程施工合同，应以哪份合同作为结算案件款的依据？

必须招标投标的项目没有进行招标投标前就签订施工合同，违反了《招标投标法》的规定，故发包人与承包人签订的两份建设工程施工合同均无效，工程款的计算参照双方实际履行的合同。实际履行的合同难以确定的，可以参照最后签订的合同关于工程价款的约定折价补偿。

思考题

1. 施工招标文件由哪些内容组成？
2. 投标人需要具备什么样的资格条件？
3. 投标文件由哪几个部分组成？
4. 设计单位施工组织设计与施工单位施工组织设计有何不同？
5. 建设工程投标报价编制的依据是什么？
6. 联合体投标有哪些形式？
7. 联合体协议的内容是什么？
8. 如何防范串通投标？
9. 电子投标的优势和风险分别是什么？

第4章 建设工程开标、评标、中标

学习目标：掌握开标、评标、中标的概念；熟悉建设工程开标、评标、中标过程中的法律规定；掌握评标委员会的组成、评标的方法；熟悉电子开标、评标、中标的相关规定；了解各方对招标投标的管理和监督；了解开标、评标、中标过程中各方的法律责任。

知识图谱：

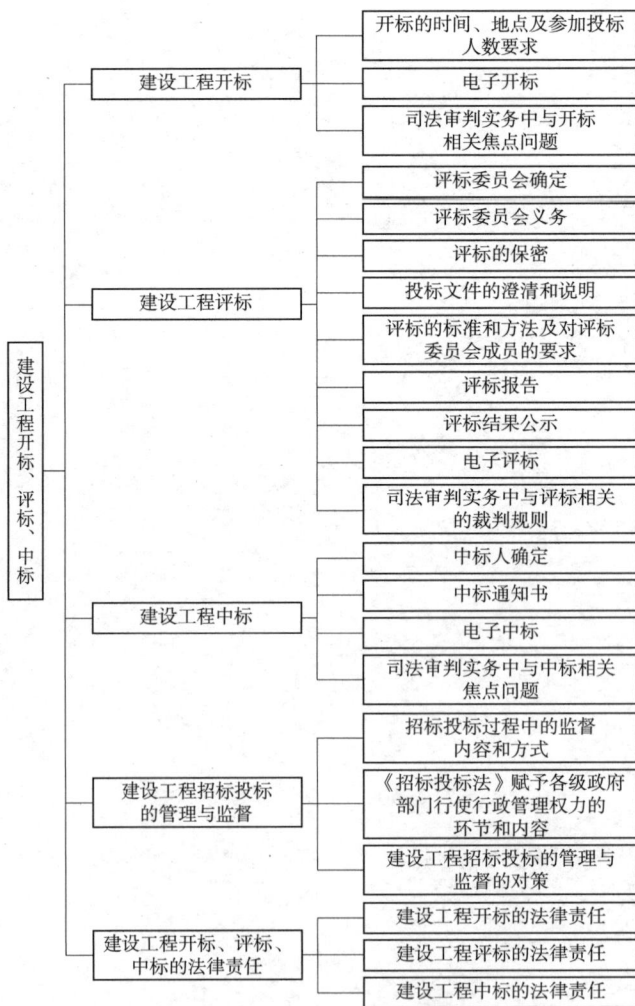

建设工程开标	开标的时间、地点及参加投标人数要求
	电子开标
	司法审判实务中与开标相关焦点问题

建设工程评标	评标委员会确定
	评标委员会义务
	评标的保密
	投标文件的澄清和说明
	评标的标准和方法及对评标委员会成员的要求
	评标报告
	评标结果公示
	电子评标
	司法审判实务中与评标相关的裁判规则

建设工程中标	中标人确定
	中标通知书
	电子中标
	司法审判实务中与中标相关焦点问题

建设工程招标投标的管理与监督	招标投标过程中的监督内容和方式
	《招标投标法》赋予各级政府部门行使行政管理权力的环节和内容
	建设工程招标投标的管理与监督的对策

建设工程开标、评标、中标的法律责任	建设工程开标的法律责任
	建设工程评标的法律责任
	建设工程中标的法律责任

4.1 建设工程开标

开标，即在招标投标活动中，由招标人主持，在招标文件预先载明的开标时间和开标地点，邀请所有投标人参加，公开宣布全部投标人的名称、投标价格及投标文件中其他主要内容，使招标投标当事人了解投标的关键信息，并且将相关情况记录在案。开标是招标投标活动中"公开"原则的重要体现。

开标一般按以下程序进行：

（1）投标人出席开标会的代表签到。

（2）开标会议主持人宣布开标会程序、开标会纪律和当场废标的条件。

（3）公布在投标截止时间前递交投标文件的投标人名称，并点名，再次确认投标人是否派人到场。

（4）主持人介绍主要与会人员。

（5）按照投标人须知前附表的规定检查所有投标文件的密封情况。

（6）按照投标人须知前附表的规定确定并宣布投标文件的开标顺序。

（7）设有标底的，公布标底。

（8）唱标人依开标顺序依次开标并唱标。

（9）开标会记录签字确认。

（10）主持人宣布开标会结束，投标文件、开标会记录等送封闭评标区封存。

4.1.1 开标的时间、地点及参加投标人数要求

《招标投标法》第三十四条规定："开标应当在招标文件确定的提交投标文件截止时间的同一时间公开进行，开标地点应当为招标文件中预先确定的地点。"

开标的时间应当在招标文件中预先确定，即投标文件递交截止时间，应具体到某年某月某日某时某分。每一个投标人都应能预先知道开标的准确时间，以便届时参加，确保开标过程的公开、透明。杜绝招标人和个别投标人非法串通，在投标文件截止时间之后，视其他投标人的投标情况，修改个别投标人的投标文件，从而损害国家和其他投标人利益的情况。

招标人开标会是其法定义务，招标人和招标代理机构必须按照招标文件中的规定，按时开标，不得擅自提前或拖后开标，更不能不开标就进行评标。出现以下情况时在征得相关部门的同意后，可以暂缓或推迟开标时间：

（1）招标文件发售后对原招标文件作了更正或者补充。

（2）开标前发现有影响招标公正性的不正当行为。

（3）出现突发事件等。

开标地点应当在招标文件中预先确定，以便每一个投标人都能预先为参加开标会做好充分准备。招标人如果确有特殊原因，需要变更开标地点，应当按照《招标投标法》第二十三条的规定，对招标文件做出必要的澄清或修改，作为招标文件的补充文件，书面通知所有招标文件的收受人。

开标的主持人可以是招标人，也可以是招标人委托的招标代理机构。开标时，为了保证开标的公开性，必须邀请所有投标人参加。对于投标人是否应参加开标会及不参加开标会的法律后果，现行法律法规对纸质开标与电子开标的要求不同。就纸质招标而言，投标人或其授权代表有权出席开标会，也可以自主决定不参加开标会，投标人不参加纸质招标会不影响其投标有效性；但电子招标，投标人参加开标会是其法定义务，投标人不参加开标会导致投标文件解密失败会视为撤回投标文件。

开标时投标人不足三家，不符合开标的条件，招标人不得开标，强制招标项目必须重新招标。对于法律规定投标人不得少于三个方可开标，是为了保障招标投标活动具有充分的竞争性。

针对投标文件递交截止时递交投标文件不足三个情形的，如果该项目属于第一次招标就出现该情况的，开标会主持人应当众告知所有与会者，宣布当次招标失败，招标人或招标代理机构制作开标会情况记录表，由与会者在记录表上签名后保存。如果该项目不属于第一次招标出现该情形的，并属于必须审批、核准的工程建设项目，须报经原审批、核准部门审批，核准后可不再进行招标；其他工程建设项目，招标人可自行决定再次招标或不再进行招标。此时，如果递交了两份投标文件，招标人可以继续进行后续的开标、评标活动，若只递交了一份投标文件，招标人则可以直接与该名投标人协商施工承包合同的相关事宜。

4.1.2　电子开标

电子开标，也称"不见面开标"，是通过互联网以及连接的交易平台，在线完成数据电文形式投标文件的拆封解密，展示唱标内容并形成开标记录的工作程序。

电子开标依托掌上科技、视频监控技术、大数据、云平台、5G通信和区块链技术等数字化技术的发展，目前开发了不见面开标系统、自助解密技术、时间轴和关键帧技术、数字地图定位技术、Hash校验技术、交互式在线抽签方式、在线答疑、虚拟座席、远程签到、资料存储、身份识别等内容。全国已有多个地区的公共资源交易中心实施电子开标，例如江苏省南通市公共资源交易中心研发了"鸿雁不见面开标"系统，经过系统测试，将远程交互和补充QQ群用于项目的备用远程交互群、投标文件解密、投标文件制作和不见面开标等，以此实现网上实时开电子标或纸质标。浙江省公共资源交易中心的不见面开标系统在UI（User Inter-face）界面上完美复刻了现实中的交易大厅和开标室等，辅以实时监控系统，实现开标时参与开标的各方均能实时看到开标室的情况，进一步完善了监督功能。

电子开标和线下开标都需要严格遵守《招标投标法》《招标投标法实施条例》等法律法规的要求。此外，因电子开标在线上进行，还有一些特殊的要求和流程。

电子开标时间应当严格按照招标文件约定，在投标截止时间的同一时间进行。开标地点在互联网交易平台的虚拟空间，没有物理空间限制。电子开标要求所有投标人代表应当准时参加开标并操作解密投标文件。

电子开标的流程如下：

（1）指定开标主持人。招标人或招标代理机构事先通过交易平台指定专业人员主持开标。主持人只能根据交易平台预先设定的流程和权限操作开标。

（2）投标人代表签到。常规签到的方式有系统签到和人工签到两种。

1）系统签到：在系统规定的签到环节，投标人登录系统后，系统检测到投标人登录，即可完成签到流程。

2）人工签到：在系统规定的签到环节，投标人登录系统后，需进入到开标系统，插入 CA 数字证书进行身份校验后，点击签到按钮，完成签到流程。

（3）提取投标文件。开标时间到达，交易平台按照预先设定的开标功能，自动提取投标文件。

（4）检测投标文件数量。交易平台自动检测并向主持人和监标人显示投标文件数量。投标文件少于 3 个的，交易平台自动提示主持人是否继续开标。主持人根据实际情况和有关规定，决定继续开标或终止开标。

（5）检测投标文件的状态和投标时间。交易平台检测并显示投标文件不被启封状态及其投标时间的记录。

（6）解密。开标时，电子招标投标交易平台自动提取所有投标文件，提示招标人和投标人按招标文件规定方式按时在线解密。因投标人原因造成投标文件未解密的，视为撤销其投标文件；因投标人之外原因造成投标文件未解密的，视为撤回其投标文件，投标人有权要求责任方赔偿因此遭受的直接损失。部分投标文件未解密的，其投标文件的开标可以继续进行。招标人可以在招标文件中明确投标文件解密失败的补救方案，投标文件应按照招标文件的要求作出响应。

4-1
基于电子交易平台的解密失败补救方式

主持人按照招标文件规定的解密方式发出指令，要求招标人和（或）投标人准时并在约定时间内同步完成在线解密。当出现解密失败的情形，主持人发出指令提醒投标人启动招标文件的补救方式。

4-2
语音唱标

（7）展示开标记录信息。解密完成后，交易平台向所有投标人展示已解密投标文件的开标记录信息，包括招标项目、标段（包）号、投标人名称、投标报价、工期（交货期）、投标文件递交时间、投标保证金数额以及到账时间等招标文件约定的开标信息。

（8）提出异议。投标人对开标过程有异议的，应当通过交易平台即时提出，主持人应当通过交易平台即时答复，并在开标记录中记载异议及答复相关信息。

（9）在线电子签名确认。交易平台生成电子开标记录，参加电子开标的投标人代表通过 CA（Certificate Authority）证书在线电子签名确认。

（10）公布开标记录。开标记录经电子签名确认后向所有投标人发布，并通过交易平台同步交互到其注册的公共服务平台向社会公众公布，以此促进招标投标信息的进一步公开和公众监督。依法应当保密的项目的开标记录不应当对外公布。

2013 年《电子招标投标办法》颁布以来，我国的招标投标逐渐从纸质时代进

入电子化时代。近年来，各地的公共资源交易中心在贯彻"互联网＋公共资源交易""放管服"和优化营商环境过程中，先后推广、实施了电子开标，加上国家强有力的推动和新技术的不断涌现，电子开标朝着全面线上化、统一化、便捷化和智能化方向发展。

4.1.3 司法审判实务中与开标相关焦点问题

焦点问题一：投标文件中含义不明确的内容澄清或说明的时间问题。

解读：

《招标投标法》第三十九条规定，评标委员会可以要求投标人对投标文件中含义不明确的内容作必要的澄清或者说明，但是澄清或者说明不得超出投标文件的范围或者改变投标文件的实质性内容。

《招标投标法实施条例》第五十二条规定，投标文件中有含义不明确的内容、明显文字或者计算错误，评标委员会认为需要投标人作出必要澄清、说明的，应当书面通知该投标人。投标人的澄清、说明应当采用书面形式，并不得超出投标文件的范围或者改变投标文件的实质性内容。评标委员会不得暗示或者诱导投标人作出澄清、说明，不得接受投标人主动提出的澄清、说明。

开标工作主要是工作人员对投标文件的部分内容进行宣读和记录，达到公平、公正、公开的目的。

4-3
清标

综上，开标过程一般不能要求投标人对投标文件进行澄清，而应当留至评标阶段由评标委员会进行处理。

焦点问题二：开标时投标人数不足三家，应如何处理？

解读：

开标时投标人不足三家，不符合开标的条件，招标人不得开标。对于法定必须招标的项目来说，如果不存在不必招标的特殊情形，则应当重新进行招标，否则可能承担相应的法律责任；对于非法定必须招标的项目而言，招标人可以终止招标，选用其他方式进行采购。因此，招标人在启动招标程序之前，应当充分估算招标程序所需的时间，综合考虑投标人不足三家等影响因素。

4.2 建设工程评标

评标，是招标投标活动中，由招标人依法组建的评标委员会，根据法律规定和招标文件确定的评标方法和具体评审标准，对所有开标拆封并唱标的投标文件进行评审，根据评审情况出具评标报告，并向招标人推荐中标候选人，或者根据招标人的授权直接确定中标人的过程。

4-4
"低于成本价中标"与"被迫让利"

评标一般按以下程序进行：

（1）评标准备工作。

（2）初步评审。

（3）详细评审。

（4）编写并上报评标报告。

4.2.1　评标委员会确定

评标委员会由招标人负责依法组建，其成员名单一般应于开标前确定，在中标结果确定前应当保密。为了确保评标工作的客观公正性，有效防范暗箱操作和各种腐败行为的发生，对评标委员会的组成时间要十分谨慎，评审委员会产生的最佳时间最好选在"公开开标"日期到来之前的半天。

评标委员会可设主任一名，必要时可增设副主任一名，负责评标活动的组织协调工作，评标委员会主任在评标前由评标委员会成员通过民主方式推选产生，或由招标人或其代理机构指定（招标人的代表不得作为主任人选）。评标委员会主任与评标委员会其他成员享有同等的表决权。若采用电子评标系统，则须选定评标委员会主任，由其操作"开始投票"和"拆封"。

依法必须进行招标的项目，其评标委员会由招标人的代表和有关技术、经济等方面的专家组成，成员人数为五人以上单数，其中技术、经济等方面的专家不得少于成员总数的三分之二。

技术、经济等方面的专家应当从事相关领域工作满八年并具有高级职称或者具有同等专业水平，由招标人从国务院有关部门或者省、自治区、直辖市人民政府有关部门提供的专家名册或者招标代理机构的专家库内的相关专业的专家名单中确定。政府投资项目的评标专家，必须从政府或者政府有关部门组建的评标专家库中抽取；同时，专家库应由省级以上人民政府有关部门或者依法成立的招标代理机构组建。非政府投资项目的评标专家的选取无法律明文规定，可由投资方自行决定。

在抽取专家时，一般招标项目可以采取随机抽取方式；特殊招标项目，如技术特别复杂、专业性要求特别高或者国家有特殊要求的招标项目，采取随机抽取方式确定的专家难以胜任，则可以由招标人直接确定。

当施工招标项目商务文件与技术文件需要分组开展评审时，各组成员的分工应与其分组评审专业的内容相适应，任何一组成员总人数均应不少于两名，且技术组成员总人数原则上应由不少于三名单数成员构成，建议技术组与商务组至少应各包含一名招标人代表。如果招标人没有派出授权评标代表参与评审的，则视为完全接受评标委员会的评审结论。

与投标人有利害关系的人不得进入相关项目的评标委员会；已经进入的应当更换。

4.2.2　评标委员会义务

（1）接受建立专家库机构的资格考核，如实申报个人有关信息资料。

（2）遇到不得担任招标项目评标委员会成员的情况时，应当主动回避。

1）投标人的雇员或投标人主要负责人的近亲属。

2）项目主管部门或者行政监督主管部门的人员。

3）与投标人有经济利益关系，可能影响对投标的公正评审。

4）曾因在招标、评标以及其他与招标有关的活动中从事违法行为而受过行政处罚或刑事处罚。

（3）为招标人负责，维护招标、投标双方合法利益，按照招标文件规定的评标标准和方法，客观、公正地对投标文件提出评审意见。

（4）遵守评标工作的程序和纪律规定，不得私下接触投标人，不得收受投标人给予的财务或其他好处，不得透露投标文件评审的有关情况，不得向招标人征询确定中标人的意向，不得接受任何单位或者个人明示或者暗示提出的倾向或排斥特定投标人的要求，不得有其他不客观、不公正履行职务的行为。

（5）自觉依法监督、抵制、反映和核查招标、投标、代理、评标活动中的虚假、违法和不规范行为，接受和配合有关行政监督部门的监督、检查。

（6）国家规定的其他义务。

4.2.3　评标的保密

《招标投标法》第三十八条规定："招标人应当采取必要的措施，保证评标在严格保密的情况下进行。任何单位和个人不得非法干预、影响评标的过程和结果。"

评标的保密措施涉及很多方面：

（1）评标地点和场所保密。

（2）评标委员会成员的名单在中标结果确定前应当保密。

（3）评标委员会成员在封闭状态下开展评标工作，评标期间不得与外界有任何接触，对评标情况、中标候选人的推举情况承担保密义务。

（4）招标人、招标代理机构或相关主管部门参与评标现场工作的人员，均应承担保密义务。

评标前对评标委员会的工作进一步明确评审纪律。所有的评审工作人员均必须严格实行"回避"制度，在具体的评审活动中，所有的评标工作人员必须全程关闭手机等通信工具，不得随意进出评审工作场所，不得私自接触任何投标人，不得把自己的"意愿"和"想法"等强加给其他评审人员，不得干扰和影响其他评审人员的独立工作，不得相互串通一气或作弊等，所有的评标工作人员都必须客观、独立、公正地行使各自的评审权力，充分发表自己的见解和主张，共同推选出合乎条件的中标候选人。

以港珠澳大桥的招标为例。为避免将评标专家名单提前泄露，在抽取专家名单之前，首先抽选了一名熟悉招标工作、政治素养高的人员作为招标代表，按相关行业主管部门和建设工程交易中心的有关规定抽取专家。抽取专家的人员在联系专家时，语言表达要准确、完整，不应透露的信息不能说。评标专家到达后，由抽取专家的工作人员与司机一起负责评标专家的接送，避免让第三人知晓专家信息。并在接到专家的第一时间用密封袋保存评标专家的手机。评标完成后，由港珠澳大桥管理局安排车辆护送评标专家安全离开。尽一切努力保证评标专家接送过程中不泄露专家信息，不泄露评标信息。

4.2.4　投标文件的澄清和说明

《招标投标法》第三十九条规定："评标委员会可以要求投标人对投标文件中含义不明确的内容作必要的澄清或者说明，但是澄清或者说明不得超出投标文件的范围或者改变投标文件的实质性内容。"

投标文件中若有含义不明确的内容、明显的文字或计算错误，评标委员会认为需要投标人作出必要澄清、说明的，应当书面通知该投标人。评标委员会发现投标人的报价明显低于其他投标报价，或者在设有标底时明显低于标底，使得其投标标价可能低于其个别成本的，应当要求该投标人做书面说明并提供相应的证明材料。投标人不能合理说明或者不能提供相应的证明材料的，由评标委员会认定该投标人以低于成本报价竞标，其投标作废标处理。

投标人的澄清、说明应当采用书面形式，并不得超出投标文件的范围或者改变投标文件的实质性内容。评标委员会不得暗示或诱导投标人作出澄清、说明，不得接受投标人主动提出的澄清、说明。

对实质上响应招标文件要求的投标进行报价评估时，除招标文件另有规定的，评标委员会应按以下原则进行修正：

（1）用数字表示的金额与用文字表示的金额不一致的，以文字数额为准。

（2）总价金额与依据单价计算出的结果不一致的，以单价金额为准修正总价，若单价有明显的小数点错位，应以总价为准，并修改单价。

修正的价格经投标人书面确认后对招标投标双方具有约束力，投标人不接受修正价格的，其投标作废标处理。

4-5
评标的时间

4.2.5　评标的标准和方法及对评标委员会成员的要求

《招标投标法》第四十条规定："评标委员会应当按照招标文件确定的评标标准和方法，对投标文件进行评审和比较；设有标底的，应当参考标底。评标委员会完成评标后，应当向招标人提出书面评标报告，并推荐合格的中标候选人。"

根据《招标投标法》的规定，施工招标中的评标方法分为经评审的最低投标价法和综合评估法。具体采用哪一种评标方法，由招标人根据工程项目的规模和标的的性质决定，并在招标文件中载明。

1. 经评审的最低投标价法

经评审的最低投标价法是评标委员会对满足招标文件实质性要求的投标文件，根据招标文件规定的量化因素及量化标准进行价格折算，按照经评审的投标价由低到高的顺序推荐中标候选人或根据招标人授权直接确定中标人，但投标报价低于其成本的除外。经评审的投标价相等时，投标报价低的优先。

（1）初步评审

初步评审包括形式评审、资格评审、响应性评审、施工组织设计和项目管理机构评审。形式评审、资格评审和响应性评审分别是对投标文件的外在形式、投标资格、投标文件是否响应招标文件实质性要求所进行的评审。

未进行资格预审的，评标委员会可以要求投标人提交规定中包括的有关证明和证件的原件，以便核验。评标委员会依据规定的标准对投标文件进行初步评审。有一项不符合评审标准的，作废标处理。已进行资格预审的，当投标人资格预审申请文件的内容发生重大变化时，评标委员会依据规定的标准对其更新资料进行评审。除明显具有废标的特点以外，投标文件具有以下情形之一的，由评标委员会初审后作废标处理：

1）未按规定的格式填写，内容不全或关键字迹模糊、无法辨认的。

2）投标人名称或组织机构与资格预审时不一致的。

3）同一投标人提交两个以上不同的投标文件或者投标报价，未申明哪一个有效的（但招标文件要求提交备选投标的除外）。

4）投标报价低于成本或者高于招标文件设定的最高投标限价。

5）投标人有串通投标、弄虚作假、行贿等违法行为的。

（2）详细评审

评标委员会按规定的量化因素和标准进行价格折算，计算出评标价，并编制价格比较一览表。

2. 综合评估法

综合评估法是评标委员会对满足招标文件实质性要求的投标文件，按照招标文件规定的评分标准进行打分，并按得分由高到低的顺序确定中标人，但投标报价低于其成本的除外。综合评分相等时，以投标报价低的优先。

综合评估法可采取明标或暗标模式。暗标模式，为保证公平、公正的原则，第一阶段先评审技术标（技术标为暗标），第二阶段再评审商务标和报价标。

（1）初步评审

初步评审包括形式评审、资格评审、响应性评审，其方法同"经评审的最低投标价法"。

（2）详细评审

评标委员会按招标文件中评标办法规定的施工组织设计、项目管理机构、其他评分因素等量化因素分值构成及评分标准进行打分，并根据评标基准价和投标报价偏差率的计算公式计算投标报价的得分，最后计算出综合评估总分。评分分值的计算结果保留小数点后两位，小数点后第三位"四舍五入"。

4.2.6 评标报告

评标完成后，评标委员会应当向招标人提交书面评标报告和中标候选人名单。

评标报告作为招标人定标的重要依据，通常包括基本情况和数据表；评标委员会成员名单；开标记录；符合要求的投标一览表；否决投标情况说明；评标标准、评标方法或者评标因素一览表；经评审的价格或评分比较一览表；经评审的投标人排序；推荐的中标候选人名单与签订合同前要处理的事宜；澄清、说明纪要等。

由于评标委员会开展评审活动具有严格的独立性，不受其他任何外界因素的干扰和影响，所以可以要求评标委员会提交的评标报告，须详细说明每位评委对每份标书的评价和意见，以及大家最终的综合性的评审结果，进一步显示大家对"评标"工作的严肃谨慎和客观公正，同时，在评标报告中明确上述有关内容，还能达到进一步遏制和防范有些人滥用职权操纵评审结果的目的，避免了有些评审结论产生的"无凭无据"，事后却又"查无实据"的情况发生，从而使"独立"的评审工作有了再监督和再约束的环节，从而最大限度保证评标结果的公正性。

4-6
否决投标

中标候选人应当不超过 3 个，并标明排序。评标报告应当由评标委员会全体成员签字。对评标结果有不同意见的评标委员会成员应当以书面形式说明其不同意见和理由，评标报告应当注明该不同意见。评标委员会成员拒绝在评标报告上签字，但又不书面说明其不同意见和理由的，视为同意评标结果。

4.2.7 评标结果公示

依法必须进行招标的项目，招标人应当自收到评标报告之日起 3 日内公示中标候选人，公示期不得少于 3 日。中标候选人公示的媒体一般与招标公告发布媒体相同，且不同媒体公示的中标候选结果应当保持一致。

需要注意，公示时间一般从凌晨（00：00）起算，招标人安排公示时间应尽量避免长假前或长假中，否则可能会出现指定媒介或者其他合法的公示媒介不能及时安排公示的问题。"公示期不得少于 3 日"，是一个低限规定，具体公示期限应当综合考虑媒介、节假日、交通、通信条件和潜在投标人的地域范围等情况合理确定，以保证公示效果。其他招标项目是否需要公示中标候选人，由招标人自主决定。

由于公示文件内容比较敏感，若因工作人员疏忽，导致公示信息有误，会导致不必要的投诉。所以，评标委员会完成评审后，工作人员要及时做好公示的文件，并经层层复核，避免发生错漏。

中标候选人公示的内容应当包括以下内容：

（1）中标候选人排序、单位名称、投标报价、质量、工期以及评标情况。

（2）中标候选人按照招标文件要求承诺的项目经理姓名及其注册建造师专业和证书编号。

（3）中标候选人响应招标文件要求的资格能力条件，如拟投入专职安全生产管理人员名单、类似施工业绩等。

（4）提出异议的渠道和方式。

（5）招标文件规定公示的其他内容。

投标人或者其他利害关系人对依法必须进行招标的项目的评标结果有异议的，应当在中标候选人公示期间提出。招标人应自收到异议之日起 3 日内作出答复，作出答复前，应当暂停招标投标活动。

在中标候选人公示期间，有投标人或者其他利害关系人提出异议事项经查属实并影响中标结果的，招标人或招标代理机构应报招标投标监督管理部门，对评标结果进行纠正。纠正后的结果如果影响中标候选人的排序，或改变中标候选人的名单时，招标人应当重新发布中标候选人公示。针对第一次中标候选人公示中已经公布的内容未提出异议或投诉的投标人，在重新发布中标候选人公示期间，不得针对原公示已经公布的内容提出异议或投诉。

若在中标候选人公示期间内投标人或者其他利害关系人未提出异议，则不能径行向行政监督部门投诉，否则投诉将不予受理。

4.2.8　电子评标

电子评标是依法组建的评标委员会通过交易平台的电子评标功能模块，按照招标文件规定的评标标准和办法，客观、科学和公正地检查、分析和评审投标文件，推荐中标候选人及其排序，编写完成数据电文形式的评标报告的工作程序。

电子评标应当在有效监控和保密的环境下在线进行。根据相关规定，进入依法设立的招标投标交易场所的招标项目，评标委员会成员应当依法登录其对应的平台及项目进行评标。评标中需要投标人对投标文件进行澄清或者说明的，招标人和投标人应当通过电子招标投标交易平台交换数据电文。评标委员会完成评标后，应当通过电子招标投标交易平台向招标人以数据电文形式提交评标报告。评标全过程进行摄像录音，影像资料存档期限为投标有效期结束之日起90日以上。

1. 电子评标的流程

（1）评标委员会的组建、名单抽取和通知

1）评标委员会的组建

招标代理机构通过电子交易平台提交专家名单并进行抽取，预先设定好抽取人数、抽取比例、抽取专业和规则，平台将自动进行专家名单的抽取，并将抽取出来的专家名单加密保存。

2）专家名单抽取

专家名单抽取采用电脑随机抽取、电话语音通知。系统按照预先设定的抽取人数、专业需求和回避要求，进行抽取。抽取出来的专家的编号、姓名、电话等关键字段采用加密方式储存，确保通过数据库无法查看专家名单，专家名单不泄露。

3）专家通知

专家名单抽取完成后，自动进入语音通知阶段，系统采用数字电话（或模拟电话）自助拨打专家手机，询问专家某天是否可以参加评标，专家可以按"1"键同意，也可以按"9"键拒绝。对于同意参加的专家，系统可以自动发送短信进行通知，短信内容可告知专家具体的评标地点、时间。

4）专家请假

系统提供专家请假功能，如担任评标委员会成员的评标专家因故不能参加评标活动，可于评标前一个工作日内的工作时间通过系统进行请假申请。

5）系统补抽

系统提供补充抽取功能，可以自动统计专家数，如未抽取到足够专家或已抽取到足够专家但专家进行了请假操作的，导致评标人数不满足设置要求的，系统可以自动进行专家补充抽取。

6）专家名单抽取表打印

系统可以设置打印专家名单的时间，支持评标时间开始后方可打印。打印的专家名单抽取表具有电子交易平台水印，可进行防伪验证。

（2）评标表单

招标代理机构应在评标开始前，通过电子交易平台导入或填写评标过程表单内容。评标过程中，评标专家按照预定的表单进行评标及评分。

常见的评标表单有初步评审表和详细评审表等，评标专家完成评审及评分后，系统可自动生成及汇总项目表单并提供专家签字及下载、导出功能。

（3）评标报告

评标委员会完成评标后，应当通过电子交易平台向招标人提交数据电文形式的评标报告。

在评审报告环节，系统可自动调取项目发布及评审过程数据，按照预设的范本自动生成评审报告。评审报告一般需包含以下 8 个部分的内容：

1）项目发布的基本信息：发布时间、领购时间、领购单位名称及数量、开标时间、递交投标文件单位名称及数量。

2）评标委员会组成及人员名单。

3）签到情况及评审过程情况记录。

4）评审标准、评标办法或者评标因素一览表。

5）评标过程异常情况说明，如否决投标的情况、澄清说明事项等。

6）投标单位唱标信息，单位、报价、工期及质量等唱标内容。

7）报价得分情况、评审得分情况、汇总排名及推荐候选人情况。

8）招标代理机构、招标采购人信息。

2. 电子评标可有效识别、预防围标和串标

全国各地招标投标交易平台信息化、集约化程度不断提高，积累了大量招标采购交易数据，大数据除了为行政监督部门和市场主体提供大量的数据服务外，还可以为监管部门提供交易全过程、交易整体情况以及各个监管领域的数据分析服务，这不仅有利于及时发现招标采购中的围标、串标行为，同时还可有效预防围标、串标行为的产生。

运用大数据技术识别围标、串标行为主要从主体关系分析、技术指标雷同、投标价格分析、专家评标分析、电子标书鉴定、异常人员分析、异常行为分析等方面展开，通过多维度综合研判并自动预警围标、串标行为，为行政监管提供明确的线索指向，也为下一步查处违法犯罪行为线索提供有力的电子证据支撑。

（1）主体关系分析

主体关系分析主要是对投标人之间、招标代理机构与中标人之间、招标人与中标人之间的关系进行分析。运用报团分析、聚类分析、热度分析等数理方法，同时利用

社交网络模型算法，对交易主体的两两以上关系进行分析，分析所有关联投标人的投标率、中标率，对中标率过高、过低的投标单位进行重点关注。

（2）技术指标雷同

对电子投标文件的电子标识，如文件制作机器码、文件创建标识码、基础软件序列号、计价软件序列号、数据时间戳、标书上传 IP 等进行匹配对比分析，如有雷同则自动预警。

（3）投标价格分析

投标单位为了提高中标概率，会利用围标、串标企业以高价或低价投标，使得投标均价离自己的报价更近。报价集中度可以反映出同一标段中各投标单位报价的集中程度，是识别围标、串标行为的基础。其中，报价集中度 $=100 \times (1-CV)$，$CV=\sigma/\mu$ 表示标准差系数，σ 为同一标段报价的标准差，μ 为同一标段报价的平均值。

（4）专家评标分析

串通投标的单位往往会通过各种手段让自己处于高得分状态，这就有可能产生对评标专家的利益输送，当中标单位的得分远远高于其他投标人的平均分则视为异常行为。因此，可以通过专家打分偏差率和倾向性分析，对于超过一定偏差率和倾向性比例的专家重点关注，以识别评标专家是否对某家单位存在倾向性打分。

（5）电子标书鉴定

主要通过对同一项目下所有投标文件的报价雷同性、商务雷同性、技术雷同性以及错误雷同性等展开筛查分析，利用基于语义的智能雷同性分析技术，直观看出是否存在相似性很大的语句或者段落，从而侧面判断是否可能存在围标串标行为，为实现智能监督提供重要依据。

（6）异常人员分析

投标联系人一般属于某家投标单位，如果出现在不同投标单位中，则很大程度上反映出单位之间关联密切，存在较高围、串标风险。因此，通过对投标单位投标联系人雷同性分析，同时结合所有投标历史，分析投标单位在不同的标段下曾使用过的相同投标联系人，以两个单位共同联系人次数为分析对象，挖掘出两个单位的潜在联系，最后以投标联系人为分析维度，分析出一个联系人被多家单位共同使用过的情况，从而挖掘出围、串标团伙。

（7）异常行为分析

投标人中标率过高或过低均属于异常行为。中标率异常分析是基于投标单位参与的所有投标项目中标情况的统计分析，中标率过高或过低都可能存在围、串标的行为。对接互联网数据，若发现中标率极低的单位在注册地中标率却很高，也可以很大程度上反映出这些单位就是借壳投标的串通投标单位，为查处围、串标企业提供准确的线索。

4.2.9 司法审判实务中与评标相关的裁判规则

焦点问题：与投标人有利害关系的人进入相关项目的评标委员会导致评标结果及施工合同无效的问题。

解读：

根据《招标投标法》第三十七条规定：与投标人有利害关系的人不得进入相关项目的评标委员会；已经进入的应当更换。

《招标投标法实施条例》第四十一条规定：招标人与投标人为谋求特定投标人中标而采取的其他串通行为，属于招标人与投标人串通投标的情形。《招标投标法》第五十三条规定，投标人相互串通投标或者与招标人串通投标的，投标人以向招标人或者评标委员会成员行贿的手段谋取中标的，中标无效。《最高人民法院关于审理建设工程施工合同纠纷案件适用法律问题的解释（一）》（法释〔2020〕25号）第一条第三项规定：建设工程必须进行招标而未招标或者中标无效的，应当依据《民法典》第一百五十三条第一款的规定，认定建设工程施工合同无效。

4.3 建设工程中标

《招标投标法》第四十五条规定："中标人确定后，招标人应当向中标人发出中标通知书，并同时将中标结果通知所有未中标的投标人。中标通知书对招标人和中标人具有法律效力。中标通知书发出后，招标人改变中标结果的，或者中标人放弃中标项目的，应当依法承担法律责任。"

中标一般按以下程序进行：

（1）招标人确定中标人。

（2）招标人发出中标通知书。

（3）招标人提交招标投标情况书面报告。

（4）订立合同。

（5）中标人提交履约保证金。

（6）中标人完成合同规定的义务。

4.3.1 中标人确定

国有资金占控股或者主导地位的依法必须进行招标的项目，招标人应当确定排名第一的中标候选人为中标人。排名第一的中标候选人如有以下情形，不符合中标条件的，招标人可以按照评标委员会提出的中标候选人名单排序依次确定其他中标候选人为中标人，也可以重新招标。

（1）排名第一的中标候选人放弃中标。

（2）排名第一的中标候选人因不可抗力不能履行合同。

（3）排名第一的中标候选人不按照招标文件要求提交履约保证金。

（4）排名第一的中标候选人被查实存在影响中标结果的违法行为等。

之所以规定招标人可以依次选择其他中标候选人为中标人，也可以重新招标，而没有规定招标人必须选择排名第二的中标候选人为中标人，主要是为了防范中标候选人之间串通，以及减少恶意投诉。

对于非国有资金占控股或者主导地位的依法必须进行招标项目以及所有非依法必须招标的项目，现行法律规定并未限定招标人必须确定排名第一的中标候选人为中标人，也未设定相应的法律责任，意味着招标人可以在中标候选人名单中自主确定中标人，赋予招标人一定的经营自主权。第一中标候选人不适合中标时，招标人可递补中标或重新招标。

在招标、投标、开标、评标的过程中，招标人、投标人或选定的中标人如有以下行为，中标结果将被认定为无效中标。中标无效后，在招标人尚未与中标人签订书面合同的情况下，招标人没有与中标人签订书面合同的义务，中标人失去了与招标人签订合同的权利。在招标人已经与中标人签订书面合同的情况下，所签订的建设工程施工合同无效。

（1）招标代理机构泄密，影响中标结果的。招标代理机构违反招标投标法规定，泄露应当保密的与招标投标有关的情况和资料，从而影响中标结果的。

（2）招标代理机构与招标人、投标人串通损害国家利益、社会公共利益或者他人合法权益而影响中标结果的。

（3）招标人向他人透露已获取招标的潜在投标人的名称、数量或者影响公平竞争的有关招标投标的其他情况。

（4）泄露标底。招标人设有标底的，标底必须保密。

（5）依法必须进行招标的项目。招标人与投标人就投标价格、投标方案等实质性内容进行谈判的。

（6）招标人在评标委员会依法推荐的中标候选人以外确定中标人的。

（7）依法必须进行招标的项目在所有投标被评标委员会否决后自行确定中标人的。

（8）招标人不按招标文件和中标人的投标文件订立合同的，或者招标人与中标人订立背离合同实质性内容的协议书。

（9）评委错评。因部分或全部评委未客观公正地履行职责、未严格按招标文件规定的标准和方法进行评标，导致产生了错误的中标候选人及排序，但在签约前被及时发现。

（10）投标人相互串通投标或者与招标人串通投标的。

（11）投标人以向招标人或者评标委员会成员行贿的手段谋取中标的。

（12）投标人以他人名义投标或者以其他方式弄虚作假，骗取中标的。

同时，根据《招标投标法实施条例》第五十五条、第五十六条的规定，选定的中标人如有以下三类情形将被取消中标资格：

（1）中标候选人主动放弃。

因为公司经营或财务情况发生重大变化导致其无法履约的，如公司经营方向有重大的战略调整，不再从事招标项目范围内的业务，或者财务状况发生重大变故，面临破产、无法承接招标项目等情况。

此外，也有可能是串通投标导致。如中标候选人中，排名第一的投标价格高于排名第二的，且有不小的价差，此时排名第二的串通排名第一的，要求其放弃中标并补偿其损失，同时还从价差中拿出一部分利润额进行分成。

（2）中标候选人公示期间被其他投标人有理由投诉。

如中标候选人存在弄虚作假、串通投标、行贿等情形，且异议提出人提供有效证明文件并被招标人查实认定的，招标人可以取消其中标资格。

（3）不按照招标文件要求提交履约保证金。

排名第一的中标候选人未按招标文件规定向招标人提交履约保证金，使得招标人质疑其履约诚意的，招标人可以取消其中标资格。

4.3.2　中标通知书

中标通知书是招标人在确定中标人后向中标人发出的通知其中标的书面凭证，是对招标人和投标人都有约束力的法律文书。

招标、投标、发出中标通知书是《民法典》中要约、承诺规则在建设工程中的应用。建设工程招标投标过程中招标人发出招标公告、招标文件是要约邀请，投标人递交标书属于一种要约，招标人向中标的投标人发出的中标通知书，表示招标人同意接受该投标人的投标条件，即同意该投标人要约的意思表达，故其性质为合同上的承诺，即签订书面合同既是招标人和中标人享有的权利，也配合对方履行的合同义务。中标通知一经发出，即产生承诺的效力，承发包双方基于招标投标文件形成的合同已成立并生效。

《招标投标法》第四十六条第一款规定，招标人和中标人应当自中标通知书发出之日起三十日内，按照招标文件和中标人的投标文件订立书面合同。招标人和中标人不得再行订立背离合同实质性内容的其他协议。第五十九条规定，招标人与中标人不按照招标文件和中标人的投标文件订立合同的，或者招标人、中标人订立背离合同实质性内容的协议的，责令改正；可以处中标项目金额千分之五以上千分之十以下的罚款。

中标通知书中所填写的中标人名称务必正确，务必与后续签订的施工合同的承包人一致，否则将会导致合同双方的承发包关系不合法。

招标人无正当理由拒不签订合同的，构成违约，承包人可以向发包人提出索赔，索赔范围不仅包括中标人的实际损失，还包括逾期利润损失。例如，不属于投标人原因造成招标人拒签合同，可以要求招标人双倍返还投标保证金；可以要求招标人赔偿为准备订立合同所造成的损失，如交通费、住宿费、就餐费等；可以要求招标人赔偿准备履行合同所造成的损失，如中标人和材料供应商签订的合同、中标人违约导致的定金损失、违约金损失等；若中标人已进场施工，还可以要求招标人赔偿施工机械、周转材料、人员窝工及进退场所造成的损失。

投标人无正当理由拒不签订合同的，在签订合同时向招标人提出附加条件或者更改合同实质性内容的，或者拒不提交所要求的履约保证金的，可取消其中标资格，投标保证金不予退还；给招标人的损失超过投标保证金数额的，中标人应当对超过部分予以赔偿；没有提交投标保证金的，应当对招标人的损失承担赔偿责任。对依法必须进行施工招标的项目的中标人，由有关行政监督部门责令改正，可以处中标金额千分之十以下罚款。

合同实质性内容变更与正常合同变更的区别：

（1）中标合同签订后，发包方和承包方因客观情况发生了在招标投标时难以预见的变化，对中标合同进行补充、变更是正常的合同变更，反之属于实质性变更。

（2）与中标合同同时签订补充、变更一般认定为实质性变更。

（3）如若是为赔偿一方停工损失或者逾期付款的利息而对工程价款结算方式进行变更约定，属于合同履行过程中的正常变更。双方对于结算方式的变更，实质为赔偿损失的约定，并不损害国家、社会以及其他人的利益，属于合同的正常变更。

4.3.3　电子中标

（1）中标候选人公示

依法必须进行招标的项目中标候选人和中标结果应当在电子招标投标交易平台进行公示和公布。

依法必须进行招标的项目，招标人或招标代理机构应在交易平台及其注册的公共服务平台上公示评标结果。公示信息包括招标项目名称、标段（包）编号、中标候选人名称、排序及其投标报价等信息。公示期不应少于三日。

投标人或者其他利害关系人对评标结果有异议的，应在公示期内通过交易平台向招标人提出。招标人根据中标候选人公示期内提起的异议、投诉以及行政处理情况，依法确定中标人。

（2）确定中标人

中标候选人公示期满，招标人可通过电子交易平台以数据电文形式向招标代理机构发出中标确认函，确定中标人。

（3）中标结果公告

依法必须进行招标的项目，应在交易平台及其注册的公共服务平台上公告中标结果。公告信息包括招标项目名称、标段（包）编号、中标人名称、投标报价、服务期等信息。

4-7
转包与分包

招标人确定中标人后，应当通过电子招标投标交易平台以数据电文形式向中标人发出中标通知书，并向未中标人发出中标结果通知书。

招标人应当通过电子招标投标交易平台，以数据电文形式与中标人签订合同。

4.3.4　司法审判实务中与中标相关焦点问题

焦点问题：《中标通知书》与《施工合同》中价款不一致问题。

解读：

根据《最高人民法院关于审理建设工程施工合同纠纷案件适用法律问题的解释（一）》（法释〔2020〕25号）第二条规定：招标人和中标人另行签订的建设工程施工合同约定的工程范围、建设工期、工程质量、工程价款等实质性内容，与中标合同不一致，一方当事人请求按照中标合同确定权利义务的，人民法院应予支持。

4.4 建设工程招标投标的管理与监督

近年来，《招标投标法》及其相关法规、规章的贯彻实施，在维护国家利益、社会公共利益和招标投标当事人合法权益方面发挥了重要的作用，使全社会对招标投标的认识不断提高，招标投标活动也更加规范。

4.4.1 招标投标过程中的监督内容和方式

1. 监督的内容

（1）招标人是否存在分解发包、规避招标或对潜在投标人进行排斥等一系列违法违规行为。

（2）招标代理机构是否存在与招标人或投标人相互串标，从而损害国家利益、社会公共利益或者他人合法权益等违法违规行为。

（3）投标人是否存在向招标人或评标委员会成员行贿，从而达到中标目的等违法违规行为。

（4）评标委员会的成员是否以公平、公正、客观的态度对投标人的标书等内容进行评价。

2. 监督的方式

（1）备案管理监督

备案管理监督，主要通过对招标过程中节点资料的备案，来发现和纠正其中的违法违规内容。

（2）开标过程监督

开标过程监督，主要通过工作人员现场监督和多媒体数字监控系统监控的方式，来制止、纠正开标过程中的违法违规行为。另外，还通过受理招标投标投诉的方式，与市城建监察大队联合，共同查处招标投标过程中的违法违规行为。

4.4.2 《招标投标法》赋予各级政府部门行使行政管理权力的环节和内容

1. 赋予行政监督部门实施招标投标行政监督的环节和内容

（1）对招标项目的招标内容以及方式进行审批、核准

《招标投标法》第九条规定，招标项目按照国家有关规定需要履行相关审批手续的，应当先履行审批手续，获得批准。

（2）对自行办理招标的项目进行备案

《招标投标法》第十二条第三款规定，依法必须进行招标的项目，招标人自行办理招标事宜，应向有关行政监督部门备案。

（3）对评标进行监督

《招标投标法实施条例》第四十六条第四款规定，有关行政监督部门应当按照规定的职责分工，对评标委员会成员的确定方式、评标专家的抽取和评标活动进行监督。行政监督部门的工作人员不得担任本部门负责监督项目的评标委员会成员。

（4）对招标项目的招标投标情况要求书面报告

《招标投标法》第四十七条规定，依法必须进行招标的项目，招标人应当自确定中标人之日起十五日内，向有关行政监督部门提交招标投标情况的书面报告。

（5）受理和处理投诉

《招标投标法》第六十五条规定，投标人和其他利害关系人认为招标投标活动不符合本法有关规定的，有权向招标人提出异议或者依法向有关行政监督部门投诉。

（6）对招标投标违法行为的查处

《招标投标法》第七条第二款规定，有关行政监察部门依法对招标投标活动实施监督，依法查处招标投标活动中的违法行为。

（7）招标从业人员职业资格认定

《招标投标法实施条例》第十二条规定，招标代理机构应当拥有一定数量的具有编制招标文件、组织评标等相应能力的专业人员。由国务院人力资源社会保障部门和国务院发展改革部门共同确定如何对专业人员的职业资格进行认定。

2. 赋予监察机关对招标投标活动有关监察对象的监察权

监察机关在对招标投标活动进行行政监察时，应当严格遵守相关法律法规对于监察对象、监察权限以及监察程序等各方面的规定，监督与招标投标活动有关的对象，不能履行应当由其他监督部门行使的职责，如招标投标规范性文件的颁布以及处理各项投诉和举报等。

3. 赋予财政部门对实行招标投标的政府采购工程建设项目的监督权利

《招标投标法实施条例》第四条第三款规定，财政部门依法对实行招标投标的政府采购工程建设项目的政府采购政策执行情况实施监督。《政府采购法》第九条规定，政府采购应当有助于实现国家的经济和社会发展目标，包括环境保护，扶持不发达地区和少数民族地区，促进中小企业发展等。各级财政部门也应当发挥自身职能，对该类政策的落实情况加以监督。

4. 赋予招标投标交易场所的服务定位

根据《招标投标法实施条例》第五条第一款和《国务院办公厅转发建设部国家计委监察部关于健全和规范有形建筑市场的若干意见》（国办发〔2002〕21号）的规定，招标投标交易场所为招标投标活动提供以下服务：场所服务、信息服务、为监督管理提供便利。招标投标交易场所不得与行政监督部门存在隶属关系，不得以营利为目的，不得代为行使监督职能。

4.4.3 建设工程招标投标的管理与监督的对策

1. 与建设工程有关的法律按照效力层级划分

法律、行政法规、部颁规章和地方法规，以及政策性文件等。

（1）法律

《建筑法》1998年3月1日起施行。

《招标投标法》2000年1月1日起施行。

《政府采购法》2003 年 1 月 1 日起施行。

（2）行政法规

为了进一步完善建设工程类法律规范，落实相关法律规定，国务院发布的法律规定主要有《注册建筑师条例》《建设工程质量管理条例》《建设工程勘察设计管理条例》《建设工程安全生产管理条例》等。

（3）部门规章

建设部（2008 年后改为住房和城乡建设部）主要发布的有：《房屋建筑工程和市政基础设施工程竣工验收备案管理暂行办法》《房屋建筑工程质量保修办法》《建筑工程施工许可管理办法》《建筑工程施工发包与承包计价管理办法》《建设工程勘察质量管理办法》《房屋建筑和市政基础设施工程施工分包管理办法》《建设工程价款结算暂行办法》《建设工程质量检测管理办法》《勘察设计注册工程师管理规定》《建筑智能化工程设计与施工资质标准》等。

2. 现行有效对建设工程招标投标管理的规定

（1）住房和城乡建设部负责全国工程建设施工招标投标的管理工作，其主要职责是：

1）贯彻执行国家有关工程建设招标投标的法律、法规和方针、政策，制定施工招标投标的规定和办法。

2）指导、检查各地区、各部门招标投标工作。

3）总结、交流招标投标工作的经验，提供服务。

4）维护国家利益，监督重大工程的招标投标活动。

5）审批跨省的施工招标投标代理机构。

（2）省、自治区、直辖市人民政府建设行政主管部门，负责管理本行政区域内的施工招标投标工作，其主要职责是：

1）贯彻执行国家有关工程建设招标投标的法规和方针、政策，制定施工招标投标实施办法。

2）监督、检查有关施工招标投标活动，总结、交流工作经验。

3）审批咨询、监理等单位代理施工招标投标业务的资格。

4）调解施工招标投标纠纷。

5）否决违反招标投标规定的定标结果。

（3）省、自治区、直辖市建设行政主管部门可以根据需要，报请同级人民政府批准，确定各级施工招标投标办事机构的设置及其经费来源。

根据同级人民政府建设行政主管部门的授权，各级施工招标投标办事机构具体负责本行政区域内施工招标投标的管理工作。主要职责是：

1）审查招标单位的资质。

2）审查招标申请书和招标文件。

3）审定标底。

4）监督开标、评标、定标和议标。

5）调解招标投标活动中的纠纷。

6）否决违反招标投标规定的定标结果。

7）处罚违反招标投标规定的行为。

8）监督承发包合同的签订、履行。

3. 各省市在实践中做实招标投标领域监督的对策

（1）江苏省以省政府令的形式下发《江苏省国有资金投资工程建设项目招标投标管理办法》，进一步完善管理与采购分离、采购与监管分离的规则和机制，推动在线监管与线下监管相结合，阻止行政权力对公共资源交易进行干涉。江苏省住房和城乡建设厅建筑市场监管处运用"信息＋制度"的模式，对招标投标进行全流程监管，有力遏制了腐败高发态势。在江苏省纪委监委的监督推动下，全省工程建设招标投标行政监督平台的电子监察系统进一步扩大监察范围。

（2）湖北省襄阳市已成立市公共资源交易管理委员会，出台成员单位工作联动办法，明确综合监管、行业主管等职责。市公共资源交易中心从公共资源交易监督管理局二级单位身份升格成市政府直属单位，监督管理局设立监督科、管理科、法规科负责综合监督。

（3）湖北省襄阳市公共资源交易监督管理局建立评标专家"黑名单"制，将不合格人员剔除出专家库。出台招标投标工作人员"五条禁令"，实行"打招呼"备案制，严禁受人之托打听特定项目信息、严禁向无关人员提供交易信息、严禁干预特定审批事项办理等。

4. 利用大数据等新方式健全招标投标监管体系

大数据平台为建设工程项目的招标投标工作提供了全方位的数据支持，可以利用数据和技术分析招标投标制度的落实情况和监管部门监管效果。对于政府以及管理部门来说，可以通过上述分析结果因时因势调整政策。与此同时，利用人工智能技术，建立监测平台，实现对建设工程招标投标的智能化监管。将相关案例加入人工智能平台中，利用其处理复杂数据资料。实现人工智能监测平台与大数据平台的精准对接，提高对大数据分析的智能化水平，并预测可能会存在的一些问题，防患于未然。

4.5 建设工程开标、评标、中标的法律责任

4.5.1 建设工程开标的法律责任

1. 招标人的法律责任

（1）招标人的行政法律后果

1）依法必须招标而不招标的责任。必须进行招标的项目而不招标的，将必须进行招标的项目化整为零或者以其他任何方式规避招标的，责令限期改正，可以处项目合同金额 5‰以上、10‰以下的罚款；对全部或者部分使用国有资金的项目，可以暂停项目执行或者暂停资金拨付；对单位直接负责的主管人员和其他直接责任人员依法给予处分。

【案例 4-1】

2021 年 6 月，江西省住房和城乡建设厅在全省经济发展环境审计中发现，2020 年 8 月 15 日，赣州市 A 设计院有限公司将本应该公开招标投标的章江新区某酒店市政园林工程项目肢解为园林硬景工程和园林绿化工程直接发包。2021 年 6 月 6 日，赣州市城市住房服务中心对该案进行立案并移送赣州市城市管理局调查。经查，认定赣州市 A 设计院有限公司将项目肢解后直接发包，视为规避招标。依据《招标投标法》第四十九条，2021 年 9 月 25 日，赣州市城市管理局依法对赣州市 A 设计院有限公司处人民币 3.76 万元罚款。

2）违反公平竞争的责任。招标人以不合理的条件限制或者排斥潜在投标人的，对潜在投标人实行歧视待遇的，强制要求投标人组成联合体共同投标的，或者限制投标人之间竞争的，责令改正，可以处 1 万元以上、5 万元以下的罚款。

3）依法必须进行招标项目的招标人向他人透露已获取招标文件的潜在投标人的名称、数量或者可能影响公平竞争的有关招标投标的其他情况的，或者泄露标底的，给予警告，可以并处 1 万元以上、10 万元以下的罚款；对单位直接负责的主管人员和其他直接责任人员依法给予处分；构成犯罪的，依法追究刑事责任。所列行为影响中标结果的，中标无效。

4）依法必须进行招标的项目，招标人违反《招标投标法》规定，与投标人就投标价格、投标方案等实质性内容进行谈判的，给予警告，对单位直接负责的主管人员和其他直接责任人员依法给予处分。所列行为影响中标结果的，中标无效。

5）违法发布公告的责任。招标人有下列限制或者排斥潜在投标人行为之一的，由有关行政监督部门依照《招标投标法实施条例》第六十三条的规定处罚：依法应当公开招标的项目不按照规定在指定媒介发布资格预审公告或者招标公告；在不同媒介发布的同一招标项目的资格预审公告或者招标公告的内容不一致，影响潜在投标人申请资格预审或者投标。依法必须进行招标的项目的招标人不按照规定发布资格预审公告或者招标公告，构成规避招标的，依照《招标投标法》第四十九条规定处罚。

6）招标代理机构违反《招标投标法》第五十条规定，泄露应当保密的与招标投标活动有关的情况和资料的，或者与招标人、投标人串通损害国家利益、社会公共利益或者他人合法权益的，处五万元以上二十五万元以下的罚款；对单位直接负责的主管人员和其他直接责任人员处单位罚款数额百分之五以上百分之十以下的罚款；有违法所得的，并处没收违法所得；情节严重的，禁止其一年至二年内代理依法必须进行招标的项目并予以公告，直至由工商行政管理机关吊销营业执照；构成犯罪的，依法追究刑事责任。给他人造成损失的，依法承担赔偿责任。

（2）招标人的民事法律后果

根据《招标投标法》第三十五条的规定："开标由招标人主持，邀请所有投标人参加。"招标人有义务通知所有投标人参加开标会，如果招标人没有通知投标人开标，该行为明显违反公平竞争原则，属于违法行为。

（3）招标人的刑事法律后果

投标人与招标人串通投标，损害国家、集体、公民的合法利益的，情节严重的，处三年以下有期徒刑或者拘役，并处或者单处罚金。

2. 投标人的法律责任

（1）投标人的行政法律后果

投标者串通投标，抬高标价或者压低标价；投标者和招标者相互勾结，以排挤竞争对手的公平竞争的，其中标无效。监督检查部门可以根据情节处以一万元以上二十万元以下的罚款。

（2）投标人的刑事法律后果

投标人相互串通投标报价，损害招标人或者其他投标人利益，情节严重的，处三年以下有期徒刑或者拘役，并处或者单处罚金。

投标人与招标人串通投标，损害国家、集体、公民的合法利益的，依照前款的规定处罚。本罪属于情节犯，只有情节严重的串通投标行为，对招标人或其他投标人的利益造成损害才构成本罪。所谓情节严重是指采用卑劣手段串通投标的；多次实施串通投标行为的；给招标人或者其他投标人造成严重经济损失的；造成恶劣的影响甚至国际影响的等。

4.5.2 建设工程评标的法律责任

1. 评标委员会的法律责任

（1）评标委员会的行政后果

1）评标委员会成员收受投标人的财物或者其他好处的，评标委员会成员或者参加评标的有关工作人员向他人透露对投标文件的评审和比较、中标候选人的推荐以及与评标有关的其他情况的，给予警告，没收所收受的财物，可以并处三千元以上五万元以下的罚款，对有所列违法行为的评标委员会成员取消担任评标委员会成员的资格，不得再参加任何依法必须进行招标的项目的评标；构成犯罪的，依法追究刑事责任。

2）评标委员会成员有下列行为之一的，由有关行政监督部门责令改正；情节严重的，禁止其在一定期限内参加依法必须进行招标的项目的评标；情节特别严重的，取消其担任评标委员会成员的资格：①应当回避而不回避；②擅离职守；③不按照招标文件规定的评标标准和方法评标；④私下接触投标人；⑤向招标人征询确定中标人的意向或者接受任何单位或者个人明示或者暗示提出的倾向或者排斥特定投标人的要求；⑥对依法应当否决的投标不提出否决意见；⑦暗示或者诱导投标人作出澄清、说明或者接受投标人主动提出的澄清、说明；⑧其他不客观、不公正履行职务的行为。

（2）评标委员会的刑事后果

依法组建的评标委员会在招标、评标活动中，索取他人财物或者非法收受他人财物，为他人谋取利益，数额较大的，依照《刑法》第一百六十三条的规定，[非国家人员受贿罪]公司、企业或者其他单位的工作人员，利用职务之便，索取他人财务或者非法收受他人财物，为他人谋取利益，数额较大的，处三年以下有期徒刑或者拘役，并处罚金；数额巨大或者有其他严重情节的，处三年以上十年以下有期徒刑，并处罚金；数额特别巨大或者有其他特别严重情节的，处十年以上有期徒刑或者无期徒刑，并处罚金。

【案例 4-2】

2009 年 4 月，安徽合肥市纪委查处了政府采购项目中担任招标评委专家涉嫌收受 ×× 电梯公司负责人夏 ×× 贿赂的案件。谭 ××、孙 ×× 等 7 名专家因涉嫌受贿走上了被告席。2013 年 11 月，四川省南充蓬安县检察院办理的曾 ××、蒲 ××、代 ×× 等三起遂宁籍评标专家受贿案获法院判决，三人日前均被法院判处有期徒刑两年零六个月，没收全部违法所得。2014 年 3 月，广安市中级人民法院队四川省评标专家库专家刘 × 萍、何 × 勤、刘 × 军在评标中收受贿赂案作出二审终审判决：刘 × 萍犯非国家工作人员受贿罪，判处有期徒刑三年，缓刑五年；何 × 勤犯非国家工作人员受贿罪，判处有期徒刑二年零六个月，缓刑四年；刘 × 军犯非国家工作人员受贿罪，判处有期徒刑二年，缓刑二年。

2. 招标人的法律责任

（1）招标人的行政后果

依法必须进行招标项目的招标人不按照规定组建评标委员会，或者确定、更换评标委员会成员违反招标投标法和本条例规定的，由有关行政监督部门责令改正，可以处 10 万元以下的罚款，对单位直接负责的主管人员和其他直接责任人员依法给予处分；违法确定或者更换的评标委员会成员作出的评审结论无效，依法重新进行评审。

（2）招标人的刑事后果

有下列行为的，构成侵犯商业秘密罪，情节严重的，处三年以下有期徒刑，并处或者单处罚金；情节特别严重的，处三年以上十年以下有期徒刑，并处罚金：①以盗窃、贿赂、欺诈、胁迫、电子侵入或者其他不正当手段获取权利人的商业秘密的；②披露、使用或者允许他人使用以前项手段获取的权利人的商业秘密的；③违反保密义务或者违反权利人有关保守商业秘密的要求，披露、使用或者允许他人使用其所掌握的商业秘密的。

4.5.3 建设工程中标的法律责任

1. 招标人的法律责任

（1）招标人的行政责任

1）招标人最迟应当在书面合同签订后五日内，向中标人和未中标的投标人一次性退还投标保证金及银行同期存款利息。当中标通知书发出后，招标人不得更改中标结果，不得无正当理由不与中标人订立合同，如果违反由有关行政监督部门责令改正，可以处中标项目金额 10‰ 以下的罚款；给他人造成损失的，依法承担赔偿责任；

对单位直接负责的主管人员和其他直接责任人员依法给予处分。

2）招标人在评标委员会依法推荐的中标候选人以外确定中标人的，依法必须进行招标的项目在所有投标被评标委员会否决后自行确定中标人的，中标无效。责令改正，可以处中标项目金额5‰以上10‰以下的罚款；对单位直接负责的主管人员和其他直接责任人员依法给予处分。

3）招标人和中标人不按照招标文件和中标人的投标文件订立合同，合同的主要条款与招标文件、中标人的投标文件的内容不一致，或者招标人、中标人订立背离合同实质性内容的协议的，由有关行政监督部门责令改正，可以处中标项目金额5‰以上10‰以下的罚款。

4）依法必须进行招标的项目的招标人有下列情形之一的，由有关行政监督部门责令改正，可以处中标项目金额10‰以下的罚款；给他人造成损失的，依法承担赔偿责任；对单位直接负责的主管人员和其他直接责任人员依法给予处分：①无正当理由不发出中标通知书；②不按照规定确定中标人；③中标通知书发出后无正当理由改变中标结果；④无正当理由不与中标人订立合同；⑤在订立合同时向中标人提出附加条件。

5）投标人相互串通投标或者与招标人串通投标的，投标人向招标人或者评标委员会成员行贿谋取中标的，中标无效；构成犯罪的，依法追究刑事责任；尚不构成犯罪的，依照《招标投标法》第五十三条的规定处罚。投标人未中标的，对单位的罚款金额按照招标项目合同金额依照招标投标法规定的比例计算。

（2）招标人的民事责任

1）招标人和中标人另行签订的建设工程施工合同约定的工程范围、建设工期、工程质量、工程价款等实质性内容，与中标合同不一致，一方当事人请求按照中标合同确定权利义务的，人民法院应予支持。招标人和中标人在中标合同之外就明显高于市场价格购买承建房产、无偿建设住房配套设施、让利、向建设单位捐赠财物等另行签订合同，变相降低工程价款，一方当事人以该合同背离中标合同实质性内容为由请求确认无效的，人民法院应予支持。

2）招标人未按照约定和法律规定在中标通知书发出后的30日内与中标人签订施工合同，属于违约行为，应承担违约责任。

3）招标人实施违法行为导致中标无效，招标人应承担中标无效的法律后果，停止违法行为并补救或恢复原状、赔偿损失。

2.中标人的法律责任

（1）中标人无正当理由不与招标人订立合同，在签订合同时向招标人提出附加条件，或者不按照招标文件要求提交履约保证金的，取消其中标资格，投标保证金不予退还。给招标人造成的损失超过履约保证金数额的，还应当对超过部分予以赔偿；没有提交履约保证金的，应当对招标人的损失承担赔偿责任。对依法必须进行招标的项目的中标人，由有关行政监督部门责令改正，可以处中标项目金额10‰以下的罚款。中标人不按照与招标人订立的合同履行义务，情节严重的，取消其二年至五年内参加依法必须进行招标的项目的投标资格并予以公告，直至由工商行政管理机关吊销营业执照。

（2）投标人以他人名义投标或者以其他方式弄虚作假，骗取中标的，中标无效，给招标人造成损失的，依法承担赔偿责任；构成犯罪的，依法追究刑事责任。依法必须进行招标的项目的投标人有前款所列行为尚未构成犯罪的，处中标项目金额 5‰ 以上 10‰ 以下的罚款，对单位直接负责的主管人员和其他直接责任人员处单位罚款数额 5% 以上 10% 以下的罚款；有违法所得的，并处没收违法所得；情节严重的，取消其一年至三年内参加依法必须进行招标的项目的投标资格并予以公告，直至由工商行政管理机关吊销营业执照。

（3）中标人将中标项目转让给他人的，将中标项目肢解后分别转让给他人的，违反《招标投标法》规定的将中标项目的部分主体、关键性工作分包给他人的，或者分包人再次分包的，转让、分包无效，处转让、分包项目金额 5‰ 以上 10‰ 以下的罚款；有违法所得的，并处没收违法所得；可以责令停业整顿；情节严重的，由工商行政管理机关吊销营业执照。

思考题

1. 简述电子开标的程序。
2. 评标委员会是如何组成的？评标报告包括哪些内容？
3. 确定中标人有哪些程序和要求？
4. 中标人无正当理由不与招标人订立合同将承担哪些法律责任？
5. 评标方法有哪几种？

第2篇

建筑工程合同管理理论与实践

第5章 政府采购项目

学习目标：熟悉政府采购的规范体系；掌握政府采购的方式；掌握政府采购方式的适用条件；掌握政府采购的基本程序；了解政府采购的发展趋势。

知识图谱：

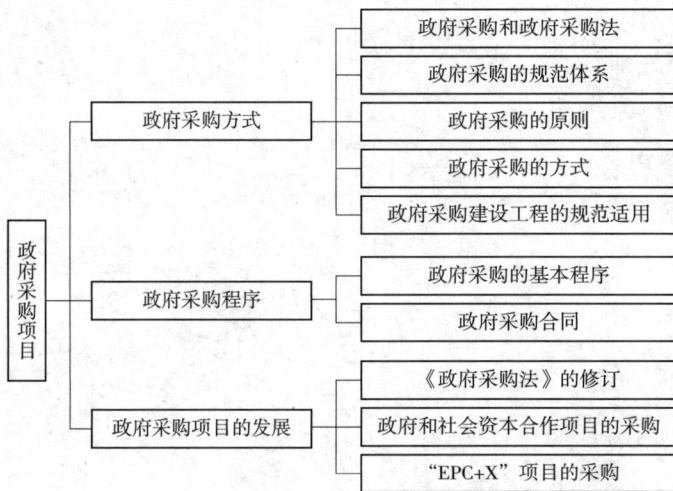

5.1 政府采购方式

5.1.1 政府采购和政府采购法

政府采购，是指各级国家机关、事业单位和团体组织，使用财政性资金采购依法制定的集中采购目录以内的或者采购限额标准以上的货物、工程和服务的行为。政府采购的本质，是市场竞争机制和政府财政预算支出管理的结合，主要目的是利用市场竞争机制，对政府财政预算支出进行标准化、规范化的管理。

政府采购法，作为规范政府采购活动、程序的法律，由中华人民共和国第九届全国人民代表大会常务委员会第二十八次会议于 2002 年 6 月 29 日通过，自 2003 年 1 月 1 日起施行。并在 2014 年 8 月 31 日由第十二届全国人民代表大会常务委员会第十次会议通过，对政府采购法进行修正。政府采购法分为 9 章 88 条，主要内容包括政府采购当事人、政府采购方式、政府采购程序、政府采购合同、质疑与投诉以及监督检查等内容。政府采购法的颁布实施，为规范政府采购活动、程序奠定了法律基础。

【案例 5-1】

【案例要点】未使用财政性资金的采购项目不适用《政府采购法》

法院认为，某小区电梯采购项目的招标人为第三人某公司，该公司为国有企业。该招标项目由某公司申请并经相关部门报批同意后按照政府采购方式进行公开招标。因涉案招标资金出自国有企业，属于企业资金，并非为财政性资金。为此，根据《政府采购法》第二条第二款规定："本法所称政府采购，是指各级国家机关、事业单位和团体组织，使用财政性资金采购依法制定的集中采购目录以内的或者采购限额标准以上的货物、工程和服务的行为。"故涉案采购项目并非为政府采购项目。即使某公管办根据招标人的要求将涉案电梯采购项目参照政府采购的方式进行，并由某公管办依据招标人的请求派员联络上海市财政局政府采购管理处以帮助抽取涉案电梯采购的评标专家，亦不能由此改变涉案招标活动的非政府采购性质。涉案项目为非政府采购项目。

5-1
案例背景

5.1.2 政府采购的规范体系

政府采购的规范体系，是指由一系列法律、行政法规、部门规章及其他规范性文件组成，用于规范政府采购活动、程序的规范合集。

（1）《政府采购法》属于法律；《政府采购法实施条例》属于行政法规。《政府采购法实施条例》是对《政府采购法》规定的条文内容的细化和补充，两者在章节设置上保持一致，共同构成关于政府采购事务的基础性法律法规，是政府采购规范体系的基础。

（2）为适用政府采购中各采购方式所制定的部门规章和部门规范性文件。政府采购可以采用的方式包括公开招标、邀请招标、竞争性谈判、单一来源采购、询价和国务院政府采购监督管理部门认定的其他采购方式。为准确适用各种类型的政府采购方式，作为政府采购监督管理部门的财政部，先后制定了《政府采购货物和服务招标投标管理办法》《政府采购非招标采购方式管理办法》《政府购买服务管理办法》和《政府采购竞争性磋商采购方式管理暂行办法》等。其中：

1)《政府采购货物和服务招标投标管理办法》属于部门规章，是针对政府采购货物和服务的招标投标活动所作的具体规定，分为 7 章 88 条，主要包括总则，招标，投标，开标、评标，中标和合同、法律责任和附则等内容，是选择公开招标或邀请招标进行货物和服务政府采购应予以遵照执行的细化规定。

2)《政府采购非招标采购方式管理办法》属于部门规章，是针对采用非招标方式实施的政府采购活动的监督管理所作的具体规定，分为 7 章 62 条，主要包括总则、一般规定、竞争性谈判、单一来源采购、询价、法律责任和附则等内容。它是对非招标采购的几种方式进行货物、工程和服务采购应予遵照执行的细化规定。

3)《政府购买服务管理办法》属于部门规章，是针对政府购买服务的政府采购活动的监督管理所作的具体规定，分为 7 章 35 条，主要包括总则、购买主体和承接主体、购买内容和目录、购买活动的实施、合同及履行、监督管理和法律责任等内容，是政府部门决定采用政府采购方式和程序购买服务的活动应予遵照执行的细化规定。

4)《政府采购竞争性磋商采购方式管理暂行办法》属于部门性规范文件，是针对采用竞争性磋商方式实施的政府采购活动的监督管理所作的具体规定，分为 3 章 38 条，主要包括总则、磋商程序、附则等内容，是政府部门决定采用竞争性磋商进行货物、工程和服务采购应予遵照执行的细化规定。

（3）针对政府采购中的采购行为的监督管理所制定的部门规章，主要是为了提高政府采购工作的透明度，保护参加政府采购活动当事人的合法权益。包括《政府采购信息发布管理办法》和《政府采购质疑和投诉办法》等。其中：

1)《政府采购信息发布管理办法》属于部门规章，是针对政府采购信息发布的监督管理所作的具体规定，管理办法共 21 条，主要包括政府采购信息的范围、发布要求、监督管理等内容，是政府部门在采购程序中发布信息应予遵照执行的细化规定。

2)《政府采购质疑和投诉办法》属于部门规章，是针对政府采购过程中提出和答复质疑、提起和处理投诉等事项所作的具体规定，分为 6 章 45 条，主要包括总则、质疑提出与答复、投诉提起、投诉处理、法律责任和附则等内容，是政府采购程序中提出和处理质疑、投诉等事项应予遵照执行的细化规定。

（4）各级政府、各级政府采购监督管理部门针对政府采购所制定的规范性文件。此类文件在适用时应注意结合制定主体，分析和确定不同的适用情形、适用范围，如国务院办公厅针对中央预算单位制定的集中采购目录及限额标准，适用于中央预算单位的政府采购活动，而各级地方政府制定的集中采购目录及限额标准，则适用于各级地方政府的政府采购活动。同时，各级政府、各级政府采购监督管理部门针对政府采购制定的规范性文件，也基于制定主体的差异和适用范围的差异，有其各自应予遵照执行的情形。

5.1.3 政府采购的原则

《政府采购法》第三条规定，政府采购应当遵循公开透明原则、公平竞争原则、公正原则和诚实信用原则。

1. 公开透明

政府采购应当遵循公开透明原则，即有关采购的法律、政策、程序和采购活动对社会公开，所有相关信息都必须公之于众。具体体现为公开的内容、公开的标准、公开的途径和公平性原则。

2. 公平竞争

政府采购应遵循公平竞争原则，公平竞争要求在竞争的前提下公平地开展政府采购活动。首先，要将竞争机制引入采购活动中，实行优胜劣汰，让采购人通过优中选优的方式获得价廉物美的货物、工程或者服务，提高财政性资金的使用效益。其次，竞争必须公平，不能设置妨碍充分竞争的不正当条件。

即政府采购的竞争是有序竞争，要公平地对待每一个供应商，不能有歧视某些潜在的符合条件的供应商参与政府采购活动的现象，且采购信息要在政府采购监督管理部门指定的媒体上公平地披露。包括给所有供应商同等的信息量和同等的资格要求，不设倾向性的评比条件。采购文件中所列合同条件的权利和义务要对等，体现当事人的平等地位。供应商也不得串通打压其他供应商，更不能串通起来抬高报价，损害采购人的利益。

3. 公正

政府采购应遵循公正原则，这是为采购人与供应商之间在政府采购活动中处于平等地位而确立的。要求政府采购按照事先约定的条件和程序进行，对所有供应商一视同仁，不得有歧视条件和行为，任何单位或个人无权干预采购活动的正常开展。尤其是在评标活动中，要严格按照统一的评标标准评定中标或成交供应商，不得存在任何主观倾向。

4. 诚实信用

政府采购应遵循诚实信用原则，它要求参与政府采购的当事人本着诚实、守信的态度履行各自的权利和义务，讲究信誉，兑现承诺，不得散布虚假信息，不得有欺诈、串通、隐瞒等行为，不得伪造、变造、隐匿、销毁需要依法保存的文件，不得规避法律法规，不得损害第三人的利益。

5.1.4 政府采购的方式

根据《政府采购法》的规定，政府采购方式包括公开招标、邀请招标、竞争性谈判、单一来源采购、询价和国务院政府采购监督管理部门认定的其他采购方式。

1. 公开招标

公开招标是政府采购的主要采购方式，是指采购人按照法定程序，通过发布招标公告，邀请不特定的供应商参加投标的采购方式。采购人通常通过报刊、信息网络等法律规范确定的媒介发布招标公告，符合条件的供应商都可以报名参加投标。

政府采购的类型包括货物、工程和服务，不同类型的采购招标方式的范围、条件等存在差异。

对于政府采购货物和服务，《政府采购法》第二十七、二十八条规定，货物和服务采购的公开招标数额标准，按照预算管理权限的划分，由不同层级的政府部门确定。对于中央预算的政府采购项目，由国务院规定数额标准；对于地方预算的政府采购项目，由省、自治区、直辖市人民政府规定数额标准。具体表现形式为国务院或省、自治区、直辖市人民政府制定的政府集中采购目录和标准。采购人不得将应当以公开招标方式采购的货物或者服务化整为零或者以其他任何方式规避公开招标采购，对于因特殊情况需要采用公开招标以外的采购方式的，应当在采购活动开始前获得设区的市、自治州以上人民政府采购监督管理部门的批准。

对于政府采购工程，《政府采购法实施条例》第七条规定，政府采购工程以及与工程建设有关的货物、服务，采用招标方式采购的，适用《招标投标法》及其实施条例。即对于政府采购工程，若采用招标方式采购的，应当适用《招标投标法》的相关规定。对于必须招标工程的范围和标准，国家发展改革委发布的《必须招标的工程项目规定》和《必须招标的基础设施和公用事业项目范围规定》基于《招标投标法》作了细化规定。因此，针对具体政府采购工程项目，需结合《招标投标法》及相关规范规定，确定必须招标工程的范围和标准。同时，需注意的是，若国务院或省、自治区、直辖市人民政府制定的与政府采购工程相关的范围和标准，严格于《必须招标的工程项目规定》和《必须招标的基础设施和公用事业项目范围规定》的规定的，则应当按照国务院或省、自治区、直辖市人民政府制定的与政府采购工程相关的范围和标准确定必须招标的工程。

2. 邀请招标

邀请招标，是指采购人依法从符合相应资格条件的供应商中随机抽取 3 家以上供应商，并以投标邀请书的方式邀请其参加投标的采购方式。即邀请招标又称有限竞争招标，被邀请的供应商同意报名参加招标的，应按邀请招标文件的要求进行投标。

对于政府采购货物和服务，按照《政府采购法》的规定，符合下列情形之一的货物或者服务，可以依法采用邀请招标方式采购：①具有特殊性，只能从有限范围的供应商处采购的；②采用公开招标方式的费用占政府采购项目总价值的比例过大的。

对于政府采购工程，按照《招标投标法》的规定，符合下列情形之一工程，可以依法采用邀请招标方式采购：①具有特殊性，只能从有限范围的供应商处采购的；②采用公开招标方式的费用占项目合同金额的比例过大。

3. 竞争性谈判

竞争性谈判，是指采购人通过与多家供应商进行谈判，最后从中确定中标供应商的一种采购方式。通常参与竞争性谈判的供应商不少于 3 家。作为一种非招标的政府采购方式，采购人决定采用竞争性谈判采购方式的，必须满足法律规范设定的必要条件。

《政府采购法》第三十条规定，符合下列情形之一的货物或者服务，可以依照《政府采购法》采用竞争性谈判方式采购：①招标后没有供应商投标或者没有合格标的或者重新招标未能成立的；②技术复杂或者性质特殊，不能确定详细规格或者具体要求的；③采用招标所需时间不能满足用户紧急需要的；④不能事先计算出价格总额的。

而《政府采购非招标采购方式管理办法》第二十七条规定，符合下列情形之一的采购项目，可以采用竞争性谈判方式采购：①招标后没有供应商投标或者没有合格标的，或者重新招标未能成立的；②技术复杂或者性质特殊，不能确定详细规格或者具体要求的；③非采购人所能预见的原因或者非采购人拖延造成采用招标所需时间不能满足用户紧急需要的；④因艺术品采购、专利、专有技术或者服务的时间、数量事先不能确定等原因不能事先计算出价格总额的。此条规定的情形既适用于政府采购货物和服务，也适用政府采购工程。而且对公开招标的货物、服务采购项目，招标过程中提交投标文件或者经评审实质性响应招标文件要求的供应商只有两家时，经本级财政部门批准后可以与该两家供应商进行竞争性谈判采购。

比较《政府采购非招标采购方式管理办法》和《政府采购法》的规定可知，《政府采购非招标采购方式管理办法》对《政府采购法》第二十六条规定的第③、④种情形作了细化和限制，也对公开招标的货物、服务采购项目转变为竞争性谈判的情形作了规定。因此，在确定政府采购项目是否满足竞争性谈判的情形时，应当结合《政府采购非招标采购方式管理办法》和《政府采购法》的规定进行判断。

4. 单一来源采购

单一来源采购，又称直接采购，是指达到了限额标准和公开招标数额标准，但采购对象的来源渠道单一，或属专利、首次创造、合同追加、原有采购项目的后续扩充和发生了不可预见紧急情况不能从其他供应商处采购等情形，从某一特定供应商处采购货物、工程和服务的采购方式。

《政府采购法》第三十一条规定，符合下列情形之一的货物或者服务，可以依法采用单一来源方式采购：①只能从唯一供应商处采购的；②发生了不可预见的紧急情况不能从其他供应商处采购的；③必须保证原有采购项目一致性或者服务配套的要求，需要继续从原供应商处添购，且添购资金总额不超过原合同采购金额百分之十的。本条规定仅适用于政府采购货物、服务的情形。

对于政府采购工程，《政府采购法实施条例》第二十五条规定，政府采购工程依法不进行招标的，应当依照《政府采购法》和《政府采购法实施条例》规定的竞争性谈判或者单一来源采购方式采购。即依法不进行招标的政府采购工程，可以采用单一来源方式进行采购。

5. 询价

询价，是指询价小组向符合资格条件的供应商发出采购货物询价通知书，要求供应商一次报出不得更改的价格，采购人从询价小组提出的成交候选人中确定成交供应商的采购方式。

《政府采购法》第三十二条规定，询价采购方式，适用于货物规格、标准统一、现货货源充足且价格变化幅度小的政府采购项目。询价仅适用于政府采购货物的情形，不适用于政府采购工程或服务的情形。

6. 国务院政府采购监督管理部门认定的其他采购方式

《政府采购法》规定的国务院政府采购监督管理部门是财政部，即政府采购规范体系下的其他采购方式，是由财政部认定的采购方式。

政府采购规范体系下，财政部首个认定的其他采购方式是竞争性磋商。这种方式是由财政部通过制定的《政府采购竞争性磋商采购方式管理暂行办法》设立的，是指采购人通过组建竞争性磋商小组与符合条件的供应商就采购货物、工程和服务事宜进行磋商，供应商按照磋商文件的要求提交响应文件和报价，采购人从磋商小组评审后所提出的候选供应商名单中确定成交供应商的采购方式。竞争性磋商采购方式既适用于政府采购货物和服务，也适用于政府采购工程。

《政府采购竞争性磋商采购方式管理暂行办法》第三条规定，符合下列情形的项目，可以采用竞争性磋商方式开展采购：①政府购买服务项目；②技术复杂或者性质特殊，不能确定详细规格或者具体要求的；③因艺术品采购、专利、专有技术或者服务的时间、数量事先不能确定等原因不能事先计算出价格总额的；④市场竞争不充分的科研项目，以及需要扶持的科技成果转化项目；⑤按照招标投标法及其实施条例必须进行招标的工程建设项目以外的工程建设项目。

5.1.5　政府采购建设工程的规范适用

政府采购的适用类型包括采购货物、工程和服务，其中政府采购工程在规范适用上存在特殊性。原因在于针对建设工程的招标事项，涉及《招标投标法》及相关规范的适用问题。

《招标投标法》规范的是招标投标活动，基于此，《政府采购法》第四条规定，政府采购工程进行招标投标的，适用招标投标法的规定。即对于建设工程，采用非招标方式进行政府采购的，如竞争性谈判、竞争性磋商、单一来源采购等方式，无须适用《招标投标法》的规定。

政府采购规范体系下的工程，按照《政府采购法》第二条规定，是指建设工程，包括建筑物和构筑物的新建、改建、扩建、装修、拆除、修缮等。但《招标投标法》第三条规定，必须招标的项目范围包括工程建设项目的勘察、设计、施工、监理以及与工程建设有关的重要设备、材料等的采购，并不仅限于建设工程的施工。为协调《政府采购法》和《招标投标法》关于建设工程项目范围的规定，《政府采购法实施条例》对《政府采购法》第七条规定的范围作了扩展，其规定政府采购工程以及与工程建设有关的货物、服务，采用招标方式采购的，应当适用《招标投标法》的规定。即通过《政府采购法实施条例》的规定，实现了采用招标方式进行政府采购的项目范围和《招标投标法》规定的必须招标的项目范围保持一致的目标。

在保证《政府采购法》和《招标投标法》关于规范项目范围一致的基础上，还需注意《招标投标法》第三条对于必须招标项目的规模标准有限制，具体由国务院发展计划部门会同国务院有关部门制订，报国务院批准后公布施行。按照《必须招标的工程项目规定》第五条的规定，必须招标项目的采购应达到下列标准之一：①施工单项合同估算价在 400 万元人民币以上；②重要设备、材料等货物的采购，单项合同估算价在 200 万元人民币以上；③勘察、设计、监理等服务的采购，单项合同估算价在 100 万元人民币以上。即对于政府采购项目未达到前述列举标准的，可以不采用招标方式进行采购。

因此，对于政府采购工程以及与工程建设有关的货物、服务，应当确认项目的规模标准是否满足《必须招标的工程项目规定》的规定，若达到必须招标项目的采购标准的，应当采用招标方式进行采购，适用《招标投标法》的规定。若未达到必须招标项目的采购标准的，还应当确定是否达到政府采购监督管理部门规定的招标数额标准：①若已达到政府采购监督管理部门规定的招标数额标准，也应采用招标方式进行采购，适用《招标投标法》的规定；②若未达到政府采购监督管理部门规定的招标数额标准，可以根据项目实际情况确定采购方式，若采购人仍决定采用招标方式进行采购的，也应适用《招标投标法》的规定；若采购人决定采用其他采购方式，应适用《政府采购法》的规定。

5.2 政府采购程序

5.2.1 政府采购的基本程序

政府采购的基本程序，是指政府采购工作必须遵照执行的基本要求，即必须按照政府采购规范的要求，确定政府采购的各阶段要求和内容，才能保证政府采购达到预期效果。

1. 编制政府采购预算

政府采购所使用的资金是财政性资金，包括以财政性资金作为还款来源的借贷资金。

财政性资金，是指纳入预算管理的资金。按照《预算法》第四条的规定，政府的全部收入和支出都应当纳入预算。即对于政府采购涉及的资金，应当纳入预算管理。

对于财政年度所涉及的政府采购项目，应当由编制部门预算职责的部门在编制下一财政年度部门预算时列出，报本级财政部门汇总，并按照预算管理权限和程序进行预算审批。

2. 选择政府采购方式

政府采购的方式，包括公开招标、邀请招标、竞争性谈判、竞争性磋商、单一来源采购和询价等方式。针对政府采购货物、工程和服务的不同，各种不同的采购方式有其特定的适用条件和适用范围。特定情形下，无论是确定政府采购方式，还是变更政府采购方式，均需要向财政部门申请办理必要的批准手续，并向财政部门办理政府采购实施计划备案手续。

因此，在正式启动政府采购程序前，应当基于政府采购规范的要求，确定恰当的政府采购方式。

（1）公开招标程序

决定采用公开招标方式采购的，应当遵循的基本程序如下：

1）按照国务院财政部门制定的招标文件标准文本编制招标文件。

2）在政府采购指定媒介发布公开招标公告。

3）接受潜在供应商报名并参加投标，接收潜在供应商的投标文件，对投标文件进行开标。

4）按照招标文件中规定的评标方法和标准，对符合性审查合格的投标文件进行商务和技术评估，以及综合比较与评价。

5）基于评标结果，编制评标报告，采购人在评标报告确定的中标候选人名单中按规定确定中标人。

6）在政府采购指定媒介公告中标结果，中标结果公告期限届满，发出中标通知书。

（2）邀请招标程序

决定采用邀请招标方式采购的，应当遵循的基本程序如下：

1）按照国务院财政部门制定的招标文件标准文本编制招标文件。

2）按照政府采购规范确定符合相应资格条件的供应商，并通过随机方式选择三家以上的供应商，发出招标邀请书。

3）接受邀请供应商报名和参加投标，接收邀请供应商的投标文件，对投标文件进行开标。

4）按照招标文件中规定的评标方法和标准，对符合性审查合格的投标文件进行商务和技术评估，综合比较与评价.

5）基于评标结果，编制评标报告，采购人在评标报告确定的中标候选人名单中按规定确定中标人。

6）在政府采购指定媒介公告中标结果，中标结果公告期限届满，发出中标通知书。

（3）竞争性谈判程序

决定采用竞争性谈判方式采购的，应当遵循的基本程序如下：

1）成立谈判小组。谈判小组由采购人的代表和有关专家共三人以上的单数组成，其中专家的人数不得少于成员总数的三分之二。

2）制定谈判文件。谈判文件应当明确谈判程序、谈判内容、合同草案的条款以及评定成交的标准等事项。

3）确定邀请参加谈判的供应商名单。谈判小组从符合相应资格条件的供应商名单中确定不少于三家的供应商参加谈判，并向其提供谈判文件。

4）谈判。谈判小组所有成员集中与单一供应商分别进行谈判。在谈判中，谈判的任何一方不得透露与谈判有关的其他供应商的技术资料、价格和其他信息。谈判文件有实质性变动的，谈判小组应当以书面形式通知所有参加谈判的供应商。

5）确定成交供应商。谈判结束后，谈判小组应当要求所有参加谈判的供应商在规定时间内进行最后报价，采购人从谈判小组提出的成交候选人中根据符合采购需求、质量和服务相等且报价最低的原则确定成交供应商，并将结果通知所有参加谈判的未成交的供应商。

（4）竞争性磋商程序

决定采用竞争性磋商方式采购的，应当遵循的基本程序如下：

1）成立磋商小组。磋商小组由采购人的代表和有关专家共三人以上的单数组成，其中专家的人数不得少于成员总数的三分之二。

2）制定磋商文件。磋商文件应当明确磋商程序、磋商内容、合同草案的条款以及评定成交的标准等事项。

3）确定邀请参加磋商的供应商名单。按照政府采购规范从符合相应资格条件的供应商名单中确定不少于三家的供应商参加磋商，并向其提供磋商文件。

4）磋商。磋商小组所有成员集中与单一供应商分别进行磋商。在磋商中，磋商小组可以根据磋商文件和磋商情况实质性变动采购需求中的技术、服务要求以及合同草案条款，但不得变动磋商文件中的其他内容。实质性变动的内容，须经采购人代表确认。磋商的任何一方不得透露与磋商有关的其他供应商的技术资料、价格和其他信息。

5）最后报价。磋商结束后，磋商小组应当按照少数服从多数的原则投票推荐3家以上供应商的设计方案或者解决方案，并要求其在规定时间内提交最后报价。

6）确定成交供应商。经磋商确定最终采购需求和提交最后报价的供应商后，由磋商小组采用综合评分法对提交最后报价的供应商的响应文件和最后报价进行综合评分。磋商小组应当根据综合评分情况，按照评审得分由高到低顺序推荐成交候选供应商，采购人从推荐的成交候选供应商中确定成交供应商，并将结果也同时通知所有参加磋商的未成交供应商。

（5）单一来源采购程序

决定采用单一来源采购方式采购的，应当遵循的基本程序如下：

1）单一来源采购公示。拟采用单一来源采购方式的，采购人应在报财政部门批准之前，在指定媒介上进行公示。

2）公示异议。任何供应商、单位或者个人对采用单一来源采购方式有异议的，应当在公示期满5个工作日内，采购人或采购代理人应当组织补充论证，论证后认为异议成立的，应当依法采取其他采购方式；论证后认为异议不成立的，应当将异议意见、论证意见与公示情况一并报相关财政部门。

3）确定项目采购价格。单一来源采购获得财政部门批准的，采购人或采购代理人应当组织具有相关经验的专业人员与供应商商定合理的成交价格并保证采购项目质量。

（6）询价程序

决定采用询价方式采购的，应当遵循的基本程序如下：

1）成立询价小组。询价小组由采购人代表和评审专家共三人以上的单数组成，其中评审专家人数不得少于成员总数的三分之二。询价小组应当对采购项目的价格构成和评定成交的标准等事项作出规定。

2）确定被询价的供应商名单。询价小组根据采购需求，从符合相应资格条件的供应商名单中确定不少于三家的供应商，并向其发出询价通知书让其报价。

3）询价。询价小组要求被询价的供应商一次报出不得更改的价格。

4）确定成交供应商。采购人根据采购需求、质量和服务均能满足采购文件实质性响应要求且报价最低的原则确定成交供应商，并将结果也同时通知所有被询价的未成交的供应商。

5.2.2 政府采购合同

政府采购合同，是指采购人按照平等、自愿的原则，与成交供应商订立的用于明确当事人之间权利、义务的法律文件。

1. 政府采购合同的内容

政府采购合同应当采用书面形式订立，在确定政府采购合同内容时，财政部门制定的政府采购合同标准文本，可作为参考。

政府采购合同，一般应包括采购人与成交供应商的名称和住所、标的、数量、质量、价款或者报酬、履行期限及地点和方式、验收要求、违约责任、争议解决等内容。

2. 政府采购合同的性质

《政府采购法》第四十三条规定，政府采购合同适用《合同法》。在《合同法》因《民法典》的施行而被废止后，政府采购合同应当适用《民法典》合同编关于合同的相关规定。政府采购合同中约定的当事人的权利和义务是按照平等、自愿的原则确定。可以认定政府采购合同的当事人是平等的民事主体，即《政府采购法》第四十三条规定的，政府采购合同具有典型的民事合同特征。

值得注意的是，特定情形下基于《政府采购法》订立的合同并不是民事合同。典型的有，行政机关为了实现行政管理或者公共服务目标，与公民、法人或者其他组织协商订立的具有行政法上权利义务内容的协议。按照《最高人民法院关于审理行政协议案件若干问题的规定》第二条[①]的规定，属于行政协议的典型协议包括：①政府特许经营协议；②土地、房屋等征收征用补偿协议；③矿业权等国有自然资源使用权出让协议；④政府投资的保障性住房的租赁、买卖等协议；⑤符合规定条件的政府与社会资本合作协议；⑥其他行政协议。实践中对于通过政府采购程序订立的合同，在认定其性质时还应注意此类特殊情形。

3. 政府采购合同的分包

对于政府采购合同确定的成交供应商应当履行的合同内容，《政府采购法》第四十八条规定，经采购人同意，中标、成交供应商可以依法采取分包的方式履行

[①] 《最高人民法院关于审理行政协议案件若干问题的规定》（法释〔2019〕17号）第二条规定：公民、法人或者其他组织就下列行政协议提起行政诉讼的，人民法院应当依法受理：（一）政府特许经营协议；（二）土地、房屋等征收征用补偿协议；（三）矿业权等国有自然资源使用权出让协议；（四）政府投资的保障性住房的租赁、买卖等协议；（五）符合本规定第一条规定的政府与社会资本合作协议；（六）其他行政协议。

合同。对于采取分包的方式履行的政府采购合同，成交供应商应当就采购项目和分包项目向采购人负责，分包供应商就分包项目承担责任。

政府采购项目允许分包的范围，通常是按照政府采购合同的约定执行，若涉及其他规范对分包范围、分包事项有特殊规定的，如建设工程领域明确不得将主体施工、设计任务进行分包。即对于此类特殊规定，确定政府采购项目的分包范围时应当遵照执行。

4. 政府采购合同的履约担保

政府采购项目在确定成交供应商后，采购人可以要求成交供应商提交履约保证金，以担保成交供应商履行政府采购合同的质量和效率。

《政府采购法实施条例》第四十八条规定，采购文件要求成交供应商提交履约保证金的，供应商应当以支票、汇票、本票或者金融机构、担保机构出具的保函等非现金形式提交。履约保证金的数额不得超过政府采购合同金额的 10%。

5. 政府采购合同的备案和公示

采购人与成交供应商签订政府采购合同后，按照《政府采购法》第四十七条的规定，应当将合同副本报同级政府采购监督管理部门和有关部门备案。同时，按照《政府采购法实施条例》第五十条规定，应当将政府采购合同在省级以上人民政府财政部门指定的媒体上公告，但政府采购合同中涉及国家秘密、商业秘密的内容除外。

因此，针对政府采购项目签订的政府采购合同，应当注意按照规范要求履行必要的备案手续和公示手续。

【案例 5-2】

【案例要点】政府采购合同的签订及变更是否依据《政府采购法》进行备案及批准等相关程序，不影响双方的意思表示，亦不影响合同对双方的约束力。

5-2
案例背景

法院认为，关于合同的效力问题。对于变更合同没有经过备案、批准等，是否履行相关程序，不影响双方的意思表示，亦不影响合同对双方的约束力。补充合同由双方自愿签署，应认定双方对采购合同相关内容的变更已协商一致，因某企业提出的规定均非合同效力的强制性规定，上述合同系双方真实意思的表示，不违反法律、法规强制性规定，该合同应认定为合法有效，双方均应受该合同的约束，按照合同的约定履行各自的义务。

6. 政府采购合同的变更

对于签订的政府采购合同，在履行过程中规范层面允许采购人和供应商通过协商并签订补充协议的方式进行变更。

《政府采购法》第四十九条规定，政府采购合同履行中，采购人需追加与合同标的相同的货物、工程或者服务的，在不改变合同其他条款的前提下，可以与供应商协商签订补充合同。但需注意的是，此种类型的变更所导致签订的补充合同的采购金额，应符合《政府采购法》第四十九条规定，不得超过原合同采购金额的 10%。

5.3 政府采购项目的发展

5.3.1 《政府采购法》的修订

《政府采购法》对于规范政府采购活动，推动政府采购事务发展发挥了重要作用。但在实践中也暴露出一些不足，如采购人主体责任缺失、采购绩效有待提高、政策功能发挥不充分等问题。为解决此类政府采购的问题，需要强化采购人主体责任，改进政府采购代理和评审机制，强化政府采购政策功能措施，健全政府采购监督管理机制，加快形成采购主体职责清晰、监管机制健全、法律制度完善的政府采购制度。

2022年7月15日，为完善政府采购法律制度，财政部起草和发布了《政府采购法（修订草案征求意见稿）》的通知。通过修订草案征求意见稿的内容可知，此次政府采购法的修订要点如下：

一是完善了政府采购法的适用范围。针对资金来源和性质，修订草案在财政性资金表述的基础上，增加了其他国有资产的表述。同时，进一步明确了政府采购是以合同方式取得货物、工程和服务的行为，并将政府和社会资本合作纳入政府采购的适用范围。

二是加强政府采购需求管理。修订草案中增设了政府采购需求管理章节，内容包括采购需求的定义及定位，规定确定依据、要求和方法，将《政府采购需求管理办法》的相关内容提升到法律规范层面。并对创新采购、政府和社会资本合作（PPP）、信息化采购等政府采购的方式予以明确。

三是健全政府采购方式和程序。修订草案明确项目需求特点、绩效目标要求、市场供需情况与竞争范围、采购方式和评审方法的对应关系。增加创新采购、框架协议采购等采购方式，并重新梳理和明确了招标、竞争性谈判、询价、创新采购、单一来源采购、框架协议采购等不同采购方式的主要程序和重要控制节点。

四是强化政府采购的履约守信管理。在不允许成交供应商擅自变更、中止或者终止合同的基础上，修订草案增设了采购人、社会代理机构的监督管理条文。要求政府采购监督管理部门对采购人和集中采购机构执行政府采购制度及政策的情况，履约守信情况等进行考核，对社会代理机构及其工作人员遵守法律法规情况及履约守信情况进行监督评价。即修订草案更加重视对采购人、集中采购机构和社会代理机构及其工作人员的履约守信情况的监督和考核。

基于政府采购法修订草案的内容，可以预见未来政府采购规范体系是向采购主体责任具象化、采购方式多样化、采购程序规范化的方向发展和完善。

5.3.2 政府和社会资本合作项目的采购

政府和社会资本合作模式，是指政府采取竞争性方式择优选择具有投资、运营管理能力的社会资本，双方按照平等协商原则订立合同，明确责权利关系，由社会资本提供公共服务，政府依据公共服务绩效评价结果向社会资本支付相应对价，保证社会资本获得合理收益的投资模式。对于政府和社会资本合作项目，通常需要政府方通过竞争性方式选择社会资本方。但《政府采购法》并未对政府和社会资本合作项目选择社会资本方予以规定。

财政部通过制定的《政府和社会资本合作项目政府采购管理办法》，将政府和社会资本合作项目的采购纳入政府采购规范体系进行规范和监管。按照《政府和社会资本合作项目政府采购管理办法》的规定，政府和社会资本合作项目的采购方式包括公开招标、邀请招标、竞争性谈判、竞争性磋商和单一来源采购。具体采购方式由项目实施机构根据项目的采购需求特点依法选择确定。其中，公开招标主要适用于采购需求中核心边界条件和技术经济参数明确、完整、符合国家法律法规及政府采购政策，且采购过程中不作更改的政府和社会资本合作项目。而国家发展改革委通过制定的《传统基础设施领域实施政府和社会资本合作项目工作导则》，就传统基础设施领域中政府和社会资本合作项目进行规范和监管，其规定与财政部的规定有所不同，其规定的政府和社会资本合作项目的采购方式包括公开招标、邀请招标、两阶段招标、竞争性谈判等方式，并明确规定拟由社会资本方自行承担工程项目勘察、设计、施工、监理以及与工程建设有关的重要设备、材料等采购的，必须按照《招标投标法》的规定，通过招标方式选择社会资本方。因此，现阶段规范层面对于政府和社会资本合作项目的采购是否属于政府采购，还有待商榷。

此外，对于涉及工程建设、设备采购或服务的政府和社会资本合作项目，在选定的社会资本方能够自行建设的情况下，虽然《招标投标法实施条例》第九条规定了"已通过招标方式选定的特许经营项目投资人依法能够自行建设、生产或者提供"的，可以不进行招标。但对于政府和社会资本合作项目而言，能否依据《招标投标法实施条例》第九条的规定不再进行招标，实践中存在两个方面的争议：①《招标投标法实施条例》第九条规定的特许经营项目的内涵和外延不确定，政府和社会资本合作项目是否属于特许经营项目，在认定时存在不确定性；②政府和社会资本合作项目通过非招标方式选定社会资本方的，是否能依据《招标投标法实施条例》第九条规定可以不再招标，在认定时也缺乏明确的依据。虽然财政部《关于在公共服务领域深入推进政府和社会资本合作工作的通知》（财金〔2016〕90 号）第九条规定："对于涉及工程建设、设备采购或服务外包的 PPP 项目，已经依据政府采购法选定社会资本合作方的，合作方依法能够自行建设、生产或者提供服务的，按照《招标投标法实施条例》第九条规定，合作方可以不再进行招标。"但该文件作为规范性文件的效力层级低，无法作为突破《招标投标法实施条例》第九条规定的规范依据。

值得注意的是，此次发布的政府采购法的修订草案，已经将政府和社会资本合作项目的采购纳入政府采购中，预计随着政府采购法修订的落地，政府和社会资本合作项目的采购将正式纳入政府采购规范体系中进行规范管理和监督，前述实践中的争议问题也将随着政府采购法的修订将得以解决。

5.3.3 "EPC+X" 项目的采购

随着政策规范层面对政府债务的监督管理逐步规范，以及对政府和社会资本合作项目监督管理趋严的背景下，通过政府举债、政府和社会合作模式投资建设基础设施项目的空间日益收紧。但地方政府投资建设基础设施项目的需求并未消退，为满足基础设施项目的投资建设需求，部分地方政府在传统工程总承包模式的基础上，逐步发展和形成出一种混合型的基础设施投资建设模式，即EPC+X模式。

EPC（设计—采购—施工），是指从事工程总承包的企业按照与建设单位签订的合同，对工程项目的设计、采购、施工等实行全过程的承包，并对工程的质量、安全、工期和造价等全面负责的承包模式。EPC+X，则是指在EPC模式的基础上，基于项目的不同需求和发展形成的一种混合型的基础设施投资建设模式。其中的"X"，指的是在EPC模式之外，增加的基础设施项目投资建设的其他关键性因素。

EPC+X模式中，常见的类型包括F+EPC（融资+设计—采购—施工）模式、EPC+F（设计—采购—施工+融资）模式、投资人+EPC（投资人+设计—采购—施工）模式和EPC+O（设计—采购—施工+运营）模式等。

（1）对于F+EPC模式和EPC+F模式，二者均强调在基础设施项目工程总承包模式下，增加融资的要素。其中，F+EPC模式是融资在前，EPC工程总承包在后，该模式强调的是工程总承包单位介入前期基础设施项目的融资事项，融资事项通常由工程总承包单位负责，融资资金的范围通常包括项目前期准备阶段所需资金，而并不局限于EPC合同项下的价款，即融资资金额度通常大于EPC合同项下的价款。而EPC+F模式则是EPC工程总承包在前，融资在后，该模式强调的是工程总承包单位在承接EPC工程后，协助建设单位解决EPC合同所需资金问题。融资事项通常由建设单位负责，工程总承包单位提供必要协助，或者在款项支付方面提供分期付款条件或延期支付条件，融资资金的范围通常小于等于EPC合同项下的价款。

（2）对于投资人+EPC模式，该模式强调通过竞争性程序选定基础设施项目的投资人，由投资人负责基础设施项目的投资、融资以及建设，并按约定的方式获得投资收益。通常投资人+EPC模式按照股权投资模式实施，即由选定的投资人按照约定设立项目公司，项目公司作为基础设施项目的建设单位负责投资、融资事项，并由项目公司与投资人签订EPC合同，最终在项目公司层面获得投资收益。

（3）对于EPC+O模式，它是在EPC运作模式中衍生而来的建设运营模式。其强调在传统的EPC运作模式的基础上，为基础设施项目注入运营功能。即建设单位将建设工程的设计、采购、施工等工程建设的全部任务以及工程竣工验收合格后期的运营，一并发包给一个具备相应总承包资质条件的总承包单位，由该总承包单位对工程建设的全过程向建设单位负责，直至工程竣工验收合格以及运营期结束后交付给建设单位的投资建设模式。

作为一种在传统工程总承包模式的基础上逐步发展和形成的一种混合型的基础设施投资建设模式，EPC+X模式为基础设施项目的投资建设提供了一种有效、可行的路径。在EPC+X模式下，采购人进行的是一项混合形式的政府采购，是在采购工程的基础上，要求成交供应商同时提供融资服务或运营服务，即成交供应商并非现行规范体系性单一的工程、货物和服务的供应商。在现行规范模式下，政府采购被划分为工程、货物和服务三种类型，其中采购工程和采购货物和服务在规范适用上存在差异，导致混合形式的政府采购在规范适用层面缺乏明确规定，特别是成交供应商在 EPC+X 项目中所承担的投资或融资责任，现行的政府采购规范体系中缺乏可予之相适用的规定。可以说，EPC+X 是一种尚无制度规范的模式，采购人采用 EPC+X 模式选择供应商时，在规范的选择和适用上面临较大的挑战。且在政府债务监督管理逐步规范，以及政府和社会资本合作项目监督管理趋严的背景下，作为一种新模式出现的 EPC+X，可能被认定为是对政府债务监管的规避，亦或被认定为是地方政府违规举借的法律风险。

因此，若计划采用 EPC+X 模式投资建设基础设施项目的，现阶段需基于采购需求和成交供应商所承担的责任，审慎确定应当予以适用的规范。而考虑到地方政府投资建设基础设施项目的需求会长期持续存在，可以预见 EPC+X 模式的发展趋势是持续完善并逐步走向规范化的，不排除后续通过法律规范将 EPC+X 模式纳入政府采购规范体系并进行监督管理的可能。

思考题

1. 政府采购的基本原则有哪些？
2. 政府采购的方式有哪些？
3. 政府采购建设工程，在何种情形下需要适用《招标投标法》的规范？
4. 如何认定政府采购合同的性质？
5. 简述政府采购项目的发展趋势。

第6章　建设工程合同及管理基础

学习目标：了解合同法律体系；掌握建设工程合同的法律基础；掌握合同的主要类型；熟悉合同的策划和合同的变更。

知识图谱：

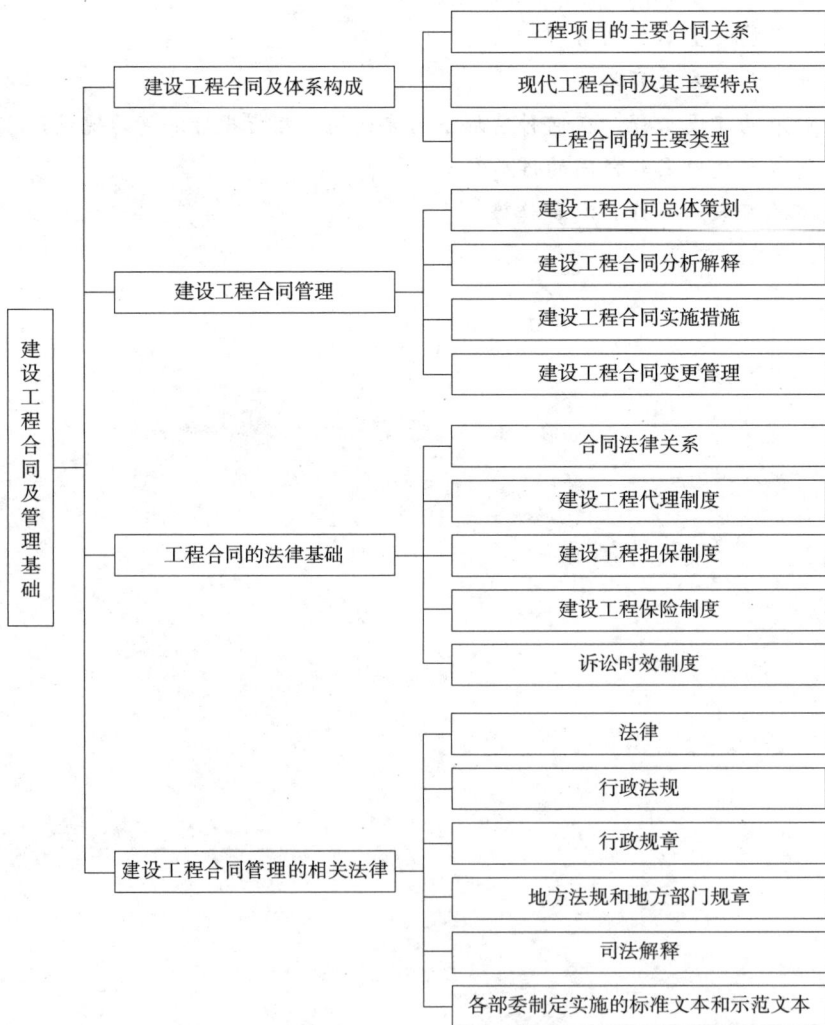

6.1 建设工程合同及体系构成

建设工程合同管理制度的基本内容是工程项目的勘察设计、工程监理、施工和大宗物资采购等，这些都要依法订立合同；建设工程活动应当严格按照法律和合同进行管理，依靠合同确立相关单位之间的关系；各类合同都要有明确的质量要求、价款、履行方式和时间；违反合同规定要承担相应的责任。

工程建设是一个极为复杂的社会生产过程，它分别经历可行性研究、勘察、设计、工程施工和运行等阶段；有土建、水电、机械设备、通信等专业设计和施工活动；需要各种材料、设备、资金和劳动力的供应。由于现代的社会化大生产和专业化分工，参加单位之间会形成各式各样的经济关系。在工程中维系这种关系的纽带是合同，所以就有各式各样的合同。工程项目的建设过程实质上又是一系列经济合同的签订和履行过程。

6.1.1 工程项目的主要合同关系

任何一个建设工程都有自己的合同体系，它构成工程中复杂的合同关系，合同管理首先面对这个合同体系。建设工程合同管理，是市场经济和工程建设管理中一项十分重要的内容。在工程项目的建筑过程中，其主体的行为必定会形成各个方面的社会关系，诸如政府建筑管理机关、项目法人单位（业主）、设计单位、施工单位、监理单位、材料设备供应商等。其中除了政府管理机关是依据法律、法规对工程建设主体行使行政监督管理外，其他各方面社会关系却是通过"合同"这一契约关系来完成的。工程建设活动的质量、投资和进度都是在合同管理的调整、保护和制约下进行的。

1. 建设工程中的主要合同关系

建设工程项目是一个极为复杂的社会生产过程，它可以分为可行性研究、勘察设计、工程施工和运行等阶段；有建筑、土建、水电、机械设备、通信等专业设计和施工活动；需要各种材料、设备、资金和劳动力的供应。工程项目的建设过程实质又是一系列经济合同的签订和履行过程。

在一个工程中，相关的合同之间有十分复杂的内部联系，形成了一个复杂的合同网络。其中，业主和承包商是两个最主要的节点。

（1）业主的主要合同关系

业主作为工程（或服务）的买方，是工程的所有者，他可能是政府、国营或民营企业、其他投资者，或几个企业的组合，或政府与企业的组合（例如，合资项目、BOT项目的业主）。他投资一个项目，通常委派一个代理人（或代表）以业主的身份进行工程项目的经营管理。

业主根据自身对工程的需求，确定工程项目的整体目标。这个目标是所有相关合同的核心。要实现工程总目标，业主必须将建筑工程的勘察、设计、各专业工程施工、设备和材料供应、建设过程的咨询与管理等工作委托出去，必须与有关单位签订如图6-1所示的各种合同：

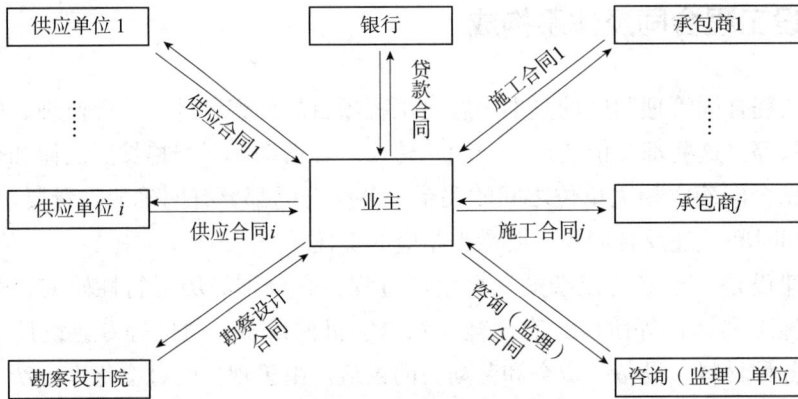

图 6-1 业主的主要合同关系

1）咨询（监理）合同，即业主与咨询（监理）公司签订的合同。咨询（监理）公司负责工程可行性研究、设计监理、招标和施工阶段监理等某一项或几项工作。

2）勘察设计合同，即业主与勘察设计单位签订的合同。勘察设计单位负责工程地质勘察和技术设计工作。

3）供应合同。如果由业主负责提供材料和设备，业主必须与有关的材料和设备供应单位签订供应（采购）合同。

4）工程施工合同，即业主与工程承包商签订的工程施工合同。一个或几个承包商分别承包土建、机械安装、电气安装、装饰、通信等工程的施工。

5）贷款合同，即业主与金融机构签订的合同。后者向业主提供资金保证。按照资金来源的不同，有贷款合同、合资合同或 BOT 合同等。

（2）承包商的主要合同关系

承包商是工程施工的具体实施者，是工程承包合同的执行者。承包商通过投标接受业主的委托，签订工程承包合同。承包商要完成承包合同的责任，包括由工程量表所确定的工程范围的施工、竣工和保修，并为完成这些工程提供劳动力、施工设备、材料，有时也包括技术设计。任何承包商都不可能，也不具备所有专业工程的施工能力、材料和设备的生产供应能力，他同样必须将许多专业工作委托出去。所以，承包商常常又有自己复杂的合同关系，如图 6-2 所示。

6-1
各合同定义

（3）其他情况

1）设计单位、各供应单位也可能存在各种形式的分包。

2）承包商有时也承担工程（或部分工程）的设计（如设计—施工总承包），则他有时也必须委托设计单位，签订设计合同。

3）如果工程付款条件苛刻，要求承包商带资承包，承包商就必须借款，需与金融单位订立借（贷）款合同。

4）在许多大工程中，尤其是在业主要求总承包的工程中，承包商经常是几个企业的联营体，即联营承包。若干家承包商（最常见的是设备供应商、土建承包商、安

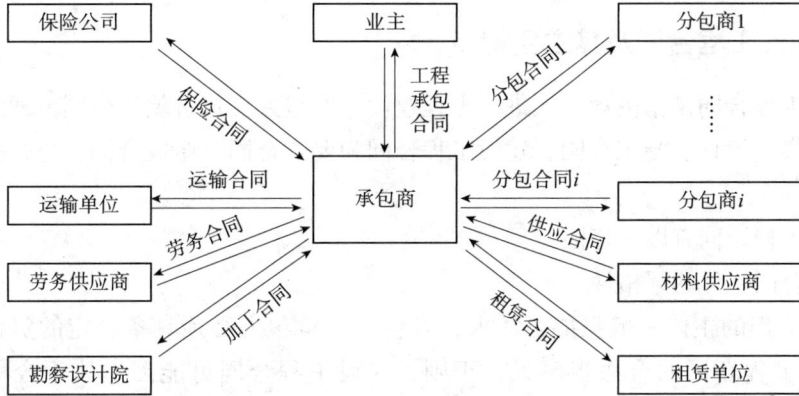

图 6-2　承包商的主要合同关系

装承包商、勘察设计单位）之间订立联营合同，联合投标，共同承接工程。

5）在一些大工程中，分包商还可能将自己承包的工程的一部分再分包出去。他也需要材料、设备和劳务供应，也可能租赁设备或委托加工，所以他又有自己复杂的合同关系。

2. 建设工程合同体系

按照上述分析和项目任务的结构分解就得到不同层次、不同种类的合同，它们共同构成了该工程的合同体系，如图 6-3 所示。

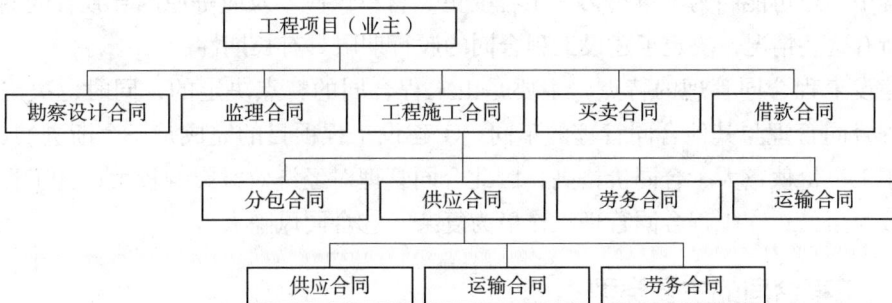

图 6-3　建设工程合同体系图

在该合同体系中，这些合同都是为了完成业主的工程项目目标而签订和实施的。这些合同之间存在着复杂的内部联系，构成了该工程的合同网络。

3. 合同体系对项目的影响

1）它反映了项目任务的范围和划分方式。

2）它反映了项目所采用的管理模式，例如监理制度，全包方式或平行承包方式。

3）它在很大程度上决定了项目的组织形式，因为不同层次的合同，常常又决定了合同实施者在项目组织结构中的地位。

6.1.2　现代工程合同及其主要特点

建设工程合同是指由承包人进行工程建设，发包人支付价款的合同，通常包括建设工程勘察、设计、施工合同。建设工程合同为要式合同、诺成合同，也是双务、有偿合同。

建设工程合同有以下特征：

（1）合同主体的严格性

建设工程的主体一般只能是法人，发包人、承包人必须具备一定的资格，才能成为建设工程合同的合法当事人，否则，建设工程合同可能因主体不合格而导致无效。

（2）形式和程序的严格性

建设工程合同履行期限长、工作环节多、涉及面广，应当采取书面形式，双方权利、义务应通过书面合同形式予以确定。国家对建设工程的投资和程序有严格的管理程序，建设工程合同的订立和履行也必须遵守国家关于基本建设程序的规定。

（3）合同标的的特殊性

建设工程合同的标的是各类建筑产品，建设产品是不动产，每项工程的合同的标的物都是特殊的，相互间不同且不可替代。

（4）合同履行的长期性

建设工程由于结构复杂、体积大、建筑材料类型多、工作量大，使得合同履行期限都较长。而且，建设工程合同的订立和履行一般都需要较长的准备期，在合同的履行过程中，还可能因为不可抗力、工程变更、材料供应不及时等原因导致合同期限顺延。所有这些情况，决定了建设工程合同的履行期限具有长期性。

建设工程合同管理的特点，主要是由工程合同的特点决定的，同时也决定了建设工程合同管理与其他合同管理的不同。①建设工程项目的完成是一个渐进的过程；②由于工程价值量大、合同价格高，因此合同管理对经济效益影响较大；③工程合同变动较为频繁；④工程合同管理工作极为复杂；⑤合同风险大。

6.1.3　工程合同的主要类型

工程合同的主要类型，如图6-4所示。

按照工作内容可分为：①工程咨询服务合同；②勘察合同；③工程施工合同；④货物采购合同；⑤安装合同。

按照建筑工程交易可分为：①施工总承包合同；②设计—建造合同；③EPC交钥匙合同；④分包合同；⑤劳务合同；⑥设计管理合同；⑦CM合同。

按照合同计价方式可分为三大类：总价合同、单价合同及成本补偿合同。具体来讲，总价合同包括三种，分别为：①固定总价合同；②调价总价合同；③固定工程量总价合同；单价合同也包括三种，分别为：①近似工程量单价合同；②纯单价合同；③单价与子项包干混合式合同；成本补偿合同包括六种，分别为：①成本加固定费

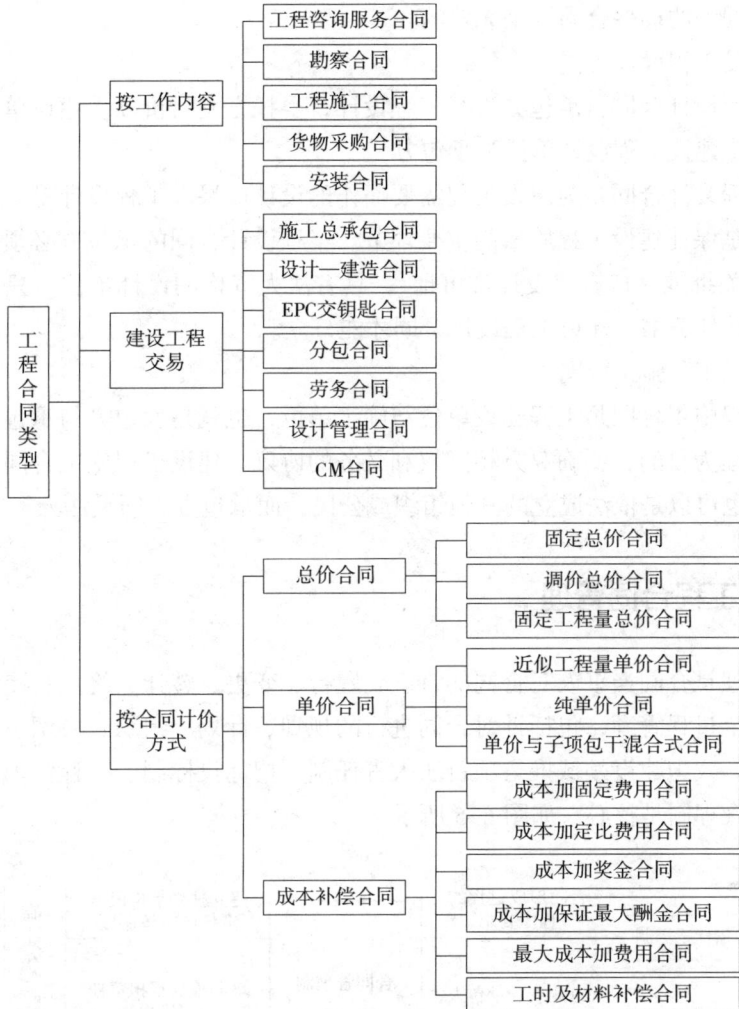

图6-4　工程合同类型

用合同；②成本加定比费用合同；③成本加奖金合同；④成本加保证最大酬金合同；
⑤最大成本加费用合同；⑥工时及材料补偿合同。

按照《民法典》的规定，建设工程合同包括三种，即建设工程勘察合同、建设工
程设计合同、建设工程施工合同。

（1）建设工程勘察合同

建设工程勘察合同是承包方进行工程勘察，发包人支付价款的合同。建设工程勘
察单位称为承包方，建设单位或者有关单位称为发包方（也称为委托方）。建设工程
勘察合同的标的是为建设工程需要而作的勘察成果。为了确保工程勘察的质量，勘察
合同的承包方必须是经国家或省级主管机关批准，持有"勘察许可证"，具有法人资
格的勘察单位。

建设工程勘察合同必须符合国家规定的基本建设程序，勘察合同由建设单位或有
关单位提出委托，经与勘察部门协商，双方取得一致意见，即可签订，任何违反国家

规定的建设程序的勘察合同均是无效的。

（2）建设工程设计合同

建设工程设计合同，承包方进行工程设计，委托方支付价款。建设单位或有关单位为委托方，建设工程设计单位为承包方。

建设工程设计合同是为建设工程需要而作的设计成果。工程设计是工程建设的第二个环节，是保证建设工程质量的重要环节。工程设计合同的承包方必须是经国家或省级主要机关批准，持有"设计许可证"，具有法人资格的设计单位。只有具备了上级批准的设计任务书，建设工程设计合同才能订立。

（3）建设工程施工合同

建设工程施工合同是工程建设单位与施工单位，也就是发包方与承包方以完成商定的建设工程为目的，明确双方相互权利义务的协议。建设工程施工合同的发包方可以是法人，也可以是依法成立的其他组织或公民，而承包方必须是法人。

6.2 建设工程合同管理

合同管理是合同当事人对合同的订立、履行、变更、转让、终止、违约和争议处理等进行的全过程管理，包括针对合同进行的规划、计划、组织、协调、监督和控制等管理工作。我国建设领域推行项目法人责任制、招标投标制、工程监理制和合同管理制。合同管理制是核心，如图 6-5 所示。

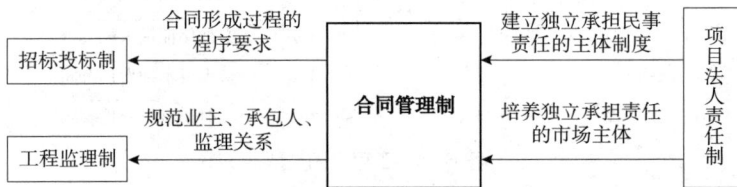

图 6-5　合同管理制的地位

建设工程合同管理过程，如图 6-6 所示。

建设工程合同管理中合同分析四个阶段与合同形成的阶段关系，如图 6-7 所示。

6.2.1 建设工程合同总体策划

合同总体策划主要应站在项目业主或咨询公司角度，在项目实施前对整个项目合同方案预先作出科学合理的安排和设计，以确保整个项目在不同阶段、不同合同主体之间、众多合同中顺利履行，从而实现项目的总体目标和效益。对于业主的合同策划，承包商常常必须执行或服从。但承包商也有自己的合同策划问题。

1. 合同总体策划的概念

工程合同总体策划是确定对整个工程项目有重大影响的，带有根本性和方向性的合同问题，是确定合同的战略问题。其决定着项目的组织结构及管理体制，合同各方

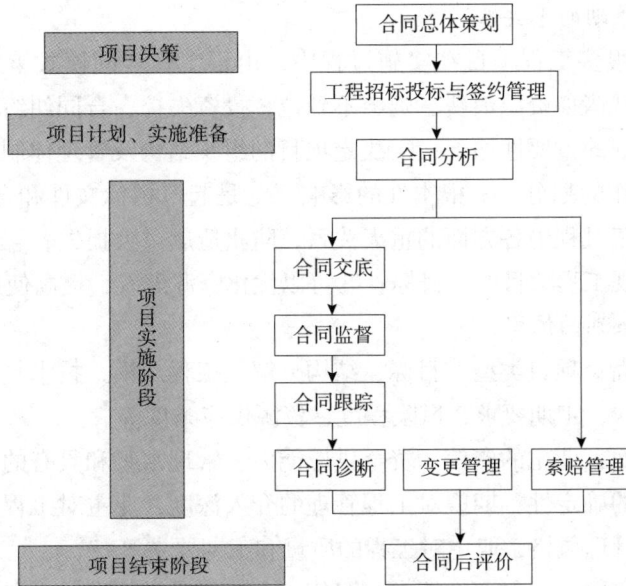

图6-6　合同管理的过程

图6-7　工程合同生命周期图

责任、权利和工作的划分。

在项目的开始阶段，业主必须就如下合同问题作出决策：

（1）承发包模式的策划。

（2）合同所采取的委托方式和承包方式。

（3）合同类型和合同条件选择。

（4）合同的主要条款和管理模式的策划。

（5）工程项目相关的各个合同在内容、时间、组织、技术上的协调等。

（6）合同签订与实施中的重大问题。

合同管理整体策划的主要内容有：①项目合同管理组织机构及人员配备；②项目合同管理责任及其分解体系；③项目合同管理方案设计；④项目发包模式选择；⑤合同类型选择；⑥项目分解结构及编码体系；⑦合同结构体系（合同打包、分解或合同标段划分）；⑧招标方案设计；⑨招标文件设计；⑩合同文件设计；⑪主要合同管理流程设计。

2. 合同总体策划的重要性

在我国，有很多工程项目在实施过程中，由于工程合同模式策划、类型选择的不恰当，经常出现诸如资源浪费、资金不到位、投资失控、合同纠纷、拖延工期等现象。合同总体策划的重要性如下：①决定项目的组织结构及管理体制，决定合同各方责任、权利和工作的划分——根本性的影响；②是起草招标文件和合同文件的依据；③可理清工程施工过程中各方面的重大关系，防止造成重大损失；④能够保证圆满履行各个合同，实现工程项目的总目标；⑤可以优化资源配置，提高使用率。

3. 合同总体策划的依据

（1）工程方面：项目类型，目标，结构分解，工程规模，技术复杂程度，设计准确程度，质量要求，工期要求，风险程度，资源供应条件等。

（2）业主方面：业主的资信、资金供应能力、管理水平和具有的管理力量，业主的目标以及目标的确定性，期望对工程管理的介入深度，业主对工程师和承包商的信任程度，业主的管理风格，业主对工程的质量和工期要求等。

（3）承包商方面：承包商的能力、资信、企业规模、管理风格和水平、在本项目中的目标与动机、目前经营状况、过去同类工程经验、企业经营战略、长期动机，承包商承受和抗御风险的能力等。

（4）环境方面：工程所处的法律环境，建筑市场竞争激烈程度，物价的稳定性，地质、气候、自然、现场条件的确定性等，资源供应的保证程度，获得额外资源的可能性。

4. 合同总体策划的要求

（1）业主要从确保项目成功和各方面的互利合作的角度处理合同问题。

（2）业主不能希望通过签订对承包商单方面约束性的合同把承包商捆死，希望压低合同价格，不给承包商利润，否则最终不仅会损害承包商的利益，最终也会损害项目总目标。

（3）业主应该理性地决定工期、质量、价格三者的关系，追求三者之间的平衡。

5. 工程合同总体策划流程

工程合同总体策划流程，如图6-8所示。

6.2.2　建设工程合同分析解释

在合同实施过程中，合同双方会有许多争执。合同争执常常起因于合同双方对合同条款理解的不一致。要解决这些争执，首先必须作合同分析，按合同条文的表达分析它的意思，以判定争执的性质。

合同履行分析是解决"如何做"的问题，是从执行的角度解释合同。它是将合同目标和合同规定落实到合同实施的具体问题上和具体事件上，用以指导具体工作，使合同能符合日常工程管理的需要，使工程按合同施工。合同分析应作为承包商项目管理的起点。

```
┌─────────────────────┐
│  项目总目标和战略分析  │
└─────────────────────┘
          │
┌─────────────────────┐
│    设计和实施计划     │
└─────────────────────┘
          │
┌─────────────────────┐
│  项目范围管理和结构分解 │
└─────────────────────┘
          │
┌─────────────────────┐
│     项目实施策略      │
└─────────────────────┘
     │          │
┌──────────┐  ┌──────────┐
│项目承发包策划│  │项目管理模式选择│
└──────────┘  └──────────┘
     │          │
┌──────────┐  ┌──────────┐
│合同种类和文本选择│ │ 项目管理流程 │
└──────────┘  └──────────┘
     │          │
┌──────────┐  ┌──────────┐
│ 合同风险策划 │  │项目管理组织设置│
└──────────┘  └──────────┘
     │          │
┌──────────┐  ┌──────────┐
│ 合同体系协调 │  │项目管理工作规则│
└──────────┘  └──────────┘
          │
┌─────────────────────┐
│  招标文件和合同文件起草 │
└─────────────────────┘
```

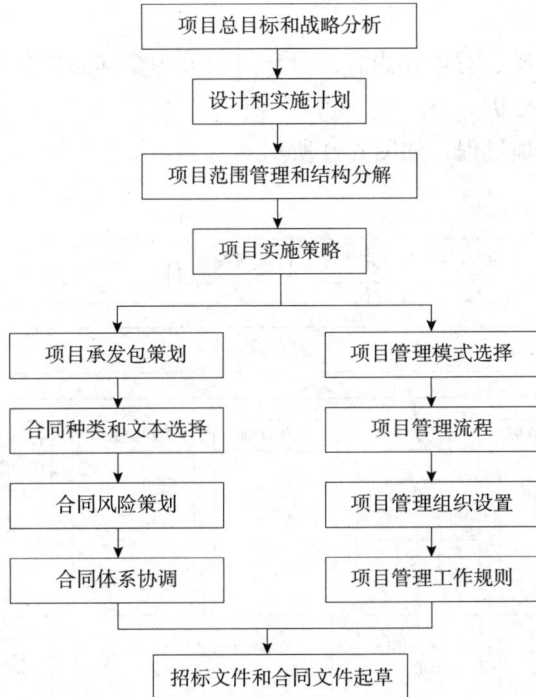

图 6-8　工程项目合同总体策划流程

1. 合同分析的基本要求

（1）准确性和客观性

合同分析的结果应准确，全面地反映合同内容。如果分析中出现误差，它必然反映在执行中，导致合同实施更大的失误。如果不能透彻、准确地分析合同，就不能全面有效地执行合同。许多工程失误和争执都源于不能准确地理解合同。

客观性，即合同分析不能自以为是和"想当然"。对合同的风险分析，合同双方责任和权益的划分，都必须实事求是地按照合同条文，按合同精神进行，而不能以当事人的主观愿望解释合同，否则，必然导致实施过程中的合同争执，导致承包商的损失。

（2）简易性

合同分析的结果必须采用使不同层次的管理人员、工作人员能够接受的表达方式，如图表形式。对不同层次的管理人员提供不同要求、不同内容的合同分析资料。

（3）一致性

合同双方，承包商的所有工程小组、分包商等对合同理解应达到相对一致性。如有不一致的情况，应在合同实施前，最好在合同签订前沟通解决，以避免合同执行中的争执和损失，这对双方都有利。

（4）全面性

合同分析应是全面的，对全部的合同文件作解释。对合同中的每一条款、每句话，甚至每个词都应认真推敲，细心琢磨，全面落实。

2. 合同分析的分类

按合同分析的性质、对象和内容划分，可以分为合同总体分析、合同详细分析和特殊问题的合同扩展分析。

合同分析信息处理过程，如图 6-9 所示。

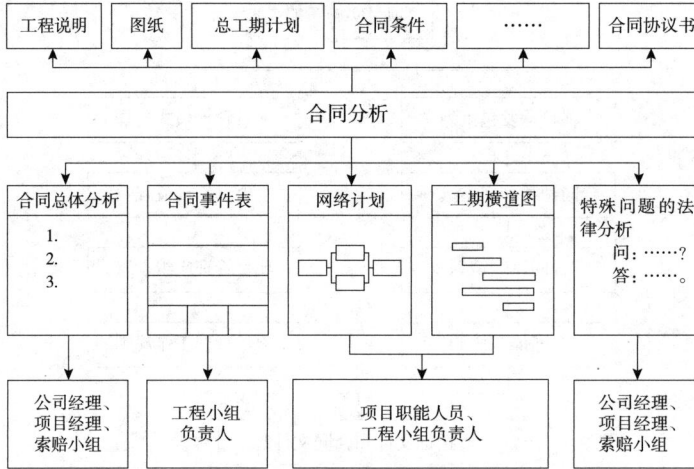

图 6-9　合同分析信息处理过程

合同分析总体思路，如图 6-10 所示。

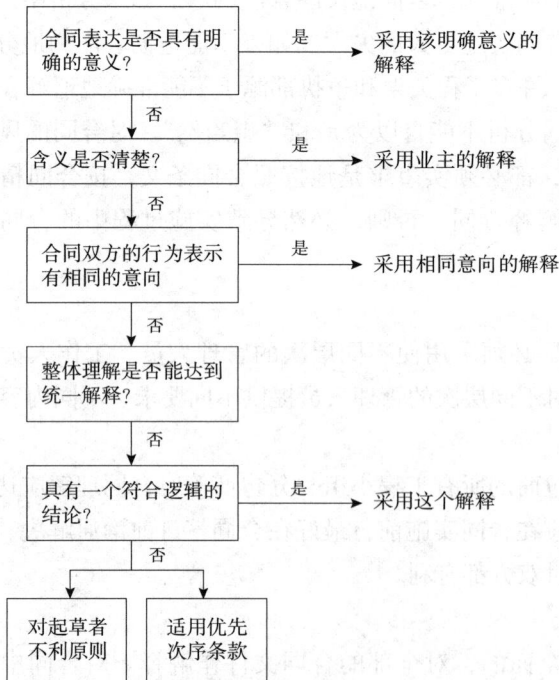

图 6-10　合同分析总体思路

（1）合同总体分析

合同总体分析的主要对象是合同协议书和合同条件等。通过合同总体分析，将合同条款和合同规定落实到一些带全局性的具体问题上。总体分析通常在两种情况下进行：

1）在合同签订后实施前，承包商首先必须确定合同规定的主要工程目标，划定各方面的义务和权利界限，分析各种活动的法律后果。合同总体分析的结果是工程施工总的指导性文件，此时分析的重点是：承包商的主要合同责任，工程范围；业主（包括工程师）的主要责任；合同价格、计价方法和价格补偿条件；工期要求和补偿条件；工程受干扰的法律后果；合同双方的违约责任；合同变更方式、程序和工程验收方法等；争执的解决等。

2）在重大的争执处理过程中，例如在重大的或一揽子索赔处理中，首先必须进行合同总体分析。

6-2
合同总体分析的作用

（2）合同详细分析

为了使工程有计划、有秩序、按合同实施，必须将承包合同目标、要求和合同双方的责权利关系分解落实到具体的工程活动上。这就是合同详细分析。

合同详细分析的对象是合同协议书、合同条件、规范、图纸、工作量表。它主要通过合同事件表、网络图、横道图和工程活动的工期表等定义各工程活动。合同详细分析的结果最重要的部分是合同事件表，见表6-1。

合同事件表 表6-1

合同事件表		
子项目	事件编码	日期 变更次数
事件名称和简要说明		
事件内容说明		
前提条件		
本事件的主要活动		
负责人（单位）		
费用 计划 实际	其他参加者	工期 计划 实际

（3）特殊问题的合同扩展分析

在合同的签订和实施过程中常常会有一些特殊问题发生，会遇到一些特殊情况：它们可能是在合同总体分析和详细分析中发现的问题，也可能是在合同实施中出现的问题。这些问题和情况在合同签订时并未预计到，合同中未明确规定或它们已超出合同的范围。而许多问题似是

6-3
合同事件相关定义

而非，合同管理人员对它们把握不准，为了避免损失和争执，则应提出来进行特殊分析。由于实际工程问题非常复杂，千奇百怪，所以对特殊问题分析要非常细致和耐心，需要实际工程经验和经历。

对重大的、难以确定的问题应请专家咨询或作法律鉴定。特殊问题的合同扩展分析一般用问答的形式进行。

1）特殊问题的合同分析

针对合同实施过程中出现的一些合同中未明确规定的特殊的细节问题作分析。它们会影响工程施工、双方合同责任界限的划分和争执的解决。对它们的分析通常仍在合同范围内进行。

2）特殊问题的合同法律扩展分析

在工程承包合同的签订、实施或争执处理、索赔（反索赔）中，有时会遇到重大的法律问题。这通常有两种情况：这些问题已超过合同的范围，超过承包合同条款本身；承包商签订的是一个无效合同，或部分内容无效，则相关问题必须按照合同所适用的法律来解决。

在工程中，这些都是重大问题，对承包商非常重要，但承包商对它们把握不准，则必须对它们作合同法律的扩展分析，即分析合同的法律基础，在适用于合同关系的法律中寻求解答。这通常很艰难，一般要请法律专家作咨询或法律鉴定。

3. 合同文本分析

合同文本通常指合同协议书和合同条件等文件。它是合同的核心。它确定了当事人双方在工程中的义务和权益。由于建筑工程、建筑生产活动的特点和工程承包合同的作用，对工程承包合同文本有如下基本要求：

①内容齐全，条款完整，不能漏项；②定义清楚、准确，双方工程责任的界限明确，不能含混不清；③内容具体、详细，不能笼统，不怕条文多；④合同应体现双方平等互利，即责任和权益，工程（工作）和报酬之间应平衡，合理分配风险，公平地分担工作和责任。但这仅是一般原则，它具体体现为必须靠签约人努力争取，且其难以具体明确地界定和归责，也没有衡量的标准。

合同文本分析是一项综合性的、复杂的、技术性很强的工作。它要求合同管理者必须熟悉合同相关的法律、法规；精通合同条款；对工程环境有全面的了解；有承包合同管理的实际工作经验和经历。

通常承包合同文本分析主要有如下几个方面：

（1）承包合同的合法性分析

承包合同必须在合同的法律基础的范围内签订和实施，否则会导致承包合同全部或部分无效。承包合同的合法性分析通常包括如下内容：

1）当事人（发包人）的资格审查。

2）工程项目已具备招标投标、签订和实施合同的一切条件。

3）工程承包合同的内容（条款）和所指的行为符合经济合同法和其他各种法律的要求。

4）有些合同需要公证，或由官方批准才能生效。

（2）承包合同的完整性分析

一个工程承包合同若要完成一个确定范围的工程施工，则该承包合同所应包含的合同事件（或工程活动），工程本身各种问题的说明，工程过程中所涉及的，以及可能出现的各种问题的处理，以及双方责任和权益等，应有一定的范围。简言之，合同的内容应有一定范围。广义地说，承包合同的完整性包括相关的合同文件的完备性和合同条款的完备性。

（3）合同双方责任和权益及其关系分析

合同应公平合理地分配双方的责任和权益，使它们达到总体平衡。首先按合同条款列出双方各自的责任和权益，在此基础上进行它们的关系分析。在合同中，合同双方的责任和权益是互为前提条件的。

（4）合同条款之间的联系分析

通常合同分析应针对具体的合同条款（或合同结构中的子项）。根据它的表达方式，分析它的执行将会带来什么问题和后果。在此基础上，还应注意合同条款之间的内在联系。同样一种表达方式，在不同的合同环境中，有不同的上下文，则可能有不同的风险。

6-4
承包合同中
双方责任和
权力的制约
关系

（5）合同实施的后果分析

在合同签订前必须充分考虑一经合同签订，付诸实施会有什么样的后果。

4.合同风险分析

在任何经济活动中，要取得盈利，必然要承担相应的风险。这里的风险是指经济活动中的不确定性。它如果发生，就会导致经济损失。一般风险应与盈利机会同时存在，并成正比，即经济活动的风险越大，盈利机会（或盈利率）就应越大。

6-5
承包合同中
的风险分析

6.2.3 建设工程合同实施控制

由于现代工程的特点，使得合同实施管理极为困难和复杂，日常的事务性工作极多。为了使工作有秩序、有计划地进行，保证正确地履行合同，就必须建立工程承包合同实施的保证体系，对工程项目的实施进行严格的合同控制。

1.建立合同实施的保证体系

（1）落实合同责任，实行目标管理

合同和合同分析的资料是工程实施管理的依据。合同组人员的职责是根据合同分析的结果，把合同责任具体地落实到各责任人和合同实施的具体工作上。

（2）建立合同管理工作制度和程序

在工程实施过程中，合同管理的日常事务性工作很多。为了协调好各方面的工作，使合同实施工作程序化、规范化，应订立如下几个方面的工作程序：①建立协商会制度；②建立合同管理的工作程序。

6-6
合同责任
落实的具体
做法

（3）建立文档管理系统，实现各种文件资料的标准化管理

合同管理人员负责各种合同资料和工程资料的收集、整理和保存工作。

（4）建立严格的质量检查验收制度

合同管理人员应主动抓好工程和工作质量，协助做好全面质量管理工作，建立一整套质量检查和验收制度。

（5）建立报告和行文制度，使合同文件和双方往来函件的内部、外部运行程序化

承包商和业主、监理工程师、分包商之间的沟通都应以书面形式进行，或以书面形式作为最终依据。这是合同的要求，也是经济法律的要求，也是工程管理的需要。

（6）建立实施过程的动态控制系统

工程实施过程中，合同管理人员要进行跟踪、检查监督，收集合同实施的各种信息和资料，并进行整理和分析，将实际情况与合同计划资料进行对比分析。在出现偏差时，分析产生偏差的原因，提出纠偏建议。分析结果及时呈报项目经理审阅和决策。

2. 工程目标控制

合同确定的目标必须通过具体的工程实施、实现。由于在工程施工中各种干扰的影响，常常使工程实施过程偏离总目标。控制就是为了保证工程实施按预定的计划进行，顺利地实现预定的目标。

（1）工程中的目标控制程序

1）工程实施监督

目标控制，首先应表现在对工程活动的监督上，即保证按照预先确定的各种计划、设计、施工方案实施工程。工程实施状况反映在原始的工程资料（数据）上，例如质量检查报告、分项工程进度报告、记工单、用料单、成本核算凭证等。

2）跟踪检查、分析、对比，发现问题

将收集到的工程资料和实际数据进行整理，得到能反映工程实施状况的各种信息、如各种质量报告，各种实际进度报表，各种成本和费用收支报表。

将这些信息与工程目标，如合同文件、合同分析的资料、各种计划、设计等，进行对比分析。这样可以发现两者的差异。差异的大小，即为工程实施偏离目标的程度。

3）诊断，即分析差异的原因，采取调整措施

差异表示工程实施偏离了工程目标，必须详细分析差异产生的原因，并对症下药；采取措施进行调整，否则这种差异会逐渐积累，越来越大，最终导致工程实施远离目标，使承包商或合同双方受到很大的损失，甚至可能导致工程的失败。

（2）工程实施控制的主要内容

工程实施控制包括：成本控制；质量控制；进度控制；合同控制。各种控制的目的、目标、依据见表6-2。

6-7 协商会办制度

6-8 合同资料管理制度

工程实施控制的内容   表 6-2

序号	控制内容	控制目的	控制目标	控制依据
1	成本控制	保证按计划成本完成工程，防止成本超支和费用增加	计划成本	各分项工程、分部工程、总工程计划成本，人力、材料、资金计划，计划成本曲线等
2	质量控制	保证按合同规定的质量完成工程，使工程顺利通过验收，交付使用，达到预定的功能	合同规定的质量标准	工程说明、规范、图纸等
3	进度控制	按预定进度计划进行施工，按期交付工程，防止因工程拖延受到罚款	合同规定的工期	合同规定的总工期计划，业主批准的详细的施工进度计划、网络图、横道图等
4	合同控制	按合同规定全面完成承包商的义务，防止违约	合同规定的各项义务	合同范围内的各种文件，合同分析资料

（3）合同控制

在上述的控制内容中，合同控制有它的特殊性。因为承包商在任何情况下都要完成合同责任；成本、质量和进度是合同中规定的三个目标，而且承包商的根本任务就是圆满地完成他的合同责任，所以合同控制是其他控制的保证。由于：

1）合同实施受到外界干扰，常常偏离目标，要不断地进行调整。

2）合同目标本身不断地变化。例如，在工程施工过程中不断出现合同变更，使工程的质量、工期、合同价格发生变化，合同双方的责任和权益也随之发生变化。

因此，合同控制必须是动态的，合同实施必须随变化了的情况和目标而不断调整。

项目层次的合同控制不仅针对工程承包合同，还包括与主合同相关的其他合同，如分包合同、供应合同、运输合同、租赁合同等，也包括主合同与各分合同以及各分合同之间的协调控制。

3. 实施有效的合同监督

合同责任是通过具体的合同实施工作完成的。合同监督可以保证合同实施按合同和合同分析的结果进行。合同监督的主要工作有：

（1）现场监督各工程小组、分包商的工作

合同管理人员与项目的其他职能人员一起检查合同实施计划的落实情况，对各工程小组和分包商进行工作指导，作经常性的合同解释，使各工程小组都有全局观念，对工程中发现的问题提出意见、建议或警告。

（2）对业主、监理工程师进行合同监督

在工程施工过程中，业主、监理工程师常常变更合同内容，包括本应由其提供的条件未及时提供，本应及时参与的检查验收工作未及时参与；有时还提出合同内容以外的要求。对于这些问题，合同管理人员应及时发现，及时解决或提出补偿要求。此外，承包方与业主或监理工程师会就合同中一些未明确划分责任的工程活动发生争执，对此，合同管理人员要协助项目部，及时进行判定和调解工作。

（3）对其他合同方的合同监督

在工程施工过程中，不仅与业主打交道，还要在材料、设备的供应，运输，供用水、电、气，租赁、保管、筹集资金等方面，与众多企业或单位发生合同关系，这些关系在很大程度上影响施工合同的履行，因此，合同管理部门和人员对这类合同的监督也不能忽视。

工程活动之间在时间和空间上的不协调。合同责任界面争执在工程实施中很常见，常常出现互相推卸一些合同中或合同事件表中未明确划定的工程活动的责任。这会引起内部和外部的争执，对此合同管理人员必须做判定和调解工作。

（4）对各种书面文件作合同方面的审查和控制

合同管理工作一旦进入施工现场后，合同的任何变更，都应由合同管理人员负责提出；向分包商的任何指令，给业主的任何文字答复、请示，都必须经合同管理人员审查，并记录在案。

（5）会同监理工程师对工程及所用材料和设备质量进行检查监督

按合同要求，对工程所用材料和设备进行开箱检查或验收，检查是否符合质量，符合图纸和技术规范等的要求。进行隐蔽工程和已完工程的检查验收，负责验收文件的起草和验收的组织工作。

（6）对工程款申报表进行检查监督

会同造价工程师对向业主提出的工程款申报表和分包商提交来的工程款申报表进行审查和确认。

（7）处理工程变更事宜

4.进行合同跟踪

（1）合同跟踪的作用

在工程实施过程中，由于实际情况千变万化，易导致合同实施与预定目标（计划和设计）偏离。如果不采取措施，这种偏差常常由小到大，逐渐积累。合同跟踪可以不断地找出偏离，不断地调整合同实施，使之与总目标一致。这是合同控制的主要手段。合同跟踪的作用有：

1）通过合同实施情况分析，找出偏离，以便及时采取措施，调整合同实施过程，达到合同总目标。

2）在整个工程过程中，使项目管理人员一直清楚地了解合同实施情况。

（2）合同跟踪的依据

1）合同和合同分析的成果，如各种计划、方案、合同变更文件等。

2）各种实际的工程文件，如原始记录，各种工程报表、报告、验收结果等。

3）工程管理人员每天对现场情况的直观了解。

（3）合同跟踪的对象

1）对具体的合同活动或事件进行跟踪

对照合同事件表的具体内容，分析该事件的实际完成情况。一般包括，完成工作的数量、完成工作的质量、完成工作的时间，以及完成工作的费用等情况，这样可以检查每个合同活动或合同事件的执行情况。

2）对工程小组或分包商的工程和工作进行跟踪

一个工程小组或分包商可能承担许多专业相同、工艺相近的分项工程或许多合同事件，必须对它们实施的总情况进行检查分析。

3）对业主和工程师的工作进行跟踪

业主和工程师是承包商的主要合同伙伴，业主和工程师必须正确、及时地履行合同责任，及时提供各种工程实施条件。在工程中承包商应积极主动地做好工作，如提前催要图纸、材料，对工作事先通知。

4）对总工程进行跟踪

在工程施工中，常常会出现如下问题：工程整体施工秩序问题，如实施现场混乱，拥挤不堪；合同事件之间和工程小组之间协调困难；出现事先未考虑到的情况和局面；发生较严重的工程事故等。已完工程未能通过验收，出现大的工程质量问题，工程试生产不成功，或达不到预定的生产能力等。施工进度未能达到预定计划，主要的工程活动出现拖期，在工程周报和月报上计划和实际进度出现大的偏差。计划和实际的成本曲线出现大的偏离。

这就要求合同管理人员明白合同的跟踪不是一时一事，而是一项长期的工作，贯穿于整个施工过程中。在工程管理中，可以采用累计成本曲线（S形曲线）对合同的实施进行跟踪分析。

5.进行合同诊断

在合同跟踪的基础上可以进行合同诊断。合同诊断是对合同执行情况的评价、判断和趋向分析、预测。

（1）合同执行差异的原因分析

合同管理人员通过对不同监督对象和跟踪对象的计划和实际的对比分析，不仅可以得到合同执行的差异，而且可以探知引起这个差异的原因。

（2）合同差异责任分析

合同分析的目的是要明确责任。即这些原因由谁引起？该由谁承担责任？这常常是索赔的埋由。一般只要原因分析详细，有根有据，则责任分析自然清楚。责任分析必须以合同为依据，按合同规定落实双方的责任。

（3）合同实施趋向预测

对于合同实施中出现的偏差，分别考虑是否采取调控措施，以及采取不同的调控措施情况下，合同的最终执行后果，并以此指导后续的合同管理。

最终的工程状况，包括总工期的延误，总成本的超支，质量标准，所能达到的生产能力（或功能要求）等；承包商将承担什么样的结果，如被罚款、被清算，甚至被起诉，对承包商资信、企业形象、经营战略的影响等；最终工程经济效益（利润）水平。

综合上述各方面，即可以对合同执行情况作出综合评价和判断。

6.合同实施后评估

由于合同管理工作比较偏重于经验，只有不断总结经验，才能不断提高管理水平，才能通过工程不断培养出高水平的合同管理者，所以，在合同执行后必须进行合同后评价，将合同签订和执行过程中的利弊得失、经验教训总结出来，作为以后工程合同管理的借鉴。

合同实施后评价的包括如下内容：

（1）合同签订情况评价

具体包括：预定的合同战略和策略是否正确？是否已经顺利实现？招标文件分析和合同风险分析的准确程度；该合同环境调查、实施方案、工程预算以及报价方面的问题及经验教训；合同谈判的问题及经验教训，以后签订同类合同的注意点；各个相关合同之间的协调问题等。

（2）合同执行情况评价

具体包括：本合同执行战略是否正确，是否符合实际，是否达到预想的结果；在本合同执行中出现了哪些特殊情况；事先可以采取什么措施防止、避免或减少损失；合同风险控制的利弊得失；各个相关合同在执行中协调的问题等。

（3）合同管理工作评价

这是对合同管理本身，如工作职能、程序、工作成果的评价，具体包括：合同管理工作对工程项目的总目标的贡献或影响；合同分析的准确程度；在招标投标和工程实施中，合同管理子系统与其他职能的协调问题，需要改进的地方；索赔处理和纠纷处理的经验教训等。

（4）合同条款分析

具体包括：本合同的具体条款的表达和执行利弊得失，特别对本工程有重大影响的合同条款及其表达；本合同签订和执行过程中所遇到的特殊问题的分析结果；对具体的合同条款如何表达更为有利等。合同条款的分析可以按合同结构分析中的子目进行，并将其分析结果存入计算机中，供以后签订合同时参考。

6.2.4 建设工程合同变更管理

任何工程项目在实施过程中由于受到各种外界因素的干扰，都会发生程度不同的变更，它无法事先作出具体的预测，而在开工后又无法避免。而由于合同变更涉及工程价款的变更及时间的补偿等，这直接关系项目效益。因此，变更管理在合同管理中就显得相当重要。

变更是指当事人在原合同的基础上对合同中的有关内容进行修改和补充，包括工程实施内容的变更和合同文件的变更。

1. 合同变更的原因

合同内容频繁变更是工程合同的特点之一。对一个较为复杂的工程合同，实施中的变更事件可能有几百项，合同变更产生的原因通常有如下几个方面：

（1）工程范围发生变化

业主新的指令，对建筑新的要求，要求增加或删减某些项目、改变质量标准，项目用途发生变化；政府部门对工程项目有新的要求，如国家计划、环境保护要求、城市规划的调整或变动等。

（2）设计原因

由于设计考虑不周，不能满足业主的需要或工程施工的需要，或设计错误等，必须对设计图纸进行修改。

（3）施工条件变化

在施工中遇到的实际现场条件同招标文件中的描述有本质的差异，或发生不可抗力等。即预定的工程条件不准确。

（4）合同实施过程中出现的问题

主要包括业主未及时交付设计图纸等，以及未按规定交付现场、水、电、道路等；由于相关技术和知识升级或更新，有必要改变原实施方案，以及业主或监理工程师的指令改变了原合同规定的施工顺序，打乱了施工部署等。

2. 工程变更对合同实施的影响

由于发生上述这些情况，造成原"合同状态"的变化，必须对原合同规定的内容作相应的调整。

合同变更实质上是对合同的修改，是双方新的要约和承诺。这种修改通常不能免除或改变承包商的工程责任，但对合同实施影响很大，主要表现在以下几个方面：

（1）定义工程目标和工程实施情况的各种文件，如设计图纸、成本计划和支付计划、工期计划、施工方案、技术说明和适用的规范等，都应作相应的修改和变更。

当然，相关联的其他计划也须作相应调整，如材料采购订货计划、劳动力安排、机械使用计划等。所以，它不仅引起与承包合同平行的其他合同的变化，而且会引起所属的各个分合同，如供应合同、租赁合同、分包合同的变更。有些重大的变更会打乱整个施工部署。

（2）引起合同双方、承包商的工程小组之间、总承包商和分包商之间合同责任的变化。如工程量增加，则增加了承包商的工程责任，增加了费用开支和延长了工期，对此，按合同规定应有相应的补偿。这些极容易引起合同争执。

（3）有些工程变更还会引起已完工程的返工，现场工程施工的停滞，施工秩序打乱，已购材料的损失等，对此也应有相应的补偿。

3. 工程变更方式和程序

（1）工程变更方式

工程的任何变更都必须获得监理工程师的批准，监理工程师有权要求承包商进行其认为适当的任何变更工作，承包商必须执行工程师为此发出的书面变更指示。如果监理工程师由于某种原因必须以口头形式发出变更指示时，承包商应遵守该指示，并在合同规定的期限内要求监理工程师书面确认其口头指示，否则，承包商可能得不到变更工作的支付。

（2）工程变更程序

工程变更应有一个正规的程序，应有一整套申请、审查、批准手续，如图6-11所示。

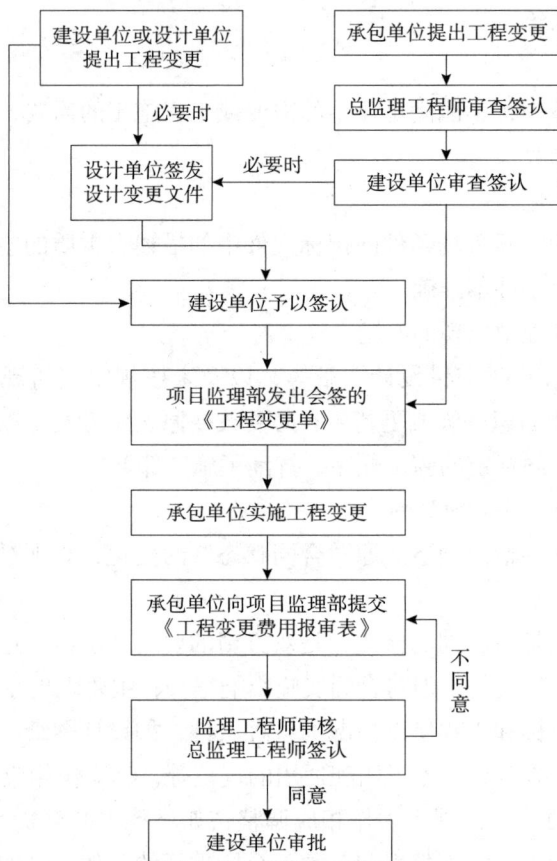

图 6-11 工程变更程序

4. 工程变更及合同管理

（1）对业主（监理工程师）的口头变更指令，承包商必须遵照执行，但应在规定的时间内书面向监理工程师索取书面确认。如果监理工程师在规定的时间内未予以书面否决，则承包商的书面要求信即可作为监理工程师对该工程变更的书面指令。监理工程师的书面变更指令是支付变更工程款的先决条件之一。

（2）工程变更不能超过合同规定的工程范围。如果超过这个范围，承包商有权不执行变更或坚持先商定价格后再进行变更。

（3）注意变更程序上的矛盾性。合同通常都规定，承包商必须无条件执行变更指令（即使是口头指令），所以应特别注意工程变更的实施、价格谈判和业主批准三者之间在时间上的矛盾性。

（4）在合同实施中，合同内容的任何变更都必须由合同管理人员提出。与业主，与总（分）包之间的任何书面信件、报告、指令等都应经合同管理人员进行技术和法律方面的审查。这样才能保证任何变更都在控制中，不会出现合同问题。

（5）在商讨变更，签订变更协议过程中，承包商必须提出变更补偿（即索赔）问题。在变更执行前就应明确补偿范围、补偿方法、索赔值的计算方法、补偿款的支付时间等；双方应就这些问题达成一致。这是对索赔权的保留，以防日后出现争执。

在工程变更中，特别应注意因变更造成返工、停工、窝工、修改计划等引起的损失，注意这些方面证据的收集。在变更谈判中应对此进行商谈。

6.3 工程合同的法律基础

在市场经济中，工程承包合同的订立是一个法律行为，它受国家法律制约和保护，这些法律被称为建设工程合同的法律基础或法律背景。合同的法律基础对合同的签订、执行、合同争执的解决常常起决定性作用。建设工程合同在其签订和实施过程中受到相关法律的制约和保护。合同的有效性及合同的签订与实施带来的法律后果按相关法律判定。

在我国，建设工程合同的法律基础是一个完整的法律体系。这个法律体系，主要包括以下几个层次（表 6-3）：

建设工程合同的法律体系   表 6-3

法的形式	制定机关	名称规律
宪法	全国人大	—
法律	全国人大及其常委会	《××法》
行政法规	国务院	《××条例》
地方法规	省级、设区的市级人大常委会	
部门规章	国务院各部委	《××办法》；《××规定》；《××实施细则》
地方政府规章	省级、设区的市政府	

推行建设工程招标投标与合同管理，我国有关部门从立法到实际操作等方面做了大量的工作，形成了比较完善的法律体系。这一法律体系主要包括规范建设工程招标投标活动的《招标投标法》；规范建设工程合同本身的《民法典》《建筑法》；规范建设工程合同其他法律关系的《担保法》《保险法》《仲裁法》《民事诉讼法》等。

6.3.1 合同法律关系

1. 法律关系与合同法律关系

法律关系，是指由法律规范所确认和调整的人与人之间的权利和义务关系。人们在社会生活中会结成各种各样的社会关系，每一种社会关系都要受到法律规范的确认和调整，当某一社会关系为法律规范所调整并在这一关系的参与者之间形成一定的权利义务关系时，即构成法律关系。

合同法律关系，是指由合同法律规范调整的当事人在民事流转过程中形成的权利义务关系。合同法律关系是一种重要的和常见的法律关系，包括主体、客体和内容三个不可缺少的要素，缺少其中任何一个要素都不能构成合同法律关系，改变其中任何一个要素就改变了原来设定的合同法律关系。

2. 合同法律关系主体、客体和内容

合同法律关系的主体，是指合同法律关系的参加者或当事人，即参与合同法律关系，依法享有权利、承担义务的当事人。包括自然人、法人和其他组织。

（1）自然人

自然人，是指基于出生而成为民事法律关系主体的有生命的人。自然人既包括公民，也包括外国人和无国籍人，他们都可以作为合同法律关系的主体。自然人作为合同法律关系主体应当具有相应的民事权利能力和民事行为能力。

（2）法人

法人，是具有民事权利能力和民事行为能力，依法独立享有民事权利和承当民事义务的组织。这项制度为确立社会组织的权利、义务，便于社会组织独立承担责任奠定了基础。法人必须依法成立，有必要的财产或者经费，有自己的名称、组织机构和场所，能独立承担民事责任。

6-9
法人的概念

（3）其他组织

法人以外的其他组织也可以成为合同法律关系主体，主要包括：不具备法人资格的联合体、合伙企业、个人独资企业、法人的分支机构或职能部门等。这些组织应当是依法成立，有自己的组织机构和财产，但又不具备法人资格的组织。

3. 客体及其种类

合同法律关系的客体，是指合同法律关系主体的权利和义务所指向的对象。包括物、行为、智力成果等。

（1）物

物，是指可为人们控制，具有经济价值的生产资料和消费资料。它包括自然资源和人工制造的产品。物是合同法律关系中最常见的客体，可以分为动产和不动产、流通物与限制流通物等。建筑材料、建筑设备、房屋建筑等是建设工程常见物的形态。货币作为一般等价物也是法律意义上的物，可以作为合同法律关系的客体。

（2）行为

行为，是指合同法律关系主体有意识的活动，它是以人们的意志为转移的法律事实。在合同法律关系中，行为多表现为完成一定的工作和提供一定劳务，如建设工程中常见的勘察设计、工程监理、施工安装等。

（3）智力成果

智力成果，是指人们脑力劳动所产生的成果。如专利权、商标权、著作权、计算机软件等。它们虽不呈物质形态，但具有重要的经济价值和社会价值，一旦和社会生产相结合，便可创造出巨大的物质财富。

4. 内容

合同法律关系的内容，是指法律规定和合同约定的合同法律关系主体的权利和义务。合同法律关系的内容是合同的具体要求，是连接主体与客体的纽带。

（1）权利

权利，是指主体依据法律规定和合同约定，有权按照自己的意志作出某种行为，以实现其合法权益。当权利受到侵犯时，法律将予以保护。

（2）义务

义务，是指主体必须按照法律规定和合同约定承担应负的责任。义务和权利是相互对应的，相应主体应自觉履行义务，否则应承担相应的法律责任。

6-10
权利的具体
含义

6-11
义务的具体
含义

5. 合同法律关系的产生、变更与消灭

（1）合同法律事实及其分类

合同法律事实，是指能够引起合同法律关系产生、变更或消灭的客观情况。这种客观情况多种多样，但主要包括行为和事件两大类。

1）行为

行为，是指合同法律关系主体有意识地能够引起合同法律关系产生、变更、消灭的活动，它是以人们的意志为转移的法律事实。行为可分为合法行为与违法行为。

此外，行政行为和发生法律效力的法院判决以及仲裁机构发生法律效力的裁决等，也是一种法律事实，也能引起法律关系的产生、变更、消灭。

2）事件

事件，是指不以合同法律关系主体的主观意志为转移而发生的，能够引起合同法律关系产生、变更、消灭的客观现象。这些客观现象的出现与否，是当事人无法预见和控制的。事件可分为自然事件、社会事件和意外事件。

（2）合同法律关系的产生

合同法律关系的产生，是指由于一定的客观事实的存在，在合同法律关系主体之间形成一定的权利义务关系。如业主与施工企业之间协商一致，签订建设工程施工合同，就产生了受法律和施工合同调整的合同法律关系。

（3）合同法律关系的变更

合同法律关系的变更，是指合同法律关系形成以后，由于一定的客观事实的出现而引起合同法律关系的主体、客体、内容的变化，如合同法律关系的主体数量的增减、客体的扩大或缩小、权利义务的改变等。合同法律关系的变更不是任意的，它受到法律的严格限制，并要严格依照法定程序进行。

（4）合同法律关系的消灭

合同法律关系的消灭，是指合同法律关系主体之间的权利和义务不复存在。合同法律关系消灭常见的情况有：

1）主体实现了权利、履行了义务而自然消灭。

2）双方协商一致而提前消灭。

3）发生不可抗力，无法实现合同目的而消灭。

4）当事人严重违约引起的消灭。

6.3.2　建设工程代理制度

1. 代理及其种类

代理，是指代理人在代理权限内，以被代理人的名义向第三人作出意思表示，所产生的权利义务由被代理人享有和承担的法律行为。代理是一种民事法律行为，许多被代理人的民事法律行为都可以由代理人的行为来实现，如代订合同等。

（1）代理形式

代理分为委托代理、法定代理和指定代理三种形式。

1）委托代理

委托代理，是指根据被因代理人的委托授权而产生的代理，如公民委托律师代理诉讼即属于委托代理。委托代理关系的产生，需要在代理人与被代理人之间存在基础法律关系，如委托合同关系、合伙合同关系、工作隶属关系等。委托代理只有在被代理人对代理人进行授权后，才能真正成立。委托代理可采用口头形式授权，也可以采用书面形式授权，如果法律明确规定必须采用书面形式的，则必须采用书面形式，如代签合同的行为，就必须采用书面形式授权。

2）法定代理

法定代理，是基于法律的直接规定而产生的代理，如父母代理未成年人进行民事活动。法定代理是为了保护无行为能力人或限制行为能力人的合法权益而设立的一种代理形式，适用范围比较窄。

3）指定代理

指定代理，是指根据主管机关或人民法院的指定而产生的代理。这种代理也主要是为无行为能力人和限制行为能力人而设立的。

6-12
代理的法律
特征

（2）无权代理

无权代理，是指行为人没有代理权而以他人名义进行民事、经济活动。无权代理主要有以下几种表现形式：无合法授权的"代理"行为；超越代理权限的"代理"行为；代理权终止后的"代理"行为。

对于无权代理行为，"被代理人"不承担法律责任。

（3）代理制度中的民事责任

代理关系是一种民事法律关系，必然涉及民事责任，代理制度中对民事责任作了专门的规定。

2. 建设工程代理行为的设立和终止

（1）建设工程代理行为的设立

建设工程活动中涉及的代理行为比较多，如工程招标代理、材料设备采购代理、诉讼代理等。建设工程活动不同于一般的经济活动，其代理行为不仅要依法实施，有些还要受到法律的限制。

1）不得委托代理的建设工程活动

《民法典》规定，依照法律规定、当事人约定或者民事法律行为的性质，应当由本人亲自实施的民事法律行为，不得代理。

建设工程承包活动不得委托代理。《建筑法》规定，禁止承包单位将其承包的全部建筑工程转包给他人，禁止承包单位将其承包的全部建筑工程肢解以后以分包的名义分别转包给他人。施工总承包的，建筑工程主体结构的施工必须由总承包单位自行完成。

2）须取得法定资格才能从事的建设工程代理行为

一般的代理行为可以由自然人、法人担任代理人，但是，某些建设工程代理行为必须由具有法定资格的组织实施。如《招标投标法》规定，招标代理机构是依法设立、从事招标代理业务并提供相关服务的社会中介组织。从事建设工程项目招标代理业务的招标代理机构，其资格由国务院或省、自治区、直辖市人民政府建设行政主管部门认定。

3）建设工程代理的委托

建设工程代理的委托常用书面授权形式，如项目经理作为施工企业的代理人、总监理工程师作为监理企业的代理人等，授权行为由企业的法定代表人完成。书面委托代理的授权委托书应当载明代理人的姓名或名称、代理事项、权限和期限，并由委托人签名或盖章。

6-13
建设工程中委托代理应注意的问题

（2）建设工程代理行为的终止

我国《民法典》对委托代理、法定代理和指定代理行为的终止分别作了专门规定，建设工程代理行为的终止主要有以下三种情况：

1）代理期限届满或代理事务完成。

2）被代理人取消委托或者代理人辞去委托。

3）作为被代理人或者代理人的法人、非法人组织终止。

6.3.3 建设工程担保制度

1. 担保及其目的

担保，是指合同的当事人双方为了使合同能够得到切实履行，根据法律、法规的规定，经双方协商一致而采取的一种具有法律效力的保护措施。担保的目的在于促使当事人履行合同，从而在更大程度上使权利人的权益得以实现。

6-14
各担保方式的概念

2. 担保方式

我国《民法典》规定的担保方式有五种，即保证、抵押、质押、留置和定金，详见表 6-4。

担保的方式

表 6-4

担保属性	担保方式	提供方	担保物类型	实现方式
人的担保	保证	第三人提供		
物的担保	抵押	债务本人提供或第三人提供	动产、不动产	不转移占有
	质押		动产、权利	转移占有
	留置	债务本人提供	动产	转移占有
金钱担保	定金			转移占有

3. 建设工程担保的方式和责任

担保方式有多种，这些方式在建设工程中均可应用。但是由于建设工程的特点，保证成为建设工程中最为常见的担保方式。

（1）保证合同

由于建设工程担保的标的较大，保证人往往是银行，也有信用较高的其他保证人，如担保公司。银行出具的保证通常称为保函，其他保证人出具的书面保证一般称为保证书。

保证人与债权人应当以书面形式订立保证合同，保证人与债权人可以就单个主合同签订保证合同，也可以协议在最高债权额限度内就一定期间连续发生的借款合同或者某项交易合同订立一个保证合同。保证合同应包括以下内容：

1）被保证的主债权种类、数额。

2）债务人履行债务的期限。

3）保证的方式。

4）保证的范围。

5）保证的期间。

6）双方认为需要约定的其他事项。

（2）保证方式

保证的方式有一般保证和连带责任保证两种。当事人在保证合同中约定，债务人不能履行债务时，由保证人承担保证责任的为一般保证；当事人在保证合同中约定，保证人与债务人对债务承担连带责任的为连带责任保证。连带责任保证的债务人在主合同规定的债务履行期届满没有履行债务的，债权人可以要求债务人履行债务，也可以要求保证人在其保证范围内承担保证责任。

当事人对保证方式没有约定或约定不明确的，按照连带责任保证承担保证责任。

（3）保证责任

保证合同生效后，保证人就应当在合同约定的保证范围和保证期间承担保证责任。

保证担保的范围一般包括主债权及利息、违约金、损害赔偿金和实现债权的费用。保证合同另有约定的，按照约定。当事人对保证担保的范围没有约定或者约定不明确的，保证人应当对全部债务承担责任。

保证期间，当事人依法将主债权转让给第三人的，保证人在原保证担保的范围内继续承担保证责任；保证合同另有约定的，按照约定。

（4）建设工程常用的担保形式

与建设工程相关的担保，经常发生在施工招标投标与施工阶段，其常用的形式有投标保证金、履约保证金和工程款支付担保等。

1）投标保证金

投标保证金，是指投标人按照招标文件的要求向招标人出具的、以一定金额表示的投标责任担保。投标保证金除现金以外，还可以是银行出具的银行保函、保兑支票、银行汇票或现金支票等。

2）履约保证金

在建设工程施工招标中，招标人为保护自己的经济利益，往往在招标文件中要求投标人提交履约保证金。履约保证金，是为了保证施工合同的顺利履行而要求承包人提供的担保。履约保证金多采用第三人的信用保证，一般采用银行或者担保公司向招标人出具履约保函或者保证书的方式。

3）工程款支付担保

如果招标人要求投标人提交履约保证金或者其他形式履约担保的，作为对等条件，招标人应当同时向中标人提供工程款支付担保。工程款支付担保，是指发包人向承包人提交的、按照施工合同约定支付工程款的担保。一般采用银行出具履约保函的方式。

4）施工预付款担保

施工活动开始以前，发包人要向承包人支付施工预付款用于施工准备，但为了确保施工预付款不被挪作他用，发包人就会要求承包人提供施工预付款担保。施工预付款担保是由承包人提交的、为保证返还预付款的担保。一般采用银行出具保函的方式，担保金额应当与预付款金额相同。

6.3.4 建设工程保险制度

建设工程保险是财产保险的一部分。由于建设工程施工过程中会涉及各种复杂多样的法律关系，时间又比较长，可能发生的风险也比较多，所以建设工程保险是必不可少的财产保险。

建设工程涉及险种较多，主要包括建筑工程一切险（及第三者责任险）、安装工程一切险（及第三者责任险）、机器损坏险、机动车辆险、建筑职工意外伤害险、勘察设计责任险、工程监理责任险等。

6-15
建设工程一
切险及安装
工程一切险

6.3.5 诉讼时效制度

1. 诉讼时效及其特征

诉讼时效，是指权利人在法定期间内，未向人民法院提起诉讼请求保护其权利时，法律规定消灭其胜诉权的制度。即当公民或法人的民事权利受到侵害时，在诉讼时效期间内未向人民法院提起诉讼，就丧失了请求人民法院依据法律程序强制义务人履行义务的权利。

（1）诉讼时效属于消灭时效。

（2）诉讼时效届满不消灭实体权利。

（3）诉讼时效属于强制性的规定。

2. 诉讼时效期间

根据我国《民法典》的规定，除法律另有规定以外，普通诉讼时效期间为两年。下列诉讼时效期间为一年：身体受到伤害要求赔偿的；出售质量不合格的商品未声明的；延付或拒付租金的；寄存财物被丢失或损毁的。

诉讼时效期间从权利人知道或者应当知道其权利受到侵害之日起开始计算。但是，从权利被侵害之日起超过二十年的，人民法院不予保护。我国《民法典》规定，在诉讼时效期间的最后六个月，因不可抗力或者其他障碍不能行使请求权的，诉讼时效中止。从中止诉讼时效的原因消除之日起满六个月，诉讼时效期间届满。诉讼时效因提起诉讼，当事人一方提出要求或者同意履行义务而中断，从中断时起，诉讼时效期间重新计算。

6.4 建设工程合同管理的相关法律

市场经济条件下，要求我们在建设工程合同管理时要严格依法进行。为了维护建筑市场秩序，规范市场行为，保护人民群众的生命财产安全和合同当事人的合法权益，我国法律、行政法规、地方性法规、部门规章、司法解释及规范性文件均对建设工程合同的订立、履行、管理进行规制，形成了一套完整的建设工程合同管理的法律制度。

6.4.1 法律

法律指由全国人民代表大会及其常务委员会审议通过并颁布的法律。建设工程合同管理应以法律为依据，只有以合法为前提进行合同管理，才能切实保障业主的根本利益，促进工程的顺利建设。与建设工程合同管理密切相关的法律概括起来有两类，一类是包括《民法典》在内的民事商事法律，另一类是包括《建筑法》《招投标法》在内的经济法。合同管理人员应熟知相关法律并能够较为熟练地应用，以保证合同条款的合法性，从而才能保证合同的有效性。

建设工程合同管理相关法律体系主要有：基本法律——《民法典》；规范建筑市场工程采购的主要法律——《招标投标法》；规范建筑活动的基本法律——《建筑法》；合同订立履行中需提供担保的——《民法典》；合同订立履行中需提供投保的——《保险法》；建设合同工程合同中需要建立劳动关系的——《劳动法》；合同履行中发生争议，当事人之间有仲裁协议的——《仲裁法》；合同履行中发生争议，当事人之间没有仲裁协议的——《民事诉讼法》。

6.4.2 行政法规

建设工程合同及管理基础涉及众多法规章程。其中行政法规是由国务院依据法律制定或者颁布的法规，用于规范行政管理和公共事务的进行。在建设工程领域，行政法规起到了重要的规范和监管作用，保障了建设工程的安全、质量和效益。

《建筑工程安全生产管理条例》明确了建设单位、施工单位和监理单位等各方在建筑工程安全生产中的责任和义务，要求加强对施工现场的管理，提高施工安全标准，有效预防和应对安全事故。此外，条例还规定了安全监督和事故调查的程序，以确保安全问题及时得到解决和处理。

《建设工程质量管理条例》要求建设单位必须建立质量管理体系，制定质量控制计划，加强对材料和施工工艺的检验和测试，确保工程质量符合规定标准。同时，条例还规定了施工单位必须派专人进行质量监督和检查，监理单位负责对工程质量进行监督和抽查，确保工程质量的合格和稳定。

《建设工程勘察设计管理条例》明确了勘察设计单位的资质要求和登记程序，规定了勘察设计过程中的各项要求和标准。必须建立和完善质量保证体系，保障勘察设计质量的可靠性和稳定性。

6.4.3　行政规章

本章中的行业规章是由住房和城乡建设部或国务院的其他主管部门依据法律和行政法规制定和颁布的。这些规章对于建设工程的管理和运作起着重要的规范和指导作用，能确保建设工程的顺利进行和高质量完成。

《建筑工程施工许可管理办法》是一部重要的行业规章，它规定了建设工程施工许可的程序和条件。根据该办法，施工单位在进行建设工程施工前，必须取得相应的施工许可证，同时满足一定的资质要求和技术条件。这样可以保证施工单位的技术能力和资质达到一定标准，确保施工的安全和质量。

《工程建设项目施工招标投标办法》和《建筑工程设计招标投标管理办法》是规范建设工程招标投标活动的行业规章。这两部办法分别对施工和设计领域的招标投标过程进行了详细规定，包括投标文件的准备、评标方法、评标标准等内容。这样可以保证招标投标过程的公平、公正和透明，确保工程项目的合理选择和高质量完成。

《建筑业企业资质管理规定》是针对建筑业企业资质进行管理的行业规章。该规定规范了建筑业企业资质的申请条件和审批程序，对建筑企业的经营范围和资质等级进行了分类和规范。这样可以保证建筑企业的资质与其承接的建设工程相匹配，提高了建设工程的质量和效率。

《建筑工程施工发包与承包计价管理办法》是规范建筑工程发包与承包计价的行业规章。该办法规定了发包与承包的程序和要求，包括发包计价、结算和支付等内容。这样可以确保建设工程发包与承包过程的合法性和规范性，避免纠纷的发生。

综上所述，行业规章在建设工程合同及管理中起着重要的作用。这些规章对于建设工程的管理和运作提供了明确的指导，保障了建设工程的安全、质量和效益。在建设工程合同签订和管理过程中，各方当事人必须严格遵守这些规章的相关规定，确保建设工程的合法性和规范性，共同推动建设工程的可持续发展。

6.4.4　地方法规和地方部门规章

地方法规和部门规章是法律和行政法规的细化、具体化，如《北京市建筑市场管理条例》《北京市建设工程招投标监督管理规定》等。

下层次的地方法规和规章不能违反上层次的法律和行政法规，而行政法规业不能违反法律，上下形成一个统一的法律体系。在不矛盾、不抵触的情况下，在上述法律体系中，对于一个具体的合同和具体的问题，通常特殊、详细的具体规定优先。

6.4.5　司法解释

本章中的司法解释是为了正确审理建设工程施工合同纠纷案件，依法保护当事人合法权益，维护建筑市场秩序，促进建筑市场健康发展而制定的法律文件。这些司法解释是根据《民法典》《建筑法》《招标投标法》《民事诉讼法》等相关法律规定，结合审判实践，由最高人民法院制定的。

《最高人民法院关于审理建设工程施工合同纠纷案件适用法律问题的解释（一）》（法释〔2020〕25号）是针对建设工程施工合同纠纷案件的司法解释。该解释对于建设工程施工合同的签订、履行、变更、解除等方面的法律问题进行了详细规定。

《最高人民法院关于商品房消费者权利保护问题的批复》（法释〔2023〕1号）是针对建筑市场中商品房消费者权利保护问题的司法解释。

这些司法解释的出台，为建设工程合同及管理提供了明确的法律依据和指导，使法律的适用更加具有针对性和实践性。同时，这些司法解释的制定也是对建筑市场的监管和规范，促进了建筑市场的秩序和健康发展。在建设工程合同及管理过程中，各方当事人应当严格遵守这些司法解释的相关规定，共同推动建设工程的可持续发展。

6.4.6　各部委制定实施的标准文本和示范文本

建设工程合同示范文本虽然属于推荐性文本而非强制使用文本，但对减少合同争议，完善合同管理起到了极大的推动作用。原因在于：①示范文本是建设工程领域内的专家智慧结晶；②示范文本是行业惯例；③示范文本在完备合同内容、平衡合同当事人权利义务、分配合同当事人风险负担方面起到不可替代作用。示范文本对当事人权利义务影响甚大，合同当事人在签订合同时若不使用示范文本很难写出内容完备、权利义务配置相对公平、风险分担相对合理的合同，因此，建设工程合同当事人应重视学习和使用示范文本。

目前住房和城乡建设部会同国家市场监督总局制定实施了以下方面的建设工程示范文本：

（1）土地合同示范文本。

（2）全过程工程咨询合同示范文本。

（3）工程总承包合同示范文本。

（4）施工（分包）合同示范文本。

（5）勘察、设计、监理、造价咨询合同示范文本。

（6）其他合同相关文本。

思考题

1. 工程项目有哪些合同关系?

2. 现代工程合同有何特点?

3. 合同整体策划包括哪些内容?

4. 合同文本分析的要求是什么?

5. 如何建立合同实施的保证体系?

6. 合同法律关系的客体有几类?

7. 建设工程代理行为的终止有几种情况?

8. 诉讼时效有何特征?

第3篇

建筑工程合同专项管理

第 **7** 章　　建设工程施工合同管理

学习目标：了解建设工程施工合同及其特点与分类；熟悉建设工程施工合同示范文本；掌握建设工程施工合同文件的组成及解释顺序；掌握建设工程施工合同订立的有关内容；熟悉施工准备阶段合同管理的有关内容；掌握施工过程合同管理的有关内容；熟悉竣工阶段合同管理的有关风险防范的内容。

知识图谱：

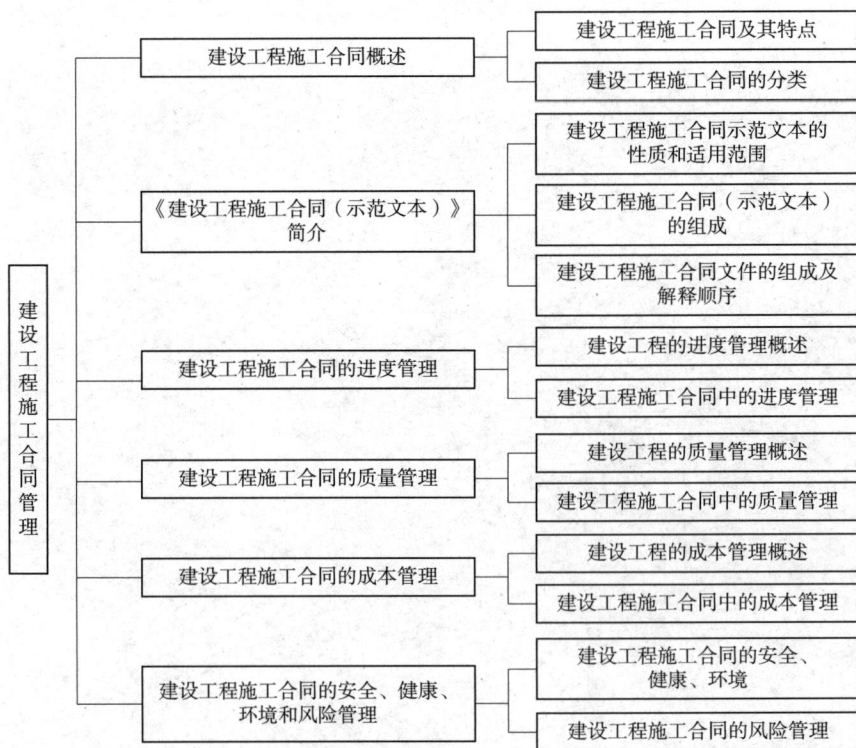

7.1 建设工程施工合同概述

7.1.1 建设工程施工合同及其特点

《建筑法》第二条第二款规定："本法所称建筑活动，是指各类房屋建筑及其附属设施的建造和与其配套的线路、管道、设备的安装活动。"建设单位与施工单位为完成前述建筑施工而签订的合同，即建设工程施工合同。建设工程施工合同中需约定工程范围、工程价款、工程质量、履行期限及其他发、承包人的权利义务。

在建设工程施工合同中，建设单位又称为发包人，其主要合同义务是向施工单位支付工程价款，主要合同权利是接收符合合同约定条件的建筑工程。施工单位又称为承包人，其主要合同义务是按照约定的质量和期限向建设单位交付建筑工程，主要合同权利则是收取工程价款。

《民法典》第七百七十条规定："承揽合同是承揽人按照定作人的要求完成工作，交付工作成果，定作人支付报酬的合同。"从广义上来说，建设工程施工合同属于承揽合同的一种，即承揽人（承包人）按照定作人（发包人）的要求完成承揽工作（工程建设），并交付工作成果（竣工工程），定作人向承揽人支付报酬的合同。但是由于建设工程施工合同在经济活动、社会活动中具有重要作用，并且从合同标的以及国家行政管理的角度来看均有别于一般的承揽合同，因此《民法典》中在承揽合同后为建设工程合同单独设专章。《民法典》第七百八十八条规定："建设工程合同是承包人进行工程建设，发包人支付价款的合同。建设工程合同包括工程勘察、设计、施工合同。"所以建设工程施工合同在法律适用时，应当适用《民法典》中对于建设工程合同的专门规定。

建设工程施工合同是建设工程合同中的主要合同种类之一，也是最复杂的合同，具有鲜明的特点。

1. 合同标的的特殊性

建设工程施工合同的标的是建筑工程，具有固定性和单件性的特点。建筑工程属于不动产，且类别庞杂，外观、结构、使用目的各不相同。因此每一个建筑工程都需要单独设计和施工，尽管存在可以重复利用的标准设计或图纸，但施工过程中所遇到的情况并不完全相同。建筑工程的固定性和单件性决定了建设工程施工合同标的的特殊性。

2. 合同履行期限的长期性

由于建设工程本身具有结构复杂、体积庞大、建筑材料类型多、工程量大的特殊性，使得建设工程本身施工的工期较长，并且施工过程中各类无法预见情况有可能导致工期延长。因此，建设工程施工合同的履行期限具有长期性的特点。

3. 合同内容的复杂性

建设工程施工合同的主要内容应当包括：工程范围、工程内容、工程工期、工程质量、安全施工、竣工验收、工程价款计价方式/支付方式/结算方式、工程分包、材料设备供应、索赔及不可抗力等。除了发承包双方之间的建设工程施工合同关系外，建设工程中还涉及承包人与分包人之间的分包合同关系、材料买卖合同关系、与劳务人员之间的劳动关系、与保险公司之间的保险合同关系等。建设工程中涉及多方参建主体，导致法律关系和合同内容相对复杂。

4. 合同监督的严格性

因建筑行业是国家经济的支柱产业之一，建设工程对国计民生有重大且深远的影响，同时建设工程质量关乎人民群众的生命财产安全，因此《民法典》《建筑法》《建设工程质量管理条例》《建设工程安全生产管理条例》等法律、行政法规及其他规范性文件对于建设工程施工合同进行了严格的限制和规范。相关法律法规对于建设工程合同主体的资质、法定义务、质量责任、安全责任等作出了明确的规定。

7.1.2 建设工程施工合同的分类

根据合同计价方式的不同，建设工程施工合同可以分为单价合同、总价合同和其他价格形式合同。

1. 单价合同

单价合同是指发承包双方约定以工程量清单及其综合单价进行合同价款计算、调整和确认的建设工程施工合同。[①]

一般在实行工程量清单计价的工程中，应当采用单价模式作为合同计价方式。即在合同中，工程量清单项目综合单价在合同约定的条件下固定不变，超过合同约定条件时，依据合同约定进行调整；工程量清单项目及工程量依据承包人实际完成且应当予以计量的工程量进行计算。[②]

单价合同有助于促进发承包双方对于建设工程施工中的合同价格进行合理分担。单价合同中报价风险由承包人承担，工程量清单的准确性风险由发包人承担。单价合同能够鼓励承包人通过提高工效等手段降低成本，提高工程利润，因此单价合同在国内外施工合同中得到广泛应用。

2. 总价合同

总价合同是指发承包双方约定以施工图及其预算和有关条件进行合同价款计算、调整和确认的建设工程施工合同。[①]

总价合同一般适用于工程任务内容明确、发包人要求条件清楚、计价依据确定的建设工程中。总价合同以施工图纸为基础，发承包双方根据承包人编制的施工图预算商谈，确定合同总价。总价合同签订后，除了合同约定的风险范围之外，合同价格不再做任何调整。因此，签订总价合同对于承包人来说相对风险较高。

---

① 中华人民共和国住房和城乡建设部. 建设工程工程量清单计价标准：GB/T 50500—2024[S]. 北京：中国计划出版社，2025.
② 中国建筑文化中心组织，严敏编. 建设工程工程量清单计价规范释义与解读 [M]. 北京：中国建筑工业出版社，2013.

【案例 7-1】

【案例要点】固定总价包干范围内的工程造价，不予司法鉴定。

法院认为，案涉建设工程施工合同约定采用固定价格，合同价款为
1360 万元。该约定是双方自愿作出的真实意思表示，承包人在签订合同
时应当对合同约定的工程价款有充分认识，其事后认为合同约定价款明
显不公，并主张案涉工程价款应当通过司法鉴定确定，没有事实和法律
依据，二审法院不予支持并无不当。

7-1
案例背景

3. 其他价格形式合同

除了单价合同和总价合同外，发承包双方还可以约定其他的计价模式，如成本加
酬金合同等。

成本加酬金合同是指发承包双方约定以施工工程成本再加合同约定酬金进行合
同价款计算、调整和确认的建设工程施工合同。[①] 成本加酬金合同中，承包人不承担
价格变化和工程量变化风险，由发包人承担该全部风险。成本加酬金合同往往应用于
需要立即开展工作的项目、工程特别复杂且工程技术结构方案不能预先确定的工程
项目等。

7.2 《建设工程施工合同（示范文本）》简介

7.2.1 建设工程施工合同示范文本的性质和适用范围

为了指导建设工程施工合同当事人的签约行为，维护合同当事人的合法权益，依
据原《合同法》（现已失效）、《建筑法》《招标投标法》以及相关法律法规，住房和城
乡建设部、国家工商行政管理总局（已撤销）[②] 制定了《建设工程施工合同（示范文
本）》（GF—2017—0201，以下简称"《施工合同示范文本》"）。

《施工合同示范文本》适用于房屋建筑工程、土木工程、线路管道和设备安装工
程、装修工程等建设工程的施工承发包活动。发承包双方可以结合建设项目的具体情
况，根据《施工合同示范文本》订立相应的建设工程施工合同。

《施工合同示范文本》并非是强制适用的合同文本，行政主管部门制定《施工合
同示范文本》的重要意义在于提高签订合同的质量，减少合同纠纷，减少合同双方在
协商过程中的工作量，平等地保护各方当事人的合法权益。同时，《施工合同示范文
本》是国家行政主管部门制定的，属于行业交易习惯，当发承包双方合同没有约定或
约定不明时，且法律法规也没有明确规定时，可以以《施工合同示范文本》的内容作
为判案的依据。

---

① 中华人民共和国住房和城乡建设部. 建设工程工程量清单计价标准：GB/T 50500—2024[S]. 北京：中国计划出版
社，2025.

② 2018 年 3 月，根据第十三届全国人民代表大会第一次会议批准的国务院机构改革方案，将国家工商行政管理总
局的职责整合，组建中华人民共和国国家市场监督管理总局；将国家工商行政管理总局的商标管理职责整合，
重新组建中华人民共和国国家知识产权局；不再保留国家工商行政管理总局。

7.2.2 建设工程施工合同（示范文本）的组成

《施工合同示范文本》由合同协议书、通用合同条款、专用合同条款和附件，四部分组成。

1. 合同协议书

《施工合同示范文本》合同协议书共计 13 条，主要包括：工程概况、合同工期、质量标准、签约合同价和合同价格形式、项目经理、合同文件构成、承诺以及合同生效等重要内容。在合同协议书部分，集中约定了发承包双方的主要合同权利义务内容，属于施工合同中的纲领性文件，发承包双方一般在协议书部分签字盖章。

2. 通用合同条款

通用合同条款是依据现行法律法规的规定，就工程建设中的相关事项，对发承包双方的权利义务作出的原则性约定，是对施工中共性内容的抽象和总结。发承包双方在签订建设工程施工合同时，不应当对通用条款的内容进行修改，如双方当事人认为合同条款不适用于拟签约工程项目或需要对通用条款内容进行细化明确的，应当在专用合同条款的对应条文部分进行约定。

通用合同条款共计 20 条，具体条款分别为：一般约定，发包人，承包人，监理人，工程质量，安全文明施工与环境保护，工期和进度，材料与设备，试验与检验，变更，价格调整，合同价格、计量与支付，验收和工程试车、竣工结算、缺陷责任与保修、违约、不可抗力、保险、索赔和争议解决。前述条款安排既考虑了现行法律法规对工程建设的有关要求，也考虑了建设工程施工管理的特殊需要。

3. 专用合同条款

专用合同条款是对通用合同条款原则性约定的细化、完善、补充、修改或另行约定的条款。因工程建设内容各不相同，工期、造价等也随之变动，承包人、发包人各自的能力以及施工现场的环境和外部条件的不同，导致通用合同条款不能完全适应各个具体工程的需求。因此，合同当事人可以根据不同建设工程的特点及具体情况，通过双方的谈判、协商对相应的通用合同条款进行修改补充。在使用专用合同条款时，应注意以下事项：

（1）专用合同条款的编号应与相应的通用合同条款的编号一致。

（2）合同当事人可以通过对专用合同条款的修改，满足具体建设工程的特殊要求，避免直接修改通用合同条款。

（3）在专用合同条款中有横道线的地方，合同当事人可针对相应的通用合同条款进行细化、完善、补充、修改或另行约定；如无细化、完善、补充、修改或另行约定，则填写"无"或划"/"。

（4）如合同当事人认为通用合同条款中的内容不适用于本工程的，应在专用合同条款中对于不适用的通用合同条款进行明确约定。

4. 合同附件

《施工合同示范文本》中共约定了 11 个合同附件分为两部分，协议书附件和专用合同条款附件。其中，协议书附件为附件 1《承包人承揽工程一览表》；专用合同条款的附件为附件 2《发包人供应材料设备一览表》、附件 3《工程质量保修书》、附件 4《主要建设工程文件目录》、附件 5《承包人用于本工程施工的机械设备表》、附件 6《承包人主要施工管理人员表》、附件 7《分包人主要施工管理人员表》、附件 8《履约担保格式》、附件 9《预付款担保格式》、附件 10《支付担保格式》、附件 11《暂估价一览表》。

合同附件是发承包双方对于各自权利、义务的进一步明确，使得合同中的有关工作、管理人员等一目了然，便于项目执行和管理。

7.2.3　建设工程施工合同文件的组成及解释顺序

《施工合同示范文本》通用合同条款部分约定，组成合同的各项文件应互相解释，互为说明。除专用合同条款另有约定外，合同文件的优先解释顺序如下：

（1）合同协议书。

（2）中标通知书（如果有）。

（3）投标函及其附录（如果有）。

（4）专用合同条款及其附件。

（5）通用合同条款。

（6）技术标准和要求。

（7）图纸。

（8）已标价工程量清单或预算书。

（9）其他合同文件。

上述各项合同文件包括合同当事人就该项合同文件所作出的补充和修改。属于同一类内容的文件，应以最新签署的为准。在合同订立及履行过程中形成的与合同有关的文件均构成合同文件组成部分，并根据其性质确定优先解释顺序。

7.3　建设工程施工合同的进度管理

7.3.1　建设工程的进度管理概述

1. 进度管理的概念及特征

建设项目施工管理中，工程进度管理是控制施工成本中的重要环节之一。建设工程进度管理是指为确保项目的进度目标而进行的计划、组织、指挥、协调和控制等活动。建设工程进度管理的特征主要为动态变化性和复杂性。

（1）进度管理的动态变化性

建设工程本身具有长期性的特征，在较长的建设周期中，工程的外部环境、法律法规政策、发承包人自身经营状况等均在不断变化过程中，因此建设项目在开工初期制定的进度计划可能会发生一定程度的偏差。因此，发承包双方需要在进度管理过程中，结合实际情况适时地调整进度计划，采取必要的控制措施，排除影响进度的障碍，确保进度目标的实现。

（2）进度管理的复杂性

进度计划按工程单位可分为整个项目总进度计划、单位工程进度计划、分部分项工程进度计划等；按生产要素可分为投资进度计划、物资设备供应计划、劳动力资源配备计划等。工程项目进度计划和控制本身就是一个复杂的系统性工程，这决定了建设工程进度管理的复杂性。

2. 影响工程进度的因素

由于建设工程本身项目周期较长，施工成本较高，涉及的主体较多，因此影响工程进度的因素就很多且互相作用。一般来说，施工阶段影响工程进度的因素包括人为因素、资源因素、技术因素等。

（1）人为因素

在建设工程施工合同履行过程中，实际执行项目管理工作的是发承包双方的项目管理人员，因此在整个施工管理过程中，执行人员实际上是对整体施工管理影响权重最大的因素。

在项目进度管理中，需要项目部配置具有足够组织能力、施工经验、管理经验、协调能力的项目经理及项目部管理人员。项目部需制定切实可行的施工进度计划，按照设计规范和技术要求严格控制施工。发承包双方的项目部人员应当保持有效的沟通，承包人的项目部应当注重与发包人、监理单位的沟通，发包人的项目部应当注意协调总承包人与专业分包单位的关系，发包人的项目部同时应当注意保持与地方政府职能部门的良好沟通等。一旦项目部的人员配备不力，项目部管理人员的组织能力不强，经验不足，缺少计划、控制和协调意识，都有可能造成项目进度失控。

（2）资源因素

在施工过程中需要保证人力资源、物资资源和资金资源配置充足且平衡，如资源配置失衡将必然影响施工进度。例如，施工主材供应困难或材料供应商拖延供货的，将直接影响施工工作的开展，导致工期延误。又如，发包人存在项目资金困难的情况，无法按时向承包人支付工程进度款的，承包人可能会因此停工，直接导致工期延误。

（3）技术因素

承包人在施工组织准备时如不充分，对于出现的施工技术问题缺少应对方法，将导致工期拖延。另外，承包人如果对设计图纸不熟悉或对施工工序中的施工难度未能充分考虑，在实际施工过程中也会因为施工技术难度拖延工程进度，直接影响工程工期。

7.3.2 建设工程施工合同中的进度管理

1. 合同工期

《施工合同示范文本》合同协议书部分第二条为合同工期。发承包双方应当在该条款中明确约定计划开工日期、计划竣工日期以及工期总日历天数。该条文中约定的开、竣工日期为计划开工日期和计划竣工日期，而非工程的实际开工日期和实际竣工日期。工期总日历天数为包含法定节假日的天数，由开工日期和竣工日期计算而来。需要注意的是，《施工合同示范文本》中明确，工期总日历天数与根据前述计划开竣工日期计算的工期天数不一致的，以工期总日历天数为准。

2. 施工组织设计与施工进度计划

施工组织设计是以施工项目为对象编制的，用以指导施工技术、经济和管理的综合性文件。施工组织设计按照编制对象，可分为施工组织总设计、单位工程施工设计和施工方案。承包人提交的施工组织设计中应当包含：

（1）施工方案。

（2）施工现场平面布置图。

（3）施工进度计划和保证措施。

（4）劳动力及材料供应计划。

（5）施工机械设备的选用。

（6）质量保证体系及措施。

（7）安全生产、文明施工措施。

（8）环境保护、成本控制措施。

（9）合同当事人约定的其他内容。

施工进度计划是为实现项目设定的工期目标，对各项施工过程的施工顺序、起止时间和相互衔接关系所作的统筹策划和安排。承包人在编制施工进度计划时需依据施工的客观条件，参考工期定额，综合考虑项目所需资金、材料、设备及劳动力资源投入等条件。承包人编制的施工进度计划经发包人批准后实施，承包人应当按照批准后的施工进度计划组织施工，发包人和监理人有权按照施工进度计划检查工程进度情况。

当施工进度计划不符合合同要求或与工程的实际进度不一致的，承包人应向监理人提交修订的施工进度计划，并附具有关措施和相关资料，由监理人报送发包人。除专用合同条款另有约定外，发包人和监理人应在收到修订的施工进度计划后7天内完成审核和批准或提出修改意见。发包人和监理人对承包人提交的施工进度计划的确认，不能减轻或免除承包人根据法律规定和合同约定应承担的责任或义务。

3. 开工

（1）开工准备

承包人应当根据施工组织设计约定的期限向监理人提交开工报审表，经监理人报发包人批准后执行。开工报审表中应当详细说明按照施工进度计划正常施工所需的施工道路、临时设施、材料、工程设备、施工设备、施工人员等落实情况以及工程的进度安排。

（2）开工通知

在工程正式开工前，发包人应当按照法律规定获得工程施工所需的许可（即取得建设工程施工许可证或开工报告）。一般的建设工程项目，在正式开工前均需取得建设工程施工许可证，对于按照国务院规定的权限和程序批准开工报告的工程，则无须再领取施工许可证。

当满足以下条件时，总监理工程师可以签发工程开工令：①设计交底和图纸会审已完成；②施工组织设计由总监理工程师签认；③承包人的质量、安全生产管理体系已建立，管理及施工人员已到位，施工机械具备使用条件，主要工程材料已落实到位；④施工现场的进场道路、水、电、通信等已满足开工条件；⑤发包人已批准开工报审表。

工程的实际开工日期一般应当以依法开具的开工令所载明的开工日期为准。当发承包双方对于工程开工日期产生争议时，按照如下原则确定开工日期[①]：①开工日期为发包人或者监理人发出的开工通知载明的开工日期；开工通知发出后，尚不具备开工条件的，以开工条件具备的时间为开工日期；因承包人原因导致开工时间推迟的，以开工通知载明的时间为开工日期；②承包人经发包人同意已经实际进场施工的，以实际进场施工时间为开工日期；③发包人或者监理人未发出开工通知，亦无相关证据证明实际开工日期的，应当综合考虑开工报告、合同、施工许可证、竣工验收报告或者竣工验收备案表等载明的时间，并结合是否具备开工条件的事实，认定开工日期。

《施工合同示范文本》的通用条款中明确，如因发包人或监理人晚于计划开工日期90天仍未发出开工通知的，承包人有权提出价格调整要求或者解除施工合同。发包人应当承担由此增加的费用和（或）延误的工期，并向承包人支付合理利润。

4. 工期延误

《施工合同示范文本》中明确了常见的因发包人原因导致工期延误的几种情形：

（1）发包人未能按合同约定提供图纸或所提供图纸不符合合同约定的。

（2）发包人未能按合同约定提供施工现场、施工条件、基础资料、许可、批准等开工条件的。

（3）发包人提供的测量基准点、基准线和水准点及其书面资料存在错误或疏漏的。

（4）发包人未能在计划开工日期之日起7天内同意下达开工通知的。

（5）发包人未能按合同约定日期支付工程预付款、进度款或竣工结算款的。

（6）监理人未按合同约定发出指示、批准等文件的。

（7）专用合同条款中约定的其他情形。

因发包人原因导致工期延误的，发包人应当顺延相应的工期，同时承担由此增加的费用，并支付承包人的合理利润。反之，如果因承包人的原因造成工期延误的，则应当由承包人向发包人承担工期延误的违约责任（通常为逾期竣工违约金），此时承包人不得向发包人请求顺延工期。

---

① 《最高人民法院关于审理建设工程施工合同纠纷案件适用法律问题的解释（一）》（法释〔2020〕25号）第八条。

【案例 7-2】

【案例要点】主张工期延误的一方应当举证证明存在工期延误的情形、因工期延误造成的损失。

法院认为，工期延误系因受春节放假、新冠肺炎疫情等影响，属于不可抗力原因，工期延误的原因亦不能单纯归咎于实际施工人。因此，尽管实际施工人完成的粉刷劳务作业可能存在需返工修补的问题，完成劳务过程中不同程度存在工期延误情形，但承包人所举证据不足以证明因实际施工人的过错致其遭受前述相关损失以及各项损失的计算依据，请求实际施工人赔偿工程返工修补款损失、未按期进场施工损失、工期延误损失无事实基础，应承担举证不能的法律后果。

7-2
案例背景

5. 暂停施工

（1）因发包人原因引起的暂停施工

因发包人原因引起暂停施工的，监理人经发包人同意后，应当及时下达暂停施工的指示。因发包人原因导致暂停施工的，承包人可以向发包人主张由此增加的费用、延误的工期，以及承包人的合理利润。

（2）因承包人原因引起的暂停施工

因承包人原因引起的暂停施工，承包人需自行承担由此增加的费用和延误的工期，并且如果承包人在收到监理人复工指示后的 84 天内仍未复工的，属于承包人根本违约的情形。

常见的因承包人原因导致暂停施工的情形主要有：①承包人施工组织不利，施工队伍施工能力不足，技术设备无法满足施工需求；②承包人资金不足导致欠付分包单位分包款项、欠付供应商货款等；③承包人违反安全文明施工、夜间施工等规定，导致被责令停止施工的；④因工程质量问题被发包人或监理人要求暂停施工的。

需要注意因承包人原因引起的暂停施工与承包人行使停工权的区别。承包人的停工权是承包人的法定权利及合同权利，在出现法定事由或合同约定事由的情形下，承包人可以行使相应的停工权并可以向发包人主张顺延相应的工期。常见的承包人可以行使停工权的情形主要有：①发包人未按照约定的时间和要求提供原材料、设备、场地、资金、技术资料的；②经承包人通知，发包人未能及时检查隐蔽工程的；③发包人逾期支付工程预付款且经承包人催告后在合理期限内仍未支付的；④其他发包人违约导致的承包人暂停施工的情形。

（3）紧急情况下的暂停施工

如工程施工中出现紧急情况且监理人未向承包人下达暂停施工指示的，承包人可以先行暂停施工并通知监理人。监理人应当在接到承包人通知后 24 小时内发出暂停施工的指令，如监理人逾期未发出书面指示的，视为监理人默示同意承包人暂停施工。如监理人不同意暂停施工的，应当说明不同意的理由。

（4）暂停施工后的复工

当暂停施工的事由消除后，发包人、承包人和监理人应当先行确定因暂停施工造成的损失，以及目前是否具备工程复工的条件。当工程具备复工的条件时，监理人经发包人批准后应向承包人发出复工通知。

对于监理人发出暂停施工指示后 56 天内仍未发出复工通知的，除因承包人自身原因或不可抗力导致的停工外，承包人可以向发包人提交书面通知，要求发包人准许恢复全部或部分工程的施工。对于暂停施工持续 84 天以上，除因承包人自身原因或不可抗力导致的停工外，承包人有权要求调整合同价格或者解除合同。

6. 提前竣工

在没有不合理压缩工期的前提下，发包人可以基于自身的需求或商业目的等，要求承包人提前竣工。对于发包人提出提前竣工要求的，发承包双方可以在施工合同中约定一定的提前竣工奖励。

发包人提出提前竣工的，应当通过监理人向承包人下达书面的提前竣工指示，承包人应当根据发包人的指示编制提前竣工建议书，说明提前竣工的实施方案、可以缩短的工期时间、增加的合同价格等。经发包人确认后，监理人与发包人、承包人三方应当共同协商确定加快施工进度的措施，修订施工进度计划。

7.4 建设工程施工合同的质量管理

7.4.1 建设工程的质量管理概述

1. 建设工程质量的定义及特性

建设工程质量是指在国家现行的法律、法规、技术标准、设计文件和施工合同中，对工程安全、适用、经济、环保、美观等特性的要求。不同产品的质量特性表现形式不完全相同，常规的质量特性包括实用性、安全性、可靠性、耐久性等。建设工程质量除了应当具备质量基本特性之外，还具有单一性、过程性、综合性、建设工程质量责任主体复杂性的特点。

（1）建设工程质量的单一性

建设工程的单一性决定了建设工程质量也具有单一性，即使是相似工程或使用相同图纸的工程，其工程质量也不可能完全一致。

（2）建设工程质量的过程性

建设工程的施工是按照一定的施工顺序进行的，在施工过程中的每个工序、供应的每个材料等都会影响整个工程的质量。因此，对于建设工程的质量管理应当是全过程的管理。

（3）建设工程质量的综合性

建设工程涉及勘察、设计、采购、施工等全过程，在完成勘察及设计图纸后进入施工阶段，在施工阶段由建设单位、施工单位、分包单位、材料及设备供应单位等之间配合完成工程施工工作。因此，建设工程的质量受到各个环节、各方主体之间的综合性影响。

（4）建设工程质量责任主体的复杂性

根据《建筑法》《建设工程质量管理条例》《建筑工程五方责任主体项目负责人质量终身责任追究暂行办法》等相关法律、法规及规范性文件的规定，建设工程中的建设单位、勘察单位、设计单位、施工单位和工程监理单位依法对建设工程质量负责，且相应单位的项目负责人需对工程质量承担质量终身责任。

2. 建设工程施工质量管理概述

（1）建设工程施工质量管理概念

在建设工程施工质量管理中，影响工程质量的因素较多，项目参建方人为因素、材料、设备、施工工艺、操作方法、地理环境、地区资源等因素均会对建设工程施工质量产生影响。建设工程施工各工序之间存在协调性、连续性和总体性，一旦一道工序或一个施工环节出现质量问题，均可能导致整体工程质量受到影响，严重的情况下可能会出现质量事故。同时，隐蔽工程完工后被掩盖，隐蔽工程的质量问题不仅难以发现且修复成本较高。因此，为了防止出现质量问题，建设单位和施工单位在施工过程中应当做好质量管理工作。

质量管理是指为确保项目的质量特性满足要求而进行的计划、组织、指挥、协调和控制等活动[1]。建设工程施工质量管理是为了保证工程项目质量满足施工合同、设计文件、规范标准所采取的一系列措施、方法和手段。建设单位和施工单位应当通过确定质量计划、实施质量控制、开展质量检查与处置、落实质量改进等程序开展项目质量管理工作。

（2）建设工程施工质量管理阶段

1）施工准备阶段的质量管理

在施工准备阶段，应当完成相应的调查工作，并结合调查结果制定相应的质量管理计划。在施工准备阶段，施工单位需要完成的调查工作包括：对项目所在地施工环境的调查、对项目所在地自然条件的调查（如气候特征、温度、风力、地质条件等）、对施工现场的交通环境的调查、对设备材料供应地及距离的调查、对项目所在地的人文和经济状况的调查等。

2）施工阶段的质量管理

施工单位应当建立质量控制部门，明确质量控制部门的质量责任和权限，在具体项目中应当配置专门管理工程质量的管理人员，明确现场各类管理人员的质量责任和权限。

对于施工设备，应当严格执行设备维修保养制度，保证施工设备符合质量要求。设备操作人员应当持证上岗，严格遵守设备操作规则。对于需要维保的设备，应当定期开展设备维护和保养的工作，不符合施工质量要求的设备应当及时进行更换。

对于施工材料及构配件，在采购前应当做好质量把关工作，不使用不符合质量要求的材料，对于不符合质量要求的构配件不进行验收。在材料进场后应当及时进行材

---

[1] 中华人民共和国住房和城乡建设部. 建设工程项目管理规范：GB/T 50326—2017[S]. 北京：中国建筑工业出版社，2017.

料质量检验工作，可以通过质控人员检验、生产工人自检、委托第三方检验等方式确保材料质量合格。

3）竣工验收阶段的质量管理

在单位工程竣工后，项目技术负责人组织项目技术、质量、施工等有关专业人员对工程现场进行检验评定，施工单位应当对验收过程中发现的质量问题进行修复。在整体工程竣工后，应当由建设单位、施工单位、设计单位和工程监理单位共同完成竣工验收工作。在工程移交后，施工单位在质量保修期内仍然应当承担质量保修责任，建设单位应当按照工程的用途合理使用建设工程，并做好必要的防护工作。

7.4.2　建设工程施工合同中的质量管理

1.发包人的质量管理责任

发包人应当按照法律规定和合同约定完成与工程质量有关的各项工作，主要包括：

（1）发包人不得与不具备资质条件的施工单位签订建设工程施工合同。

（2）发包人应向承包人提供工程的原始资料，并确保工程资料的准确性。

（3）发包人需对建设工程提出明确的质量标准要求，且发包人提出的质量标准不得违反工程建设的强制性标准。

（4）发包人供应的材料设备应当符合设计文件及合同的要求，发包人应当向承包人提供产品合格证明及出厂证明，对材料和设备的质量负责。

（5）在承包人提交竣工报告后，发包人应当及时组织施工单位、设计单位、工程监理单位等进行工程竣工验收。

（6）发包人应当及时收集工程档案资料，在工程竣工验收后，向主管部门移交建设项目档案。

2.承包人的质量管理责任

（1）承包人的质量保证措施

1）承包人应当向发包人和监理人提交工程质量保证体系及措施文件，建立完善的质量检查制度，并提交相应的质量文件。

2）对于施工人员，承包人应当进行质量教育和技术培训，定期考核施工人员的劳动技能，严格执行施工规范和操作规程。

3）承包人应当对材料、工程设备以及工程的所有部位及其施工工艺进行全过程的质量检查和检验，并作详细记录，编制工程质量报表，报送监理人审查。对于发包人提供的质量不符合约定的材料和设备，承包人有权拒绝接收并可以要求发包人更换。对于未经监理检查的材料、设备等，承包人不得在工程上直接使用或安装，更不得直接进入下一道施工工序。

4）承包人应按照法律规定和发包人的要求，进行施工现场取样试验、工程复核测量和设备性能检测，提供试验样品、提交试验报告和测量成果以及其他工作。

（2）隐蔽工程检查

对于工程中存在工程隐蔽部位的，承包人在未履行隐蔽工程检查程序前不得私自将隐蔽部位覆盖，隐蔽工程应当按照如下流程完成检查后进行覆盖：

1）承包人应当对工程隐蔽部位进行自行检查，确认工程是否具备覆盖条件。

2）承包人自检完成后应当通知监理人就隐蔽工程进行共同检查，经监理人确认后，方能对隐蔽工程进行覆盖。如隐蔽工程经监理人检查发现存在质量不合格的，承包人进行修复后通知监理人重新进行检查。

3）如发包人、监理人对于已经覆盖的隐蔽工程质量有疑问的，承包人应当配合对已覆盖的部分进行钻孔探测或揭开重新检查。

（3）质量保证责任

1）承包人应当保证向发包人交付质量合格的工程，如因承包人原因导致工程质量不合格的，承包人应当按照发包人的要求采取补救措施，直至工程质量达到合同约定的标准。

2）在工程质量保修期内，承包人应当无条件按照发包人的通知对相应工程承担保修责任。

7.5 建设工程施工合同的成本管理

7.5.1 建设工程的成本管理概述

1. 建设工程成本的概念

建设成本是指按照批准的建设内容由项目建设资金安排的各项支出，包括建筑安装工程投资支出、设备投资支出、待摊投资支出和其他投资支出。

建筑安装工程投资支出是指项目建设单位按照批准的建设内容发生的建筑工程和安装工程的实际成本。

设备投资支出是指项目建设单位按照批准的建设内容发生的各种设备的实际成本。

待摊投资支出是指项目建设单位按照批准的建设内容发生的，应当分摊计入相关资产价值的各项费用和税金支出。

其他投资支出是指项目建设单位按照批准的建设内容发生的房屋购置支出，基本畜禽、林木等的购置、饲养、培育支出，办公生活用家具、器具购置支出，软件研发和不能计入设备投资的软件购置等支出。

建设工程成本管理是指为实现项目成本目标而进行的预测、计划、控制、核算、分析和考核的活动。建设项目成本管理应当遵循最佳经济效益原则、动态控制原则、全过程控制原则。

2. 建设工程成本管理的阶段

建设工程成本管理是建设工程管理中的重要方面之一，建设工程成本管理应当贯穿项目决策阶段、项目设计阶段、项目招投标阶段、施工阶段和竣工阶段。做好建设工程各个阶段的造价控制工作，才能实现建设工程成本目标，实现工程建设效益最大化。

在建设工程项目决策阶段需要发包人确定工程的建设标准，在此基础上对于不同建设方案从经济角度进行比较，最终确定切实可行的建设方案，据此编制并审查项目投资估算，并以投资估算作为控制项目总投资的指标。

在建设工程项目设计阶段，发包人应当加强对设计单位的控制，要求设计单位按照投资决策阶段确定的建造标准、投资估算限额开展初步设计工作，据此编制并审查项目投资概算，并以投资概算作为控制工程造价的指标进行施工图设计。设计单位不得随意提高设计标准、安全系数。发包人可以自行或委托第三方对设计单位的设计文件进行复核，对于超过限额部分可以要求设计单位进行设计优化。

在招标投标阶段（如建设项目通过招投标方式选定施工单位），应当以施工图预算作为控制招标项目的控制价，同时应当为可能出现的工程变更、承包人索赔、物价变动等预留一定的波动空间。

在建设工程施工阶段，发承包双方应当合理确定工程进度款的支付节点及比例，发包人应当及时支付工程款，避免因拖欠工程款导致额外的利息损失、承包人的索赔。发承包双方应当共同做好设计变更、工程签证的管理工作，对于出现工程变更或可以索赔的事项，双方应当及时对发生的事件以及可以索赔的费用等进行签认。

在建设工程竣工结算阶段，发承包双方应当及时按照合同约定的计价方式、发承包双方达成的补充协议、现场签证变更以及其他双方认可的有效文件开展工程竣工结算工作。承包人应当及时向发包人提交结算文件，发包人应当在合理期限内对承包人提交的结算文件进行审核，发包人无正当理由不应当拖延结算审核工作。

7.5.2　建设工程施工合同中的成本管理

1. 合同变更

（1）合同变更的情形

《施工合同示范文本》中明确了合同履行过程中可以进行变更的几种情形：①增加或减少合同中任何工作，或追加额外的工作；②取消合同中任何工作，但转由他人实施的工作除外；③改变合同中任何工作的质量标准或其他特性；④改变工程的基线、标高、位置和尺寸；⑤改变工程的时间安排或实施顺序。发承包双方可以在施工合同的专用合同条款中另行约定其他构成合同变更的情形。

（2）合同变更的程序

1）发包人通过监理人向承包人发出变更指示，变更指示中应当说明计划变更的工程范围和变更的内容。监理人可以向发包人提出变更的建议，经发包人同意后，再由监理人向承包人发出变更指示。

2）承包人收到变更指示后，如认为变更无法执行的，应当及时向发包人说明不能执行变更的理由。如承包人认为可以执行变更指示的，应当向发包人书面说明变更可能对工期、合同价格造成的影响。

3）承包人应当在收到变更指示后 14 天内向监理人提交变更估价申请，监理人应当在收到变更估价申请后 7 天内审查完毕并提交发包人，发包人应在承包人提交变更估价申请后 14 天内审批完毕。如发包人逾期未完成审批或未提出异议的，视为发包人认可了承包人提交的变更估价申请。因变更引起的价格调整应当计入最近一期的工程进度款中进行支付。

【案例 7-3】

【案例要点】合同中的变更价款的确认，如果在承包人的投标文件中有相同的项目可以直接参考适用

7-3
案例背景

法院认为，关于合同范围外的价款，有发包人出具的"工程委托书"，以及经监理签认的"执行报验单"，可以认定：①上述两份工程委托书的施工内容属合同范围外。②某电建公司已按某能源公司的委托要求完成了上述施工内容，且在分项验收及整体验收过程中均显示验收合格。③监理单位对于上述施工内容进行了审核确认。④上述合同范围外进行施工系接受发包方某能源公司的委托，工程款依据合同专用条款 15.3.2 "……C. 因发包人原因引起的变更导致费用增加的予以调整。"的约定，应予调整。而因某电建公司投标文件的价格清单中有相关费用的取费标准，因此可以参照投标价以及监理签认的工程量、尺寸示意图确定合同外价款金额。

2. 合同价格调整

在建设工程施工合同执行过程中可能会出现市场价格波动、法律变化导致合同价格调整，发承包双方可以在合同中明确合同价格调整的情形及具体的调整方法。

（1）法律变化引起的调整

广义上的法律是指《立法法》规定的各类法的规范性文件，狭义上的法律仅指全国人民代表大会及其常务委员会制定的规范性文件。

发承包双方应当在施工合同中对于适用的法律法规、合同的基准日期作出明确约定，同时对于基准日期后法律发生变化是否导致合同价格调整进行约定。当施工合同中没有明确约定时，因法律的调整是一个即使经验丰富的承包商也无法预见的情况，此时引起的价格调整风险应当由发包人承担。

（2）市场价格波动引起的调整

1）价格指数进行价格调整

因人工、材料和设备等价格波动影响合同价格时，根据专用合同条款中约定的数据，通过价格调整公式计算差额并调整合同价格。价格调整公式中的各项可调因子、定值、变值权重、基本价格指数及其来源应当在专用合同条款中进行约定。

2）采用造价信息进行价格调整

合同履行期间，因人工、材料、工程设备和机械台班价格波动影响合同价格时，人工、机械使用费按照国家或省、自治区、直辖市建设行政管理部门、行业建设管理

部门或其授权的工程造价管理机构发布的人工、机械使用费系数进行调整；需要进行价格调整的材料，其单价和采购数量应由发包人审批，发包人确认需调整的材料单价及数量，作为调整合同价格的依据。

人工单价发生变化且符合省级或行业建设主管部门发布的人工费调整规定，合同当事人应按省级或行业建设主管部门或其授权的工程造价管理机构发布的人工费等文件调整合同价格，但承包人对人工费或人工单价的报价高于发布价格的除外。

施工机械台班单价或施工机械使用费发生变化超过省级或行业建设主管部门或其授权的工程造价管理机构规定的范围时，按规定调整合同价格。

材料、工程设备价格变化的价款调整按照发包人提供的基准价格，按以下风险范围规定执行：

①承包人在已标价工程量清单或预算书中载明材料单价低于基准价格的：除专用合同条款另有约定外，合同履行期间材料单价涨幅以基准价格为基础超过5%时，或材料单价跌幅以在已标价工程量清单或预算书中载明材料单价为基础超过5%时，其超过部分据实调整。

②承包人在已标价工程量清单或预算书中载明材料单价高于基准价格的：除专用合同条款另有约定外，合同履行期间材料单价跌幅以基准价格为基础超过5%时，材料单价涨幅以在已标价工程量清单或预算书中载明材料单价为基础超过5%时，其超过部分据实调整。

③承包人在已标价工程量清单或预算书中载明材料单价等于基准价格的：除专用合同条款另有约定外，合同履行期间材料单价涨跌幅以基准价格为基础超过 ±5%时，其超过部分据实调整。

④承包人应在采购材料前将采购数量和新的材料单价报发包人核对，发包人确认用于工程时，发包人应确认采购材料的数量和单价。发包人在收到承包人报送的确认资料后5天内不予答复的视为认可，作为调整合同价格的依据。未经发包人事先核对，承包人自行采购材料的，发包人有权不予调整合同价格。发包人同意的，可以调整合同价格。

前述基准价格是指由发包人在招标文件或专用合同条款中给定的材料、工程设备的价格，该价格原则上应当按照省级或行业建设主管部门或其授权的工程造价管理机构发布的信息价编制。

3）情势变更原则的适用

《民法典》中规定了情势变更原则。《民法典》第五百三十三条规定："合同成立后，合同的基础条件发生了当事人在订立合同时无法预见的、不属于商业风险的重大变化，继续履行合同对于当事人一方明显不公平的，受不利影响的当事人可以与对方重新协商；在合理期限内协商不成的，当事人可以请求人民法院或者仲裁机构变更或者解除合同。人民法院或者仲裁机构应当结合案件的实际情况，根据公平原则变更或者解除合同。"

当发生市场价格波动明显超过正常幅度的，超出承包人合理预期范围的，如果合同中并未明确约定可调整的价格范围及调整方式时，承包人可以援引情势变更原则主张调整合同价格。但是适用情势变更原则时，承包人应当举证证明市场价格发生明显异常波动，且市场价格的异常变化不属于承包人应当预见的范围。

【案例 7-4】

【案例要点】材料价格大幅度上涨，可以适用情势变更原则进行调整。

法院认为，当事人在签订合同时柴油价格每吨 550 元，到施工结束时价格上涨到每吨 1250 元，其订立合同时并不能预见柴油油价巨幅上涨，以致按照合同签订时的柴油价格计算工程款的计算方式显失公平，因此在工程价款的计算中应当考虑油价上涨因素。

7-4
案例背景

3. 合同价款支付

（1）工程预付款支付

工程预付款原则上不低于合同金额的 10%，发包人应当在合同签订后一个月内或不迟于开工日期前的 7 天内支付工程预付款。工程预付款应当用于材料、工程设备、施工设备的采购及修建临时工程、组织施工队伍进场等。

（2）工程进度款支付

发承包双方当事人可以在施工合同中约定工程进度款的支付时间，实践中常见的工程进度款支付时间包括按月支付、按工程形象进度节点支付等。

承包人应当在达到约定付款时间时向监理人递交进度付款申请单，其中应当载明截至本次付款周期已完成工作对应的金额、合同变更应增加和扣减的变更金额、预付款的扣减或返还金额、应扣减的质量保证金、应增加和扣减的索赔金额、已签发的进度款支付证书中存在错误的修正、其他应当增加和扣减的金额。

监理人应在收到承包人进度付款申请单以及相关资料后 7 天内完成审查并报送发包人，发包人应在收到后 7 天内完成审批并签发进度款支付证书。发包人逾期未完成审批且未提出异议的，视为已签发进度款支付证书。

发包人应当在签发进度款支付证书后 14 天内完成进度款支付，如发包人逾期支付工程进度款的，承包人有权向发包人主张逾期付款利息。

4. 竣工结算

（1）竣工结算申请

除了在专用合同条款中另有约定外，承包人在工程竣工验收合格后 28 天内向发包人和监理人提交竣工结算申请单以及完整的竣工结算资料。竣工结算申请单一般应当包括以下内容：①竣工结算合同价格；②发包人已支付承包人的款项；③应扣留的质量保证金，已缴纳履约保证金的或提供其他工程质量担保方式的除外；④发包人应支付承包人的合同价款。

（2）竣工结算审核

除另有约定外，监理人应在收到竣工结算申请单后 14 天内完成核查并报送发包人。发包人应在收到监理人提交的经审核的竣工结算申请单后 14 天内完成审批，并由监理人向承包人签发经发包人签认的竣工付款证书。监理人或发包人对竣工结算申请单有异议的，有权要求承包人进行修正和提供补充资料，承包人应提交修正后的竣工结算申请单。

发包人在收到承包人提交竣工结算申请书后 28 天内未完成审批且未提出异议的，视为发包人认可承包人提交的竣工结算申请单，并自发包人收到承包人提交的竣工结算申请单后第 29 天起视为已签发竣工付款证书。

【案例 7-5】

【案例要点】合同条款中有明确约定的逾期失权条款，逾期审核视为认可承包人提交的竣工结算文件。

法院认为，施工合同约定，发包人收到承包人建设项目竣工结算报告及结算资料后 30 天内，审查完成；发包人收到竣工结算报告及结算资料后，在规定期限内对结算报告及结算资料没有提出意见则视同认可。

7-5
案例背景

本案中，发包人收到结算报告及结算资料后，在双方约定的 30 日内没有提出意见。发包人提出的其在收到上述资料后提出了异议的主张，没有证据证明。因此，发包人收到竣工结算文件后，在约定期限内不予答复，视为认可竣工结算文件的，按照约定处理。承包人请求按照竣工结算文件结算工程价款的，应予支持。

（3）竣工付款

除专用合同条款另有约定外，发包人应在签发竣工付款证书后的 14 天内，完成对承包人的竣工付款。发包人逾期支付的，按照中国人民银行发布的同期同类贷款基准利率支付违约金；逾期支付超过 56 天的，按照中国人民银行发布的同期同类贷款基准利率的两倍支付违约金。[①]

承包人对发包人签认的竣工付款证书有异议的，对于有异议部分应在收到发包人签认的竣工付款证书后 7 天内提出异议，并由合同当事人按照专用合同条款约定的方式和程序进行复核，或按照《施工合同示范文本》中第 20 条争议解决的约定处理。对于无异议部分，发包人应签发临时竣工付款证书，并完成付款。承包人逾期未提出异议的，视为认可发包人的审批结果。

5. 最终结清

（1）最终结清申请单

除专用合同条款另有约定外，承包人应在缺陷责任期终止证书颁发后 7 天内，按专用合同条款约定的份数向发包人提交最终结清申请单，并提供相关证明材料。最终结清申请单应列明质量保证金、应扣除的质量保证金、缺陷责任期内发生的增减费用。

---

① 此处需要注意违约金的计算标准问题。《施工合同示范文本》于 2017 年 9 月 22 日发布，而在 2019 年 8 月 17 日，人民银行发布改革完善贷款市场报价利率形成机制公告。因此，在 2019 年 8 月 17 日以后签订的施工合同如需约定违约金的，需要注意违约金的计算标准应当调整为全国银行间同业拆借中心公布的贷款市场报价利率，而不再使用原先的同期同类贷款基准利率。

发包人对最终结清申请单内容有异议的，有权要求承包人进行修正和提供补充资料，承包人应向发包人提交修正后的最终结清申请单。

（2）最终结清证书和支付

除专用合同条款另有约定外，发包人应在收到承包人提交的最终结清申请单后14天内完成审批并向承包人颁发最终结清证书。发包人逾期未完成审批，又未提出修改意见的，视为发包人同意承包人提交的最终结清申请单，且自发包人收到承包人提交的最终结清申请单后15天起视为已颁发最终结清证书。

除专用合同条款另有约定外，发包人应在颁发最终结清证书后7天内完成支付。发包人逾期支付的，按照中国人民银行发布的同期同类贷款基准利率支付违约金；逾期支付超过56天的，按照中国人民银行发布的同期同类贷款基准利率的两倍支付违约金。[①]

承包人对发包人颁发的最终结清证书有异议的，按《施工合同示范文本》中第20条争议解决的约定办理。

7.6 建设工程施工合同的安全、健康、环境和风险管理

7.6.1 建设工程施工合同的安全、健康、环境

1. 建设工程施工合同中的安全生产

安全管理属于国家强制性的要求，发承包双方应当遵守国家和工程所在地有关安全生产的要求，发承包双方有特别要求的，应在专用合同条款中明确施工项目安全生产标准化达标目标及相应事项。承包人有权拒绝发包人及监理人强令承包人违章作业、冒险施工的任何指示。

承包人应当编制安全技术措施或者专项施工方案，建立安全生产责任制度、治安保卫制度及安全生产教育培训制度，并按《安全生产法》的法律规定及合同约定履行安全职责，如实编制工程安全生产的有关记录。

对于承包人的安全文明施工费，应当由发包人承担。在我国工程造价体系中，安全文明施工费属于"措施费"中的一项，是施工过程必须发生的，但不从属于某一固定的分部分项工程或工艺过程的施工工艺或组织费用。安全文明施工费按照固定的规定比率计取，由发包人支付，承包人在投标报价中，安全文明施工费不得被作为竞争性费用，不得削减。

发包人除了承担向承包人支付安全文明施工费的义务之外，当出现以下情形时，发包人应当赔偿相应的损失：①工程或工程的任何部分对土地的占用所造成的第三者财产损失；②由于发包人原因在施工场地及其毗邻地带造成的第三者人身伤亡和财产

---

① 此处需要注意违约金的计算标准问题。《施工合同示范文本》于2017年9月22日发布，而在2019年8月17日，人民银行发布改革完善贷款市场报价利率形成机制公告。因此，在2019年8月17日以后签订的施工合同如需约定违约金的，需要注意违约金的计算标准应当调整为全国银行间同业拆借中心公布的贷款市场报价利率，而不再使用原先的同期同类贷款基准利率。

损失；③由于发包人原因对承包人、监理人造成的人员人身伤亡和财产损失；④由于发包人原因造成的发包人自身人员的人身伤害以及财产损失。

2. 建设工程施工合同中的职业健康

《施工合同示范文本》通用合同条款职业健康中明确了对劳动者保护的各项措施，承包人应当承担如下义务：

（1）承包人应按照法律规定安排现场施工人员的劳动和休息时间，保障劳动者的休息时间，并支付合理的报酬和费用。

（2）承包人应依法为其履行合同所雇用的人员办理必要的证件、许可、保险和注册等，承包人应督促其分包人为分包人所雇用的人员办理必要的证件、许可、保险和注册等。

（3）承包人应按照法律规定保障现场施工人员的劳动安全，并提供劳动保护，并应按国家有关劳动保护的规定，采取有效的防止粉尘、降低噪声、控制有害气体和保障高温、高寒、高空作业安全等劳动保护措施。

（4）承包人雇佣人员在施工中受到伤害的，承包人应立即采取有效措施进行抢救和治疗。承包人应按法律规定安排工作时间，保证其雇佣人员享有休息和休假的权利。因工程施工的特殊需要占用休假日或延长工作时间的，应不超过法律规定的限度，并按法律规定给予补休或付酬。

（5）承包人应为其履行合同所雇用的人员提供必要的膳宿条件和生活环境；承包人应采取有效措施预防传染病，保证施工人员的健康，并定期对施工现场、施工人员生活基地和工程进行防疫和卫生的专业检查和处理，在远离城镇的施工场地，还应配备必要的伤病防治和急救的医务人员与医疗设施。

3. 建设工程施工合同中的环境保护

《建筑法》第四十一条规定，建筑施工企业应当遵守有关环境保护和安全生产的法律、法规的规定，采取控制和处理施工现场的各种粉尘、废气、废水、固体废物以及噪声、振动对环境的污染和危害的措施。另外，《建设工程安全生产管理条例》第三十条规定，施工单位对因建设工程施工可能造成损害的毗邻建筑物、构筑物和地下管线等，应当采取专项防护措施。施工单位应当遵守有关环境保护法律、法规的规定，在施工现场采取措施，防止或者减少粉尘、废气、废水、固体废物、噪声、振动和施工照明对人和环境的危害和污染。

《施工合同示范文本》中要求，承包人应在施工组织设计中列明环境保护的具体措施。在合同履行期间，承包人应采取合理措施保护施工现场环境。对施工作业过程中可能引起的大气、水、噪声以及固体废物污染采取具体可行的防范措施。承包人应当承担因其原因引起的环境污染侵权损害赔偿责任，因上述环境污染引起纠纷而导致暂停施工的，由此增加的费用和（或）延误的工期由承包人承担。

我国相关法律法规对于污染物的排放有严格的规定与限制，施工方在生产过程中产生的各种对于周边环境产生不当影响的废气、废水、固体废弃物、粉尘、噪声、强光、振动等，均应事先向工程所在地的环境保护行政主管部门进行申报，包括污染物的所属类别、排放量、排放时间、基本治理措施等关键事宜。特殊项目还要提交施工过程的环境影响评价报告，阐述相关施工过程对于建设项目周边自然环境、生态环境的影响以及恢复的有效措施与时限。未获得相关批准的，任何单位或个人均不得实施任何污染物的排放行为。获得工程所在地环境保护行政主管部门的批准后，污染物的排放方也不得任意实施，而是必须按照相关批复要求，在指定时间内、按照指定方式、向指定地点进行排放，不得超排、偷排。作为产生污染物的责任主体还需采取有效措施，积极努力的减少污染物的产生数量，尽量减少污染物的排放量。

7.6.2 建设工程施工合同的风险管理

1. 合同签订主体的风险及防范措施

（1）承包人资质风险

《建筑法》第二十六条规定："承包建筑工程的单位应当持有依法取得的资质证书，并在其资质等级许可的业务范围内承揽工程。禁止建筑施工企业超越本企业资质等级许可的业务范围或者以任何形式用其他建筑施工企业的名义承揽工程。禁止建筑施工企业以任何形式允许其他单位或者个人使用本企业的资质证书、营业执照，以本企业的名义承揽工程。"《建筑法》第六十五条规定："发包单位将工程发包给不具有相应资质条件的承包单位的，或者违反本法规定将建筑工程肢解发包的，责令改正，处以罚款。超越本单位资质等级承揽工程的，责令停止违法行为，处以罚款，可以责令停业整顿，降低资质等级；情节严重的，吊销资质证书；有违法所得的，予以没收。未取得资质证书承揽工程的，予以取缔，并处罚款；有违法所得的，予以没收"。

承包人承揽建设工程必须具备相应资质，并且只能承接资质范围内的工程。承包人超越资质或没有资质承揽工程的，将导致建设工程施工合同无效，发承包人还需承担相应的行政责任。

因此，在建设工程发包前，发包人与承包人均需注意资质的审核问题。同时，在施工合同签订及履行过程中，发承包双方还需关注承包人的资质是否持续且有效。

（2）招标投标风险

《招标投标法》第三条规定："在中华人民共和国境内进行下列工程建设项目包括项目的勘察、设计、施工、监理以及与工程建设有关的重要设备、材料等的采购，必须进行招标：（一）大型基础设施、公用事业等关系社会公共利益、公众安全的项目；（二）全部或者部分使用国有资金投资或者国家融资的项目；（三）使用国际组织或者外国政府贷款、援助资金的项目。前款所列项目的具体范围和规模标准，由国务院发展计划部门会同国务院有关部门制订，报国务院批准。法律或者国务院对必须进行招标的其他项目的范围有规定的，依照其规定。"《最高人民法院关于审理建设工程施工合同纠纷案件适用法律问题的解释（一）》（法释〔2020〕25号）第一条规定：建设工程施工合同具有下列情形之一的，应当依据民法典第一百五十三条第一款的规定，认定无效：……（三）建设工程必须进行招标而未招标或者中标无效的。

属于依法必须招标的建设工程，若发包人未经招标即选定施工单位的，发承包双方签订的建设工程施工合同因违反法律、行政法规的强制性规定而无效。或者因招投标过程违反相关规定导致中标无效，故而签订的合同也无效。

2. 工程承包范围的风险及防范措施

《民法典》第七百九十五条规定："施工合同的内容一般包括工程范围、建设工期、中间交工工程的开工和竣工时间、工程质量、工程造价、技术资料交付时间、材料和设备供应责任、拨款和结算、竣工验收、质量保修范围和质量保证期、相互协作等条款。"《最高人民法院关于审理建设工程施工合同纠纷案件适用法律问题的解释（一）》（法释〔2020〕25号）第二条规定："招标人和中标人另行签订的建设工程施工合同约定的工程范围、建设工期、工程质量、工程价款等实质性内容，与中标合同不一致，一方当事人请求按照中标合同确定权利义务的，人民法院应予支持。"

实践中可能出现签订的施工合同所约定的工程范围与招标文件中的工程范围不一致的情况。发包人和承包人均应注意施工合同中的实质性条款与招标投标文件、发包图纸、工程量清单内容保持一致，避免影响发包人和承包人的合同权利。

3. 合同价款及支付的风险及防范措施

合同价款是建设工程类合同最核心、最重要的条款之一，也是建设工程施工合同中的实质性条款。采用招标方式确定承包人，合同价款及计价方式应当与招标投标文件中的价款及计价方式保持一致。发包人应当按照合同约定的工程款支付比例及节点支付相应的工程进度款，否则将因逾期付款而承担违约责任。

《保障农民工工资支付条例》第二十四条规定："建设单位应当向施工单位提供工程款支付担保。"发包人需按照规定提供工程款支付担保。同时，承包人需要关注农民工工资未按时支付的风险。承包人应当按照《保障农民工工资支付条例》的要求，开设农民工工资专用账户，专项用于支付农民工工资。

【案例 7-6】

【案例要点】逾期支付工程款的逾期付款利息起算时间问题。

法院认为，利息从应付工程价款之日计付。鉴于涉案工程尚未完工，双方当事人亦未结算，因此，发包人应就其尚欠承包人的工程款支付利息，以承包人起诉之日起作为利息起算点而非按照鉴定报告出具的时间。

7-6
案例背景

4. 竣工验收的风险及防范措施

竣工验收是全面检验工程建设是否符合设计要求和施工质量的重要环节，竣工验收是否合格直接关系承包人是否能够获得工程价款。根据《建筑法》第六十一条规定："交付竣工验收的建筑工程，必须符合规定的建筑工程质量标准，有完整的工程技术经济资料和经签署的工程保修书，并具备国家规定的其他竣工条件。建筑工程竣工经验收合格后，方可交付使用；未经验收或者验收不合格的，不得交付使用。"

　　建设工程施工合同中应当约定竣工验收的条件、程序，包括承包人应负责整理和提交的竣工验收资料的具体内容。在竣工验收环节，承包人应当在工程完工后及时向发包人申请竣工验收，发包人应当组织设计单位、工程监理单位共同对已完工工程进行竣工验收。发包人需注意，在工程竣工验收以前发包人不得擅自使用已完工程，否则将以转移占有之日作为工程竣工日期。

思考题

1. 建设工程施工合同的价格形式有哪些？
2. 简述建设工程施工合同示范文本的性质和适用范围。
3. 常见的组成建设工程施工合同的文件有哪些？
4. 建设工程施工合同质量管理的注意事项有哪些？
5. 竣工阶段合同管理的注意事项有哪些？

第8章　建设工程总承包合同管理

学习目标：了解建设工程总承包合同的特点、分类；熟悉建设工程总承包合同示范文本；掌握建设工程总承包合同的组成及解释顺序；掌握建设工程总承包合同订立的有关内容；熟悉建设工程总承包合同管理的有关内容。

知识图谱：

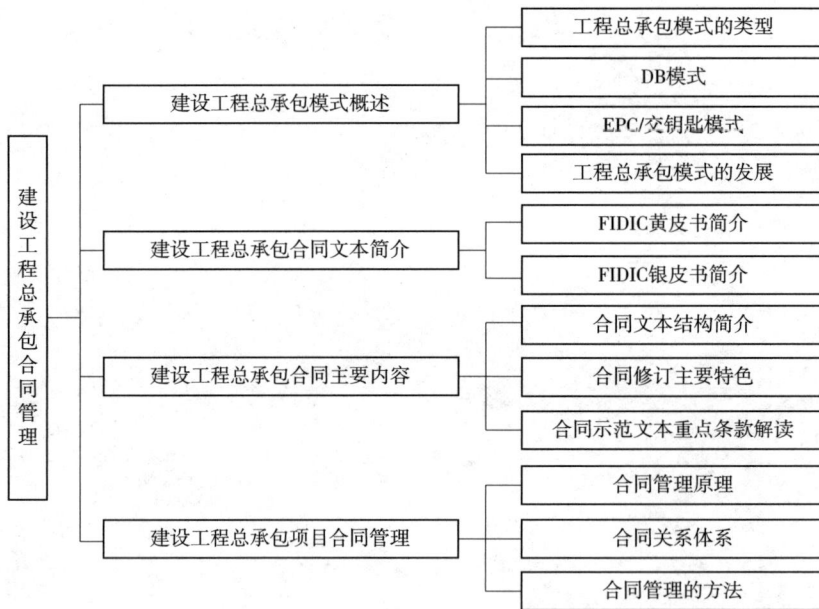

8.1　建设工程总承包模式概述

所谓建设工程总承包模式，即工程总承包商按照合同约定，根据发包人的要求，承担工程项目的设计、采购、施工、试运行等服务中的多个部分或者全部工作，并对所承包工程的质量、安全、工期、造价等全面负责的建设工程总承包模式。工程总承包模式比传统的分段承包模式具有诸多优点，因此，越来越受到建设单位和工程总承包商的青睐，在国际上被广泛应用。

8.1.1　工程总承包模式的类型

工程总承包模式通常表现为以下几种形式：

（1）设计—建造总承包（Design-Build，DB 模式）：是指工程总承包商按照合同约定，承担工程项目设计和施工两个部分的工作，并对承包工程的质量、安全、工期、造价全面负责的模式，其他工作一般由发包人完成。

（2）设计—采购总承包（Engineering-Procurement，EP 模式）：是指工程总承包商按照合同约定，承担工程项目设计和设备、材料的采购工作，并对承包工程设计、采购质量负责的模式。在该种模式下，建设工程涉及的施工工作，一般由发包人完成或发包人另行委托第三方完成。

（3）采购—施工总承包（Procurement-Construction，PC 模式）：是指工程总承包商按照合同约定，承担工程项目采购和施工，并对承包工程的质量、安全、工期、造价全面负责。在该种模式下，建设工程涉及的设计工作，一般由发包人完成或发包人另行委托第三方完成。

（4）设计—采购—施工总承包（Engineering-Procurement-Construction，EPC 模式）或交钥匙工程总承包（Turnkey）：是指工程总承包商对设计、采购、施工总承包，并对承包工程的质量、安全、工期、造价等全面负责，工程总承包商最终是向发包人交付一个满足使用功能，具备使用条件的工程项目。该种模式是典型的工程总承包模式，是国际建筑市场较为通行的项目管理模式之一。EPC/ 交钥匙工程总承包模式不同于单纯的施工总承包模式，通常是发包人在没有具体设计图纸的情况下，只根据项目的内容和发包人要求实现的结果来进行招标，承包商中标后要承担设计、施工、采购等全部的工作，必须等项目试运营成功后才能被视为完成全部工作。

8.1.2　DB 模式

DB 模式中工程总承包商的主要工作包括：按发包人招标文件中规定的功能要求或业主要求进行全部设计工作，而这些设计通常要得到发包人或发包人代表的审核或批准，并提供与项目有关的生产设备，承担中标文件约定的为达到项目功能所需要的全部建造工作，工程总承包商编制质量保证计划及建造组织方法，在建造中严格实施安全、费用及进度管理，以确保工程的质量和进度。

1. DB 模式的优点

（1）由一个承包商对整个工程负责，有利于设计人员和施工人员之间具有充分的沟通和协调空间，有利于设计、施工各环节的统筹协调，能够有效减少设计、施工之间的矛盾和争议，对于采用高科技的项目很有意义；同时这种总承包模式允许快速建造，对于面临激烈竞争急于将新产品推向市场的行业来说具有很强的吸引力。

（2）由于承包商通常要做投标设计，业主可以通过投标设计方案的质量来选择优质的工程总承包商，在某些领域具有专长的许多大型设计团队、施工公司，可以脱颖而出，优质的工程总承包商能够保证工程质量，从而使业主能够得到较高质量的工程。

（3）项目的设计和建造融为一体，承包商人员相对固定，有利于工作的沟通和协调，使工程建设具有良好的连续性，管理责任具有单一性，这也有利于由于范围变化和不可预见条件导致的变更，比传统的承包模式更容易执行。

（4）项目采取固定价格或允许一定幅度的调整，业主在项目建设初期能准确估计项目成本和收益。

（5）设计与建造同时发标签约。不同于传统的分段式模式下先设计再施工的模式，而是设计和施工可以同步推进，比较适合快速施工作业技术。工程材料和设备在施工文件编制完成之前就可以开始采购，从而使项目在较短的时间内完成，能够有效地压缩工期，促进提前投产运营。

2. DB 模式的不足

（1）尽管一般合同条款会约定业主有权选择参与设计单位及其设计人员，但操作性有限，往往造成业主无法控制设计人员的资质。

（2）由于项目造价固定或相对固定，可能影响承包商对材料设备以及施工方法、工艺的选择，进而影响工程质量。

（3）这种模式在招标时要求投标对象既具有设计能力，又具有建造能力，对业主招标而言，会减少投标企业的投标，从而造成标价偏高。

8.1.3 EPC/ 交钥匙模式

1. EPC/ 交钥匙模式的工作内容

EPC/ 交钥匙模式的主要工作内容包括但不限于以下几点：

（1）设计：按招标文件中规定的功能要求或业主要求进行全部设计工作，有可能包括可行性研究、概念设计、详细设计及竣工设计（按照不同国家的设计阶段的划分），这些设计通常要得到业主或业主代表的审核或批准。

（2）采购：合同中约定的各种材料或设备的采购。EPC/ 交钥匙项目中的材料设备采购一般不需要业主或业主代表的批准，但要通过相关的检验以证明产品质量优良。

（3）施工：中标文件约定为达到项目功能所要的全部施工工作，承包商编制质量保证计划及施工组织方法，在施工中严格实施安全、费用及进度管理，以确保工程的质量和进度。

从 EPC/ 交钥匙模式工作范围来看，与 DB 模式相比较，承包商要承担更大的风险，因为 EPC/ 交钥匙模式一般不能调价。另外，业主在招标时可能没有任何设计资料，仅在招标文件中约定了项目预期实现的功能，故项目风险较大，对承包商的风险预估和管控能力要求较高。

2. EPC/ 交钥匙模式的优势与不足

（1）EPC/ 交钥匙模式较传统分段式承包模式而言，具有以下三个方面的基本优势：

1）强调和充分发挥设计在整个工程建设过程中的主导作用。对设计在整个工程建设过程中的主导作用的强调和发挥，有利于工程项目建设整体方案的不断优化。

2）有效克服设计、采购、施工相互制约和相互脱节的矛盾；有利于设计、采购、施工各阶段工作的合理衔接，有效实现建设项目的进度、成本和质量控制符合建设工程承包合同约定，确保获得较好的投资效益。

3）建设工程质量责任主体明确，有利于追究工程质量责任并确定工程质量责任的承担人。

（2）EPC/ 交钥匙模式的不足包括：

1）能够承包大型 EPC/ 交钥匙模式项目的承包商数量有限，可以筛选的潜在对象较少；当然，工程勘察、设计、施工企业也可以组成联合体对工程项目进行联合总承包，但联合体内部之间的关系往往较难处理，由于实行的是工程总承包，业主对项目标价不好估算，对准确估价存在困难。

2）在 EPC/ 交钥匙模式项目中，由于是固定价格，业主将许多风险转嫁给了承包商，承包商面临着巨大的风险，项目是否能够顺利实施，是否能够达到业主的功能要求，很大程度上取决于承包商的经验和管理水平。

3）由于承包此类工程时承包商需要承担大量的风险，所以承包商在投标时通常会预留很高的风险费用，这有可能造成合同价格偏高。

8.1.4 工程总承包模式的发展

1. 国际工程总承包模式的发展

工程总承包模式起源于 20 世纪 70 年代左右，随着世界经济的快速发展，各国在各种关乎民生的大项目上的投资越来越多，以实现本国工业跨越式发展，同时，也有大量的民间资本涌入原本只有政府才有能力承建的大型项目中，以求通过大型项目获得更高的投资回报。在这种现实情况下，FIDIC 为了规范参与各方在项目展行过程中各种行为和责任义务，以保证各方的权利和目标可以公平地予以实现，便编制了包括《生产设备和设计—施工合同条件》（俗称"黄皮书"）、《EPC/ 交钥匙工程合同条件》（俗称"银皮书"）、《设计、施工和运营合同条件》（俗称"金皮书"）等合同示范文本以满足工程承包市场的需要，并为项目中的各项具体实践活动提供指导。目前，工程总承包模式在世界范围得到广泛应用。

2. 国内工程总承包模式的推广

建设项目工程总承包在发达国家是随着市场经济的发展自然发展起来的，而在我国更像是作为政府推行的一项改革措施而出现。我国建设项目组织模式改革始于20世纪的80年代，国内开始积极推行工程总承包模式。

1984年9月，为深化国内关于建筑业和基本建设管理体制，国务院印发《关于改革建筑业和基本建设管理体制若问题的暂行规定》（国发〔1984〕123号）提出，在全国推行工程总承包建设项目组织实施方案，开启建设项目组织模式改革的先河。在我国政策的推动下，化工、石化等行业的设计、施工企业积极开展工程总承包，成效显著。

1997年11月《中华人民共和国建筑法》颁布，标志着在法律层面为工程总承包模式在我国建筑市场的推行，提供了具体依据。

2011年9月，为指导建设项目工程总承包合同当事人的签约行为，维护合同当事人的合法权益，以适应我国工程总承包市场蓬勃发展的客观需要，住房和城乡建设部和工商行政管理总局联合发布实施了我国第一部适用于工程总承包项目的《建设项目工程总承包合同示范文本》（GF—2011—0216）。

2014年以来，国家发展进入"新常态"，建筑业作为国民支柱产业，在寻求改革突破的关键时期，国家进一步推进工程总承包模式。《关于进一步推进工程总承包发展的若干意见》《关于促进建筑业持续健康发展的意见》《建筑业发展"十三五"规划》《建设项目工程总承包管理规范》GB/T 50358—2017等相继出台。

2019年12月，住房和城乡建设部、国家发展改革委联合印发《房屋建筑和市政基础设施项目工程总承包管理办法》（建市规〔2019〕12号），作为我国首部专门针对工程总承包的部委规范性文件，于2020年3月1日起正式施行。

2020年12月，住房和城乡建设部、市场监管总局发布《关于印发建设项目工程总承包合同（示范文本）的通知》（建市〔2020〕96号），《建设项目工程总承包合同（示范文本）》（GF—2020—0216）自2021年1月1日起执行。

总之，自1984年起，我国经过30多年的努力，推行建设工程总承包取得快速发展，开展工程总承包的行业已从早期的化工、石化等少数几个行业推广到冶金、电力、机械、建材、油气、纺织、电子、兵器、轻工、城市轨道交通、新能源、集成电路制造等大部分工程领域。通过一系列国内外工程总承包项目的锻炼，促进了企业生产组织方式的变革和产业结构的调整，适应了国际承包工程的形势需要，促进了我国工程承包企业不断创新承包模式，促进了企业做强做大，获得了显著的经济效益和社会效益。

8.2 建设工程总承包合同文本简介

加强合同管理，是提高工程总承包项目的重要途径，而准确把握工程总承包合同条件是做好合同管理的基础，本节对FIDIC《生产设备和设计—施工合同件》（以下简称"黄皮书"）、《设计采购施工（EPC）/交钥匙合同条件》（以下简称"银皮书"）的基本内容、风险分配特点等分别予以介绍。

8.2.1　FIDIC 黄皮书简介

1. 适用范围

按照 FIDIC 推荐用于包括电力和（或）机械生产成套设备供货，以及房屋在内的建或工程的设计和实施项目（包括大型工程项目）的实施。合同内容包括了土木、机械电气、房屋建筑和（或）工程构筑物以及它们的组合。如果采用这种合同方式，业主只需在"雇主要求"中说明工程的目的、范围和设计等方面的技术标准，一般是由承包商按照要求进行设计、提供成套设备并进行安装、施工，完成的工作只有符合"雇主要求"才会被业主接收。业主一般较少参与项目进行中的工作，主要依靠工程师把好工程的检验关。黄皮书的适用具体条件有以下几个方面：

（1）该合同条件的支付管理程序与责任划分基于总价合同，因此一般适用于大型项目中的安装工程。

（2）业主只负责编制项目纲要和提出对设备的性能要求，承包商负责全部设计，并提供生产设备和全部施工安装工作。

（3）工程师来监督设备的制造、安装和工程施工，并签发支付证书。

（4）风险分担较均衡，黄皮书与红皮书相比，最大区别在于黄皮书的业主不再将合同的绝大部分风险由自己承担，而将一定风险转移至承包商。

2. 合同结构

黄皮书通用条件设有 21 条。内容包括：一般规定；雇主；工程师；承包商；设计；员工；生产设备、材料和工艺；开工、延误和暂停；竣工试验；雇主的接收；缺陷责任；竣工后试验；变更和调整；合同价格和付款；由雇主终止；由承包商暂停和终止；风险与职责；保险；不可抗力；索赔、争端和仲裁。

同时，黄皮书为合同专用条件编制了使用指南。黄皮书的附件中包括母公司保函、投标保函、履约保函、履约担保书、预付款保函、保留金保函、业主支付保函的范例格式，之后是投标书、投标书附录和合同协议书的范例格式。为解决合同争端，黄皮书也采用了争端裁决委员会（DAB）的工作程序，并附有"争端裁决协议书的通用条件"和"程序规则"，以及分别用于一个人或二个人组成的 DAB 的"争端裁决协议书"。

3. 风险分配特点

黄皮书的风险分担原则与红皮书基本一致，但因为承包商要负责设计，所以自然承担了由设计产生的风险。

（1）条款：5.1 设计义务一般要求。黄皮书该条款规定，承包商应进行工程的设计并对其负责。在收到根据条款 8.1 工程的开工的规定发布的通知后，承包商应仔细检查雇主的要求（包括设计标准和计算书，如果有），以及条款 4.7 放线中提到的基准依据。如果（考虑费用和时间）达到一个有经验的承包商在提交投标书前，对现场和雇主要求进行应有的细心检查时，本应发现此类错误、失误或其他缺陷的程度，则竣工时间不应予以延长，合同价格应不予调整。

（2）条款：5.8 设计错误。黄皮书该条款规定，如果承包商文件中发现错误、遗漏、含糊、不一致、不适当或其他缺陷，尽管根据本条作出了任何同意或批准，承包商仍应自费对这些缺陷和其所带来的工程问题进行改正。

8.2.2 FIDIC 银皮书简介

1. 适用范围

银皮书适用于承包商负责设计但不存在工程师的工程总承包。根据 FIDIC 推荐，银皮书以交钥匙方式提供加工或动力设施、工程或类似设施、基础设施项目或其他类型发展项目。银皮书的适用具体条件有以下几点：

（1）私人投资项目。

（2）电气、机械以及其他加工设备项目。

（3）基础设施项目（如发电厂、公路、铁路、水坝等）或类似项目，业主提供资金并希望以固定价格的交钥匙方式来履行项目。

（4）业主代表直接管理项目实施过程，采用较宽松的管理方式，但严格进行竣工试验和竣工后试验，以保证完工项目的质量。

（5）项目风险大部分由承包商承担，但业主愿意为此多付一定的费用，因为承包商在投标时通常会计入较大的风险费。

（6）在交钥匙项目中，一般情况下由承包商实施所有的设计、采购和建造工作，业主基本不参与工作，即在"交钥匙"时，提供一个配套完整、可以运行的设施。

2. 合同结构

银皮书的通用条款共 20 条，内容包括：一般规定；雇主；雇主的管理；承包商；设计；员工；生产设备、材料和工艺；开工、延误和暂停；竣工试验；雇主的接收；缺陷责任；竣工后试验；变更和调整；合同价格和付款；由雇主终止；由承包商暂停和终止；风险与职责；保险；不可抗力；索赔、争端和仲裁。

3. 风险分配特点

银皮书与黄皮书相比较，在风险分配上承包商承担的风险责任要大一些，其特点主要表现在以下几个条款：

（1）条款：3 雇主的管理。关于雇主管理风险分配条款，在银皮书中是"雇主的管理"，而在黄皮书中是"工程师"，尽管银皮书中的雇主代表同样也是需要执行所有雇主交给他的工作任务，并行使雇主的权利，但是银皮书中的雇主代表的权利更加广泛，而且雇主代表受雇于雇主，显然是站在雇主立场。尽管业内人士也质疑工程师的公正性问题，但是用"雇主"替换了"工程师"，公正性就更加容易发生偏颇。

（2）条款：4.7 放线。关于放线风险分配条款，银皮书的内容只是保留了黄皮书中的第一段，而删除了黄皮书中的由于雇主原因导致的费用增加和工期延长，承包商应得到相应补偿的内容，将放线错误的所有风险都分配给了承包商。

（3）条款：4.12 不可预见的困难。关于不可预见的物质条件条款，在银皮书中标题是"不可预见的困难"，黄皮书中是"不可预见的物质条件"。根据银皮书中的约定，承包商必须承担不可预见的风险，基本上排除了承包商以外部条件为由的索赔请求。在黄皮书条件下，承包商在遇到不可预见的外部困难条件时，则可以向雇主提出索赔。

（4）条款：4.10 现场数据。现场数据是指项目现场，地下、水文条件及环境方面的所有有关数据。现场数据是非常重要的资料，大量的项目索赔及失败的案例都是源于现场数据的收集和使用不当。关于现场数据准确性风险分配条款，银皮书与黄皮书完全不一样，银皮书要求承包商必须能辨别资料的准确性和完整性，因此，承包商对业主提供的资料，要承担很大的责任；而黄皮书中承包商虽然也负责设计，且现场数据与设计工作有着非常直接的关系，但是合同条件仍然对承包商有一个"实际可行"的前提，这一点与红皮书的约定完全一样，可见黄皮书在这一点上还是更偏向于承包商，承包商可以利用这一点保护自己。

（5）条款：5.1 设计的一般要求。关于设计责任的风险分配条款，银皮书强调由承包商负责整个工程的设计，并在除雇主应负责的部分外，对雇主要求（包括设计标准和计算）的正确性负责。而黄皮书合同条件中要求承包商应进行工程的设计并对其负责，同时约定承包商应仔细检查雇主要求，并将雇主要求或基准依据中发现的任何错误、失误或其他缺陷通知工程师。工程师将确定是否运用"变更和调整"的约定，并通知承包商。

（6）条款：8.4 竣工时间的延长。关于竣工延长条件风险分配条款，银皮书中将黄皮书中的"异常不利的气候条件"和"由于流行病或政府行为造成可用的人员或货物的不可预见的短缺"内容删去，意味着这两种情况出现时候的风险要由承包商负责。

（7）条款：13.8 因成本改变的调整。关于价格调整风险分配条款，银皮书约定："当合同价格要根据劳动力、货物以及工程的其他投入的成本的升降进行调整时，应按照专用条件的规定进行计算。"而黄皮书中对于因劳务、货物成本的涨落，直接就给出了计算调价的公式，这就意味着黄皮书对于劳务、货物的价格变化是可以调整的。

（8）条款：17.3 雇主的风险。关于雇主的风险分配条款，银皮书中雇主风险有 5 项，而黄皮书中雇主的风险共有 8 项，银皮书中将黄皮书中的最后三项取消了，分别是：(f) 除合同约定以外雇主使用或占有的永久工程的任何部分；(g) 由雇主人员或雇主对其负责的其他人员所做的工程任何部分的设计（如果有）；(h) 不可预见的或不能合理预期一个有经验的承包商应已采取适当预防措施的任何自然力的作用。

（9）条款：4.11 合同价格的充分性。关于合同价格的充分性风险分配条款，银皮书约定承包商确信合同价格的正确性和充分性，包括根据合同所承担的全部义务，以及为正确设计、实施和完成工程并修补缺陷所需的全部有关事项的费用。黄皮书则约定，承包商确信中标合同金额的正确性和充分性，但同时强调，中标合同额是基于现场数据以及承包商设计的基础上，这一点与红皮书是完全一致的。可见，黄皮书下获得价格补偿具有可能性。

由上述内容可见，在黄皮书中一些由业主方承担的风险在银皮书中都转移到了承包商处，这也就意味着在合同双方采用银皮书的情况下，承包商要承担很多由业主行为所引起的风险。毫无疑问，由于主要权利义务分配的不同，且银皮书条件下承包商有机会获取更高的价款，因此将更多的风险分配给承包商也是无可厚非的，承包商在选择合同方面应注意做出明智的选择。为此，FIDIC 建议，工程总承包项目在下列情况下由承包商（或由其名义）设计的工程，不适合使用银皮书，可以采用黄皮书：（a）如果投标人没有足够的时间或资料，以仔细研究和核查雇主要求，或进行他们的设计、风险评估和估算；（b）如果建设内容涉及包括相当数量的地下工程，或投标人未能调查的区域内的工程；（c）如果雇主要严格监督或控制承包商的工作，或要审核大部分施工图纸；（d）如果每次期中付款额要经职员或其他中间人确定。

8.3 建设工程总承包合同主要内容

8.3.1 合同文本结构简介

《建设项目工程总承包合同（示范文本）》（GF—2020—0216，以下简称"《2020版合同》"）由合同协议书、通用合同条件和专用合同条件三部分组成，合计近 71000字，包括三大部分内容：

一是合同协议书。共计 11 条，包括：工程概况、合同工期、质量标准、签约合同价与合同价格形式、工程总承包项目经理、合同文件构成、承诺、订立时间、订立地点、合同生效、合同份数。这些内容集中约定了合同当事人基本的合同权利义务。

二是通用合同条件。共计 20 条，具体条款分别为：一般约定，发包人，发包人的管理，承包人，设计，材料、工程设备，施工，工期和进度，竣工试验，验收和工程接收，缺陷责任与保修，竣工后试验，变更与调整，合同价格与支付，违约，合同解除，不可抗力，保险，索赔，争议解决。通用合同条件就工程总承包项目的实施和相关事项，以及合同当事人的权利义务作出了原则性约定。

三是专用合同条件。专用合同条件包括两部分：第一部分为合同当事人可对相应通用合同条件的原则性约定进行细化、完善、补充、修改或另行约定的条款。第二部分为合同附件，包括附件 1 发包人要求、附件 2 发包人供应材料设备一览表、附件 3工程质量保修书、附件 4 主要建设工程文件目录、附件 5 承包人主要管理人员表、附件 6 价格指数权重表。

8.3.2 合同修订主要特色

《2020 版合同》的文本是在《建设项目工程总承包合同示范文本》（GF—2011—0216，以下简称"《2011 版合同》"）基础上结合国内实际情况广泛吸收国内外先进经验，又在具体内容上参考、吸收了《生产设备和设计—施工合同条件》（以下简称"FIDIC 黄皮书"）、《建设工程施工合同（示范文本）》（GF—2017—0201）（以下简称"《2017 版施工合同》"），以求在吸收国际工程实践经验的基础上贴合国内的工程总承包实践，也便于未来将《2017 版施工合同》作为工程总承包合同示范文本的施工分包合同参考文本配套使用。同时，《2020 版合同》还参考了 2011 年国家发展改革委等九部委发布的《标准设计施工总承包招标文件》(2012 版)。

1. 以 2017 版 FIDIC 黄皮书为主要参考范本

FIDIC 合同体系下，由承包人承担设计工作的工程总承包合同包括《生产设备和设计—施工合同条件》和《设计采购施工（EPC）/交钥匙工程合同条件》（以下简称"FIDIC 银皮书"）两个合同条件。两者的合同结构和主要内容较为相似，但在适用范围、管理模式、风险分配、计费方式、权利义务上都存在一定差别。

其中，FIDIC 黄皮书推荐用于电气和（或）机械设备供货和建筑或工程的设计与施工，相对于 FIDIC 银皮书在风险分配上更为均衡，也更适用于房建、市政、道路等土木工程；而 FIDIC 银皮书则推荐用于以交钥匙方式提供加工或动力工厂，或由一个实体承担全部设计和实施职责的私人融资基础设施或工业项目，并把较多的风险不平衡地分配给承包人，同时也不适用于投标时间较短、涉及大量无法勘察的地下工程、雇主需对承包人的工作和图纸进行严格监管和审查的情况。

考虑到我国目前工程总承包市场尚未完全成熟，建筑业市场竞争比较激烈，将风险过度分配给承包人并不利于行业健康发展，加之《建设项目工程总承包合同示范文本》主要适用于房建和市政基础设施类工程，以及目前政策鼓励带头推行工程总承包的政府投资工程，此类工程发包人对工程实施过程监管较为密切，且大部分仍然存在监理人受委托代表发包人行使监督管理权利的情形，再结合我国工程总承包项目招标投标和合同履行的现状，使用 FIDIC 黄皮书作为主要借鉴文本比 FIDIC 银皮书更为合适。并且，FIDIC 黄皮书作为 FIDIC 系列合同条件中承上启下的合同条件，具有较强的代表性，在国际上的使用也较为广泛。2017 版黄皮书经过进一步修订，合同内容更加丰富，合同条款更为清晰、透明和确定，反映了当今国际工程的最佳实践。因此，《2020 版合同》最终选取了 2017 版 FIDIC 黄皮书作为主要参考范本。

2. 对 FIDIC 黄皮书的学习借鉴要点

（1）明确工程总承包项目经理职责、增设承包人关键人员

2017 版 FIDIC 黄皮书加强和细化了对承包人代表及人员的资质和管理要求，新增了"关键人员"条款，要求承包人将关键人员的姓名及详细资料提交工程师以取得同意，且未经同意不得任命或更换，同时关键人员在工程实施期间也应常驻现场。本次合同编写参照了 FIDIC 黄皮书的上述最新规定，对"工程总承包项目经理"的任职资格、更换和授权、职责履行等内容进行了明确。考虑到工程总承包项目涉及设计、采购、施工等多个环节，还增设了"设计负责人""施工负责人""采购负责人"等关键人员及其管理的相关规定。

（2）相对平衡地分配发包人和承包人之间的风险和责任

与 1999 版相比，2017 版 FIDIC 黄皮书更加强调雇主和承包人之间在风险与责任分配以及各项处理程序上的平衡和对等关系。本次合同编写在发承包方的风险分配上依据《房屋建筑和市政基础项目工程总承包管理办法》第十五条涉及发承包的风险分担，借鉴了 2017 版 FIDIC 黄皮书，在保密、保障、索赔、合同解除、提前预警、知

识产权、设计责任等方面都设置了双方对等的条款，尽可能平衡分配发包人和承包人间的风险和责任。

（3）增加联合体条款、完善分包相关条款

2017 版 FIDIC 黄皮书增加了"联合体"定义，扩大了条款"1.14 共同的和各自的责任"下的联营体未经雇主同意不得变更的范围；条款"4.4 分包商"规定，雇主可以限制承包商就工程的某一部分或累计金额占合同额特定比例的工程进行分包。鉴于我国工程总承包市场仍在发展之中，设计施工还未全面融合，目前以联合体或分包形式开展工程总承包的情况较为普遍，合同起草借鉴了 FIDIC 合同关于联合体和分包的最新内容，增加了"联合体"条款，进一步完善分包条款等内容。

【案例 8-1】

【案例要点】联合体协议中已经约定对外承担连带责任，应当按照约定执行。

法院认为，联合体协议中载明联合体将严格按照招标文件的各项要求，递交投标文件，履行合同，并对外承担连带责任；同时，结合《联合体协议书》第 4 条是对"联合体"成员在工程具体实施过程中职责分工的约定，故华×公司有权在涉案工程施工过程中代表"联合体"对外签订合同。华×公司与德×公司签订工程总承包合同的行为系代表联合体的行为，华×公司与唐××和王××签订土建分包合同的行为亦系代表联合体的行为，××设计院、贵×公司应对华×公司负责工程施工、工程管理工作范围内的行为承担连带责任。因联合体协议并未约定对外承担连带责任的范围，故××设计院、贵×公司对"该约定仅限于协议各方当事人"的抗辩不能成立。

8-1
案例背景

（4）在发包人与承包人间设立对等的索赔条款

相对于 1999 版，2017 版 FIDIC 黄皮书将"索赔"与"争端解决"拆分为两个独立条款，丰富了索赔规定的内容，进一步明确了索赔的程序和权利义务；将承包人和雇主索赔的索赔程序合二为一，就双方的索赔期限、程序和权利义务等进行了对等规定，即均应在索赔事件后 28 天内发出索赔通知，发出索赔通知后 28 天内提交完整详细的索赔报告，并由工程师商定或确定索赔结果。本次合同起草参照 2017 版 FIDIC 黄皮书将"索赔"作为独立条款，并在索赔期限、索赔程序和过期索赔失权等权利义务上对发包人和承包人作了对等的规定，同时进一步细化了索赔程序。

（5）参考 FIDIC 黄皮书将设备费用价款计入当期进度款

参考 FIDIC 黄皮书条款"14.5 拟用于工程的生产设备和材料"的规定，将设备费用计入当期应付的工程进度款中。

（6）参照争端避免 / 裁决（DAAB）机制引入"争议评审"解决方式

1999 版 FIDIC 黄皮书规定，当事人之间的争端可先通过双方在争端发生后联系任命的争端裁决委员会（DAB）裁决解决，若当事人不满 DAB 裁决的，再通过国际仲裁最终解决；2017版FIDIC黄皮书将DAB机制升级为争端避免/裁决委员会（DAAB）机制，并新增加了争端避免的职责。我国的《2017版施工合同》以及《标准设计施工总承包招标文件》（2012版）均借鉴和吸收了FIDIC合同的DAB机制，包括"争议评审"解决方式，并参照2017版FIDIC黄皮书的DAAB最新规定，就争议避免等内容进行了完善。

3. 对FIDIC黄皮书的本土化改造

在《2020版合同》修订过程中，对FIDIC黄皮书中不适合中国国情的内容未予借鉴，并进行本土化改造，形成了符合中国国情的相应制度。以下分别详细列举对《2020版合同》中对应部分或条款的修订情况。

（1）对于"第一部分合同协议书"的结构和内容调整

在FIDIC黄皮书下，合同条件中不包括合同协议书，合同协议书作为格式文件附属在黄皮书最末，内容也较为精简，并不涵盖工程范围、工期、价款等重要合同内容，从FIDIC文件体系角度，相应重要内容已经记载在中标函及专用合同条件之中。

鉴于国内的工程实践惯例，在制定《2020版合同》时尊重国内习惯，将工程概况、合同工期、质量标准、合同价格、项目经理、合同文件构成等重要的合同内容集中约定在"第一部分合同协议书"中，并作为《2020版合同》的首部，既能引起合同当事人重视，也便于查阅。

《2020版合同》在合同协议书部分的编制上，延续了住房和城乡建设部2011版工程总承包合同和《标准设计施工总承包招标文件》的基本结构，并吸收了《2017版施工合同》的新内容，形成了共11条内容，包括：工程概况、合同工期、质量标准、签约合同价与合同价格形式、工程总承包项目经理、合同文件构成、承诺、订立时间、订立地点、合同生效和合同份数。

（2）对于"1.5合同文件的优先顺序"中规定的"专用合同条件发包人要求等附件"顺序的调整

在FIDIC黄皮书下，"雇主要求"的优先顺序位于合同协议书、中标函、投标函、专用合同条件和通用合同条件之后，主要是FIDIC合同文件体系相对完整成熟，雇主要求作为发包人单方提出的文件，不应过度优于FIDIC文本体系。而考虑到国内的工程实践现状，"发包人要求"往往涵盖了发包阶段发包人对项目的主要需求，如果优先级过低，则既不利于发包人实现项目建设目标，也不利于承包人基于"发包人要求"变更而主张合同价款调整，故将"发包人要求"作为专用合同条件附件，具有和专用合同条件相当的优先级。

（3）对于"1.12发包人要求"和"基础资料中的错误"中关于承包人责任的修改

在FIDIC黄皮书下，承包人在收到开工通知后应仔细检查雇主要求，如发现存在错误的，应在开工日期后42天内通知工程师。如果该错误是一个有经验的承包人（在考虑成本和时间的情况下）尽到应有的注意义务，通过投标前检查现场和雇主要求（在错过42天期限的情况下，通过在期限内仔细检查雇主要求）仍无法发现的错误，则工程师可视其为变更进行处理，且承包人有权就工期、费用和利润进行索赔。

本条款在设置上参照了 FIDIC 黄皮书的上述内容，但在内容上有三点没有采纳：

一是，承包人发现"发包人要求"中的错误后及时通知发包人即可，而没有设置通知的具体期限。一方面是考虑到国内项目招投标阶段和工期相比国际工程普遍较短，承包人在开始相关工作前往往没有足够的时间对现场和"发包人要求"详细检查；另一方面是与《民法典》第七百七十六条的规定相符。

二是，没有将"有经验的承包人尽到应有的注意义务"作为承包人是否承担责任的判断原则。因这一概念主要适用于英美法系，在我国法律体系下并不适用。

三是，承包人发现错误后直接通知发包人而非工程师。这主要是考虑到"发包人要求"中出现错误属于较为重大的变更，实践中往往需要发包人确认，目前以工程师中心进行项目实施管理的体系还未完全建立，工程师一般没有权限对此进行确认。

（4）"4.5 分包"中删除了关于指定分包的内容

2017 版 FIDIC 黄皮书条款"4.5 指定的分包人"明确了可指定分包的情形、承包人反对指定分包的合理情形、雇主直接支付指定分包人的条件，并允许雇主通过对指定分包人的责任提供保障，在承包人反对的情况下继续使用指定分包人。

但是我国《建筑法》禁止将建筑工程肢解发包，现行的监管体系不允许发包人直接指定分包，因此 FIDIC 合同中允许发包人指定分包的内容不符合我国国情，故未予以借鉴。

（5）"4.9 工程质量管理"根据我国实际情况修改

《2020 版合同》的 4.9 款内容为 17 版 FIDIC 黄皮书合同条件的新规定，要求承包人建立质量管理（QM）体系和质量验证（CV）体系，前者侧重于保证工程质量和相关文件可追踪，后者侧重于验证工程是否符合合同约定。

"工程质量管理"条款在设置上参照了 FIDIC 的上述规定，但内容上主要参考自《2017 版施工合同》第 5 条工程质量，则更为贴合我国工程管理实践。

（6）"5.1 承包人的设计义务"的修改

FIDIC 合同下，承包人承担的设计责任是"符合预期目的"（Fitness for the purpose）的严格责任，但其主要为英美法系下的概念。因此，本条在参照 FIDIC 相关规定的基础上，要求承包人的设计责任是根据我国法规、标准和发包人要求等承担。另外增加了我国法律法规中对于工程资质的要求。

（7）关于"6.2.4 材料和工程设备的所有权"对于 FIDIC 合同的借鉴

FIDIC 黄皮书中，材料和设备的物权是设备运至现场时和设备价款得到支付时两者中较早的时间起，物权所有权转移。但在我国的工程实践中，工程款拖欠几乎是每个项目均会发生的现象，若存在大型的工程设备，其价值往往较高，如果设备价款未予以支付，发包人就取得物权的话，会进一步导致承包人谈判地位的下降，使得工程款欠付现象更加严重，推进减少工程价款的欠付是目前国家的政策方向。因此基于上述考虑，对 FIDIC 黄皮书中的"材料和工程设备的所有权"条款进行了修改，确认只有付清含该项设备价款的工程进度款付清之日起，设备所有权才发生转移。

（8）"9.2 延误的试验"的修改

本条款与 FIDIC 黄皮书基本一致，但未采纳其第 10.3 款关于雇主延期进行竣工试验将视为其已接收工程的规定。因我国规定，建设工程经竣工验收后发包人才可接收工程，因此在未进行竣工试验的情况下，不宜认定发包人已接收工程。

（9）"11.8 保修责任"的增加

FIDIC 黄皮书第 11.10 款规定，颁发履约证书后，任何一方仍应负责完成尚未履行的义务，包括法律所要求的义务。在我国法律体系下，此类义务主要为法定保修义务，因此增加了本条款予以明确。

（10）"13.4 暂估价"的增加

2017 版 FIDIC 黄皮书中没有暂估价，但因《房屋建筑和市政基础设施项目工程总承包管理办法》中有"暂估价"，且我国工程实践中存在大量使用暂估价的实际需要，故增加此条款。

（11）"13.8 市场价格波动引起的调整"的修改

参照 2017 版 FIDIC 黄皮书第 13.7 款，规定了除投标函附录中约定了价格指数和权重的，合同价格不因市场价格波动而调整。考虑到我国市场实际中，发包人往往较为强势，双方很可能难以达成一致的约定，因此，本合同直接设立了调整规则，具体调整规则参照了《设计施工总承包合同》第 16.1 款物价波动引起的调整（A）。因为具体调整规则更符合我国市场成本价格波动调整的行情。

（12）"14.6 质量质保金"的修改

此条未参照 FIDIC 合同，理由为：① FIDIC 合同竣工后的保留金一般为合同价款的 5%，我国法律规定的是 3%。② FIDIC 合同规定的是在颁发工程接收证书后，返还保留金总额的一半；在缺陷通知期届满后，返还另一半；我国法律规定的是缺陷责任期到期后，承包人可向发包人申请返还质保金；且现行规定推荐采用保函的方式支付质保金，不宜将保留金这种方式作为质量保证责任的第一选项。FIDIC 合同的规定与我国《建设工程质量保证金管理办法》等相关政策及规定相冲突，故未借鉴。

（13）增加了"15 违约"的规定

FIDIC 中没有专门的违约条款，关于违约的规定是散见在各个条款中的；但是我国合同中通常都是包括专门的违约条款的，并对违约情形采取概括式列举的立法体例，因此本条遵从了我国合同的编写习惯，增加了独立的第 15 条"违约"的规定。

（14）"16.1 由发包人解除合同"的修改

2017 版 FIDIC 黄皮书第 15 条"由雇主终止"中包括 15.5 款"为雇主便利终止"，为雇主便利终止实质上是赋予了雇主对于合同的任意解除权，但是我国《民法典》合同编建设工程合同章规定中未赋予发包人对于合同的任意解除权，仅有因承包人违约而解除合同的规定。故，此处未借鉴 FIDIC 第 15.5 款"雇主终止的权利"及与之相对应的第 15.6 款"为雇主便利终止后的估价"和第 15.7 款"为雇主便利终止后的付款"。

（15）"17.4 不可抗力后果的承担"的修改

FIDIC 黄皮书下不可抗力的后果主要由雇主承担，但是我国法律关于不可抗力的风险是发包人与承包人共同承担，故此处未借鉴 FIDIC 黄皮书。

（16）"第 19 条索赔"的修改

在索赔程序上，2017 版 FIDIC 黄皮书中无论是雇主还是承包人提出的索赔均由工程师作为中立方商定或确定结果，与目前国内的实践有一定差距。

在国际上，由于咨询工程师由雇主聘请，其是否能中立地作出决定已受到广泛质疑，在国内这一问题更为突出。国内实践中发包人索赔和承包人索赔的程序是分别规定的，只有承包人索赔才需监理人 / 咨询人审查决定，并经发包人签认后有效，发包人索赔是不需要监理人 / 咨询人商定或确定的，发包人索赔是由承包人签认的。因此，本次合同起草未借鉴 FIDIC 发包人和承包人索赔程序合二为一，且均有咨询人最终商定或确定的做法，仍将发包人索赔程序和承包人索赔程序分开，并根据我国建设工程惯例进行规定。

（17）"第 20 条争议解决"的修改

本条主要对争议评审小组的相关规定进行了适合我国实际的修改。1999 版的 DAB 为临时机构，在争议发生后由双方组建的，2017 版将 DAAB 由临时性机构改为常设机构，在双方签订合同协议书后的约定时间内（未约定，则为 28 天）内任命组建 DAAB。考虑到国内由于法律环境和文化理念等原因，争议评审机制仍未具有广泛的实践基础，在进行条款编写时将充分尊重当事人自愿原则，当事人可自行选择是否采取该机制，采用常设还是临时性的争议评审机构，以及就该机制的程序、规则、费用承担、评审结果约束力等事项进行自由约定。

（18）关于国际工程的部分规定因不适用于国内工程而删除

FIDIC 黄皮书是国际工程合同，适用于发包人和承包人系分属于不同国家的实体，其中关于适用何种货币和何种语言、适用所在国的技术规范和法规、所在国当局造成的延误、国际货物运输、跨国人员安排、合同解除后承包人如何撤离所在国等，这些是国际工程特有的内容，不适用于国内工程。

（19）对合同附件体系的重构

黄皮书合同条件中的附件包括"争端避免 / 裁决委员会（DAAB）程序规则"和"条款索引"，《2020 版合同》均未借鉴使用。首先，争议评审制度的引入属于《2020 版合同》中的创新举措，但鉴于国内的相关实践尚未成熟，仍处在制度探索阶段，并不像国际工程中对 DAAB 机制运用得如此成熟，故目前尚不宜在国家层面的示范文本中直接出台争议评审的程序制度的相关内容。然后，因为不同于商业售卖的黄皮书，《2020 版合同》是住房和城乡建设部公开发布并可供市场主体自行免费下载使用的文本，当事人可以在电子文件中自行阅览、检索、修改，故无须另行编制条款索引。

相应地，针对国内的工程实践，《2020 版合同》创新性地编制了自身的附件体系。首先，考虑到国内的工程总承包实践尚未完全成熟，尤其是发包人对于工程总承包项目如何编制"发包人要求"尚不具备充分经验，故附件中详细附属了"发包人要求"编制纲要。其次，考虑到国内的工程总承包项目中甲供材料、设备的普遍性，专门附属了"发包人供应材料设备一览表"以供填写。再次，根据国内工程实践惯例，参考《2011 版工程总承包合同》《2017 版施工合同》等文件编制了"工程质量保修书"，用于发承包人集中约定保修相关事项。最后，根据国内项目需要，附属了"主要建设工程文件目录""承包人主要管理人员表""价格指数权重表"等供合同当事人使用。

8.3.3 合同示范文本重点条款解读

1. 合同价格形式相关条款解读

对于合同的价格形式，《2020 版合同》与《2011 版合同》保持一致，依然以总价合同为基本原则，但是在价格清单的设计上则精细很多，将设计、采购、建安等不同环节进行了拆分。同时，结合工程实践的实际需要，也列明了暂估价、暂列金额，并列有其他费用，为合同当事人进行合同价格构成个性化约定提供接口。

同时，《2020 版合同》在建筑业全面营改增的背景下，结合工程总承包项目覆盖多个应税行为、适用不同税率的现实需求，分别区分设计费、设备购置费、建筑安装工程费，引导市场主体区分列明不同费用组成、适用税率、税金等内容，以免因适用营改增税收法律及政策，导致从高适用税率的风险，同时也避免了合同发承包双方之间因为税费计算口径的差异以及税收政策调整引发合同价格的争议。

此外，《2020 版合同》明晰了"签约合同价"和"合同价格"的概念和使用场景，更加清晰准确，减少误解。由于建设工程自身特点，使得合同价格有较大调整的可能性，即合同的"签约价"（初始价）和"结算价"（最终价）之间存在差异，甚至有时存在极大的差异。因此，有必要结合工程实践的实际需要和语言使用规范及习惯，对这两个概念进行明晰、简洁地定义并在合同文本中进行准确地使用，从而消除语义误解和使用不规范的现象。《2011 版合同》将签约价称为"合同价格"，并将调整后的合同结算价格称为"合同总价"，该方法虽一定程度建立了概念体系，但容易让人误解。工程总承包合同本身就是总价合同，签约价也可以理解为合同总价，与作为结算价概念的合同总价较易混淆。《2020 版合同》重新梳理了相关概念，将签约价直接称为"签约合同价"，将结算价称为"合同价格"，概念的使用更为规范、简便，也符合一般的语言使用习惯。在此基础上，在具体条文中准确体现了上述新概念的使用场景和差异性。

【案例 8-2】

【案例要点】工程总承包原则上不能打破固定总价的约定进行结算。

法院认为，案涉合同为 EPC 工程总承包合同，约定固定总价（暂定价为 7800 万元）。尽管合同无效，法院认为在无证据证明双方已对合同价款进行调整的情况下，仍应参照合同约定的固定总价结算工程价款。承包人主张实际工程量发生重大变更，以工程量增加为由主张据实结算，

8-2
案例背景

但未提供符合合同约定的变更证据（如发包人指示或书面确认），因此不能突破固定总价据实结算。

2. 合同风险分担相关条款解读

首先，引导发承包双方合理分担风险，明确发包人承担"发包人要求"或提供的基础资料中错误的风险；明确承包人因应对不可预见的困难而采取合理措施而增加的费用和（或）延误的工期由发包人承担。结合《政府投资条例》《房屋建筑和市政基础设施项目工程总承包管理办法》对于工程总承包项目合同发承包双方风险分配的规定，《2020 版合同》中 1.12"发包人要求"和基础资料中的错误约定，承包人负有"认真阅读、复核'发包人要求'以及其提供的基础资料"并通知发包人补正的义务，如发包人做出相应修改的，或者"发包人要求"或其提供的基础资料中的错误导致承包人增加费用和（或）工期延误的，"发包人应承担由此增加的费用和（或）工期延误，并向承包人支付合理利润。"与《2011 版合同》中要求承包人限期 15 日对发包人提供的基础资料进行复核，否则由承包人承担基础资料，现场障碍资料短缺、遗漏、错误的风险相比，《2020 版合同》对承包人更为有利。

其次，增加承包人基于工程总承包合同的赔偿最高限额，将工程总承包商的风险限定在可预见的合理范围之内。结合 FIDIC 黄皮书和国内工程实践，《2020 版合同》中 1.13 责任限制约定："承包人对发包人的赔偿责任不应超过专用合同条件约定的赔偿最高限额。若专用合同条件未约定，则承包人对发包人的赔偿责任不应超过签约合同价。"该条款与《2011 版合同》相比，较大程度改善了承包人难以与发包人谈判争取赔偿最高额的困境，有效增强了承包人开展项目的安全感。

再次，增加了履约过程中出现约定情况时发包人提供资金来源证明的义务，合理平衡各方风险，促进合同的顺利履行。在以往的工程实践中，工程建设实施期间，如发生工程建设内容、建设标准、建设规模的较大变更，导致变更增加价款超出签约合同金额一定比例的，则该部分变更增加的款项缺乏对应的支付保障。对此《2020 版合同》借鉴 FIDIC 黄皮书，在自己的合同中 2.5 支付合同价款中的第 2.5.2 项约定，出现相应情况时发包人有提供资金来源证明的义务，使工程价款支付更有保障。

此外，强化了发包人应当提供支付担保的义务，以及发包人未按约提供支付担保情形下承包人的合同解除权。《2011 版合同》中虽约定发包人应当提供支付保函，但实践中执行情况并不理想。随着《政府投资条例》《保障农民工工资支付条例》的出台，均从行政法规的立法层面明确了发包人提供支付担保、施工单位不得垫资建设等要求，对此《2020 版合同》进一步强化了发包人提供工程款支付担保的义务，在"2.5 支付合同价款"中第 2.5.3 项明确了发包人提供支付担保的义务，同时约定发包人未遵守约定提供支付担保的，构成第 16.2.1 因发包人违约解除合同的情形，以保障工程价款支付安全性。

值得注意的是，不可抗力的停工损失改为双方合理分担。在当下全球各种疫情的持续影响下，不可抗力条款越来越多地受到市场主体的关注，回顾 2020 年初因疫情不可抗力引发的索赔，其中争议较大的在于承包人的停工损失如何分担。《2011 版合同》"17.2 不可抗力的通知"中，虽然约定为承包人承担，实际履行中却发生较大的争议，尤其是关于人工工资费用部分，如由承包人自行承担，与各地方政策文件规定要求建设单位给予相应补偿的规定存在差异，也有违公平原则，不利于保持社会稳定。《工程总承包管理办法》强调发承包双方应"合理分担风险"，对此，《2020 版合同》"17.4 不可抗力后果的承担"约定："由此导致承包人停工的费用损失由发包人和承包人合理分担，停工期间必须支付的现场必要的工人工资由发包人承担"，在不可抗力发生时有利于更好地保障建筑工人权利，同时引导发承包双方共同抵御不可抗力的风险。

最后，在"不可抗力"制度外设置"不可预见困难"制度，更好保护承包人权利，也利于发包人项目顺利推进。《2020 版合同》的不可抗力条款用以在不可抗力情形下的责任平衡分担。但不可抗力情形不能囊括所有订立合同时所不能预见的情形，理论上讲，作为商事主体，在不可抗力情形以外的情形都应当视为其可以预见的商业风险范畴。但在工程实践中，不可避免地存在大量确实难以预计但又不属于"不可抗力"的情形，如在施工现场遇到的不可预见的自然物质条件、非自然的物质障碍和污染物，包括地表以下物质条件和水文条件等。对此，如果一概认为属于承包人可以预见而由其承担责任，则会导致承包人承担的风险过大，有违公平原则，而承包人承担了过大风险的情况下，也不利于项目的顺利推进。因此，通过增设不可预见困难制度，有利于更好地保护承包人，也有利于发包人项目推进。但需注意的是，不可预见困难的认定标准较高，应是"有经验的承包人"也不可预见，而非基于一般理性人的不可预见。

【案例 8-3】

【案例要点】工程总承包项目中能否构成免除承包人违约责任的不可抗力事件要以"经验丰富的承包商"标准衡量。

法院认为，原告未举出证据证实此大风属于异常恶劣的气候条件（异常恶劣的气候条件是指在施工过程中遇到的，有经验的承包人在签订合同时不可预见的，对合同履行造成实质性影响的，但尚未构成不可抗力事件的恶劣气候条件）还是不可抗力（不可抗力是指合同当事人在签订合同时不可预见，在合同履行过程中不可避免且不能克服的自然灾害和社会性突发事件，如地震、海啸、瘟疫、骚乱、戒严、暴动、战争和专用合同条款中约定的其他情形）事件，因此无法证实其损失属于可索赔的情况还是质量问题，故其此项请求本院不予支持。

8-3
案例背景

在建设工程合同纠纷案件中，对异常恶劣气候条件的认定标准往往较高，能否构成免除承包人违约责任的不可抗力事件，往往要以"经验丰富的承包商"的标准进行衡量，而不可抗力的认定标准较之更高。在司法实践中往往可将地震、台风、洪水、冰冻灾害等自然风险因素导致承包人无法按约定开展施工建设的情况认定为不可抗力事件，但由于不可抗力事件的发生不可归责于任何一方，且承发包双方都因不可抗力

事件的发生而遭受损失，因此不可抗力导致的延误一般属于可顺延但不可补偿的情形。承包人可据此提出工程延期申请或作为发包人向其提出工期索赔时的有效抗辩事由。

3. 合同管理相关条款解读

首先，合同新增条款"第 3 条发包人的管理"，明确发包人的管理义务。从合同整体架构上，《2020 版合同》通用合同条件共 20 条，相比《2011 版合同》增加了一条"发包人管理"。将"发包人的管理"从《2011 版合同》"第 2 条发包人"中单独列出，也是充分考虑了当下全过程工程咨询蓬勃发展、发包人越来越多地委托咨询机构参与建设等新情况。从条文结构上看，发包人管理一条共有 6 款，分别是"3.1 发包人代表""3.2 发包人人员""3.3 工程师""3.4 任命和授权""3.5 指示""3.6 商定或确定"和"3.7 会议"。

其次，参照 FIDIC 合同条件引入了"工程师"角色，并完善工程师参与项目实施过程中商定确定程序。《2020 版合同》"第 3 条发包人的管理"参照了 FIDIC 黄皮书中"3 雇主的管理"。FIDIC 黄皮书中，雇主的管理体现为雇主任命的工程师的管理，而不同于 FIDIC 银皮书通过"雇主代表"来实现，且雇主不过多地介入日常工作管理。考虑到国内工程管理中建设单位对工程质量的首要责任、项目负责人的终身责任制，以及法律规定的监理制度，因此《2020 版合同》在《2011 版合同》"第 2 条发包人"中"监理人"条款基础上，借鉴了 FIDIC 银皮书和黄皮书中"3 雇主的管理"思路，并在当下建筑业改革推进全过程咨询背景下，形成了目前的条款。在具体的管理方式上，体现为"发包人代表""发包人人员"和"工程师"的管理。值得一提的是，《2020 版合同》并未沿用《2011 版合同》"监理人"角色，而是通过"3.3 工程师"中"根据国家相关法律法规规定，如本合同工程属于强制监理项目的，由工程师履行法定的监理相关职责"的约定，将"工程师"与监理制度关联衔接，这是国家推行咨询行业整合升级发展全过程工程咨询理念的重要体现，也是与《2017 版施工合同》《标准设计施工总承包招标文件》中的合同文本相比的重大突破。但在实施层面，因目前强制监理制度继续存在，如果发包人委托了监理人的情况下，发包人代表、工程师、监理人之间的职责权限的划分将会比较复杂，当前的"工程师"的本土化进程需要各方的共同努力和市场的进一步验证。

再次，完善工程总承包项目管理架构，明确关键管理人员定义。《2011 版合同》中仅涉及"项目经理"岗位，但从国家规范和项目需求看，科学的项目管理架构除了由项目经理负责总体管控之外，还应设置设计负责人、采购负责人、施工负责人等各专业内容负责人，共同组成工程总承包项目管理架构中不可或缺的部分。因此，《2020 版合同》在"第 1 条一般约定"中增加了设计负责人、采购负责人、施工负责人的定义，并在附件 5 承包人主要管理人员表中区分"总部人员"和"现场人员"，列举了工程总承包项目管理架构的关键内容以供合同当事人参考。

第四，增加"发包人要求""项目清单""价格清单"等文件作为工程总承包合同的组成部分，减少合同履行过程中对计价、变更、索赔等争议。当前工程总承包项目所面临的风险根源往往在于项目发包时，基于前期咨询文件深度限制，使得承包人的报价、实施方案缺乏针对性，一旦工程进入到履约阶段，极易引发工程价款争议。《2020版合同》明确提出"发包人要求"作为合同附件，并将其解释顺序列为与合同专用条件同顺位，同时在"第1条一般约定"的定义中，明确发包人应当提供"项目清单"并载明工程内容的各项费用和相应数量等项目明细，承包人应当按照发包人提供的"项目清单"制作"价格清单""承包人建议书"等来响应发包人要求，通过该系列文件，提高工程总承包项目合同内容的精确度，减少工程履约期间的争议。

此外，完善设计文件的审查机制，约定发包人的审查期限及逾期审查视为认可的后果，如果构成变更的，应适用变更的程序。项目实施过程中，发包人需对设计图纸等重要文件进行审查确认，以免承包人交付成果与发包人要求存在较大偏差。《2020版合同》在"5.2承包人文件审查"中完善了承包人在报送文件时应对设计文件与合同约定有偏离的内容进行说明以及逾期视为认可等制度。同时该条进一步明确，如果同意发包人的意见构成变更的，或者政府有关部门或第三方审查单位的审查意见，需要修改"发包人要求"的，承包人可以按照变更程序处理。这样进一步规范了承包人设计文件的审查，防止发包人及审查部门随意借审查承包人设计文件之机提出超出招标文件、"发包人要求"和合同其他约定的要求，而迫使承包人接受且不予变更处理的情形。

同时，基于工程总承包模式特征统筹项目整体工期安排，不再分别约定设计期限、施工工期和相应的进度计划，强调发包人不得任意压缩合理工期。工程总承包项目包含设计、采购、施工三项主要工作内容。从工期管理角度，《2011版合同》第一部分合同协议书中"三、主要日期"分别约定了设计开工日期、施工开工日期、工程竣工日期，并在第二部分通用条款的"第4条进度计划、延误和暂停"中，分别约定了项目进度计划、设计进度计划、采购进度计划、施工进度计划的编制和审查工作，但对发包人而言，工程总承包模式的一大优势是通过设计施工融合提高建设效率、按期交付工程成果，承包人一方负有在合同约定的期限内统筹协调完成设计、采购、施工全部工作内容的责任义务，且在国家及各地政策鼓励工程总承包项目分阶段出图、分阶段办理施工许可手续的情况下，设计、采购、施工工作相互融合交叉并行，割裂地约定各段工期并不利于总体工期的管理和建设效率的提高。因此《2020版合同》第一部分合同协议书中"二、合同工期"仅区分了开始工作日期和开始现场施工日期，在第二部分通用合同条件"第8条工期和进度"中，要求承包人报送包括设计、承包人文件提交、采购、制造、检验、运达现场、施工、安装、试验的各个阶段的预期时间以及设计和施工组织方案说明等的项目整体进度计划，不再过于强调设计、采购、施工某一单项进度。同时基于《房屋建筑和市政基础设施项目工程总承包管理办法》对于禁止发包人任意压缩合理工期的规定，《2020版合同》在"2.1遵守法律"中明确，发包人不得以任何理由，要求承包人在工程实施过程中违反法律、行政法规以及建设工程质量、安全、环保标准，任意压缩合理工期或者降低工程质量。

最后，细化联合体制度设计，明确联合体责任承担。《2011 版合同》对"联合体"进行了定义，未进行具体的制度设计。而联合体模式在国内有广泛实践，随着《房屋建筑和市政基础设施项目工程总承包管理办法》对双资质要求的落地，可以预见未来联合体模式将被更广泛采用。因此，《2020 版合同》对联合体进行了相关制度设计，包括联合体协议的订立，联合体成员的连带责任、工作内容、资质，费用收取，发票开具，联合体协议作为合同附件，联合体协议修改的程序性要求等进行了细化约定。便于合同双方在专用条款及联合体协议中就相关事项结合项目实际情况进一步约定，对联合体模式承接工程起到一定的规范作用。

4. 变更调整相关条款解读

首先，区分责任主体，细化市场价格波动对合同价格的影响，引入《价格指数权重表》降低价格调整争议。鉴于 FIDIC 国际惯例、《房屋建筑和市政基础设施项目工程总承包管理办法》及《2020 版合同》均建议采用总价合同形式，因此影响合同价格的因素对发承包双方而言都关系到切身利益。《2011 版合同》中，对合同价格调整的情况约定较为宽泛，相对不利于发包人的成本管理，不能很好解决合同履行中价格调整的争议。《2020 版合同》提供了价格调整公式并引导合同双方采用"价格指数权重表"，同时区分"承包人原因工期延误后的价格调整""发包人引起的工期延误后的价格调整"，针对不同责任主体所导致遭遇的市场价格波动，做出针对性妥善安排。

并且，不再直接约定工程变更的情形和范围，而是通过发包人行使变更权、接受承包人的合理化建议发出变更指示等程序要件，界定是否构成变更，对发承包双方的现场管理能力提出更高的要求。总价形式下，变更与合同价格的调整通常构成影响合同总价的两个重要因素，《2011 版合同》"13.2 变更范围"中列举了设计、采购、施工的变更范围，在实践中既因范围过大导致发包人难以控制总价，又因变更无法准确界定导致双方发生争议，也与工程总承包采用总价形式的初衷有偏差。《2020 版合同》"第 13 条变更与调整"删除了关于变更范围的条款，明确变更指示应经发包人同意并由工程师发出，未经许可，承包人不得擅自对工程进行变更，承包人提出合理化建议的，应当经过发包人审查批准并由工程师发出变更指示。即不再列举和强调变更的情形和范围，更看重变更的程序要件，也提示发承包双方在使用《2020 版合同》时，更应当重视书面变更指令的发出，承包人应有针对性地加强并提升适应《2020 版合同》要求的变更管理能力，项目上配置专岗负责变更和索赔工作，结合合同约定及发包人要求、履约过程中发包人的指令等，及时确认变更程序，对于发包人不确认但构成变更的，应及时收集资料和证据，转为索赔程序处理。

【案例 8-4】

【案例要点】设计审查会议中就设计方案所达成的意见系各方协商一致的结果，不构成变更。

法院认为，发承包双方在初步设计审查会议中，就设计方案所达成的意见系各方协商一致的结果，不构成变更。工程总承包商作为合同承

8-4
案例背景

包方以及专业的环保技术公司，对于设计方案的变化对合同履行期限的影响应具备合理预估的能力，但其未能及时就延长合同期限与发包人达成一致意见，且提交设计图纸的日期晚于合同约定的进度节点，构成违约。

5. 竣工验收和缺陷责任相关条款解读

首先，理顺了竣工验收相关条款的顺序，细化竣工试验、竣工验收条件、程序和退场要求。示范文本的条文编排逻辑通常顺应工程建设的生命周期脉络展开，在工程进入到完工和竣工阶段，一般按照"竣工试验→竣工验收→工程接收→竣工后试验"执行，在竣工验收合格之日起开始起计算缺陷责任期和工程质量保修期，《2011 版合同》中的条款顺序为"第八条竣工试验→第九条工程接收→第十条竣工后试验→第十一条质量保修责任→第十二条工程竣工验收"，在一定程度上打乱了工程建设验收阶段的次序，容易引起误解。《2020 版合同》理顺了工程验收阶段的条文顺序，并增加了"10.5 竣工退场"的约定，要求承包人按约撤离人员、设备、剩余材料、遗留物品，进行地表还原并负担相应费用，保障发包人接收使用工程的权利。

同时，明确承包人有权采用质量保证担保的形式提供质保金，且不得同时要求提供履约担保和质保金，厘清了工程保修责任和缺陷责任，细化了缺陷责任期内的缺陷调查、缺陷责任承担、缺陷修复程序等，有利于发承包双方解决工程质量缺陷争议。中央多次发文清理建筑业各类保证金，推行保函等担保手段替代现金。在此背景下，《2020 版合同》"14.6 质量保证金"明确在工程项目竣工前，承包人已经提供履约担保的，发包人不得同时要求承包人提供质量保证金，同时强调除非合同另有约定，质量保证金原则上采用工程质量担保的方式提交。此外，考虑实践中较容易混淆缺陷责任期和质量保修期的概念，《2020 版合同》"11.1 款工程保修的原则"中明确约定"缺陷责任期届满，承包人仍应按合同约定的工程各部位保修年限承担保修义务"。

6. 索赔条款解读

《2020 版合同》将索赔条款独立成条，索赔程序更加注重对等性。考虑到索赔在工程实践中重要性，在《2011 版合同》"16.2 索赔"的条款在《2020 版合同》中独立为"19 条索赔"，共设置 4 款，分别是"19.1 索赔的提出""19.2 承包人索赔的处理程序""19.3 发包人索赔的处理程序""19.4 提出索赔的期限"。其中，考虑到发包人和承包人提出索赔在程序上不应区别对待，故设置了相同的提出程序。而在发包人索赔和承包人索赔的处理上，由于"工程师"的存在，需要区分。发包人索赔直接向承包人提出，而承包人索赔则应由工程师接收并最终由发包人书面认可。

8.4 建设工程总承包项目合同管理

工程总承包项目投资额大、技术复杂、管理难度大、建设周期长，尤其是国际项目参与具有多方性、多国性，面对不同的经济环境、政治环境、自然环境和法律环境，承包商要认真研究工程总承包合同，加强合同管理，有效规避风险。在项目管理中，合同管理是一个较新的管理职能，通过工程总承包市场的实践，人们越来越清楚地认识到合同管理在工程项目管理中的特殊地位和作用。

8.4.1 合同管理原理

1. 合同管理定义

工程总承包合同管理是指在工程总承包实践活动中，工程总承包商对身为当事人的合同依法进行订立、履行、变更、解除、转让、终止以及审查、监督、控制等一系列行为的总称，其中订立、履行、变更、解除、转让、终止是合同管理的环节，审查、监督、控制是合同管理的手段。合同管理必须是全过程的、系统性的、动态性的。合同管理的本质是以合同为依据，保证自己一方的最佳利益，实现项目管理目标，同时尽量考虑和实现双赢或多赢，促进持续发展。

2. 合同管理与项目管理的关系

合同管理与项目管理之间有着密切的关系。合同管理是工程项目管理的一个重要组成部分，它必须融于整个工程项目管理之中，要实现工程项目的目标，必须对全部项目、项目实施的全部过程和各个环节、项目的所有活动实践进行有效的合同管理，合同管理与其他管理职能密切结合，共同构成工程项目管理系统。两者的区别有以下几点：

（1）合同管理是项目管理的起点。工程项目管理是以合同管理作为起点进入工程项目。对项目进行有效的管理，首先要对合同文件进行认真分析、明确合同规定的责任和义务，制定工程项目的进度、质量、费用的控制点，实现合同目标。为此，合同管理控制着整个工程项目管理工作。

（2）合同管理本身具有特定的、独立的管理职能和过程。它由合同策划、合同分析、合同文件解释、合同控制、索赔管理以及争议处理等组成，它们构成了工程项目合同管理的子系统。这些管理职能在传统项目管理理论中是不存在的。

（3）合同管理与其他管理职能的关系。合同管理与计划管理、成本管理、组织和信息管理之间存在密切的联系，两者之间的这种联系既可以看作是工作流程，即工作处理顺序关系，又可以看作是信息流，即信息流通和处理的过程。

合同管理是市场经济条件下现代的工程总承包企业管理的一个核心内容，对工程总承包商而言，合同管理的重要性在于使工程总承包商的生产经营与国内外市场接轨，满足国内外建设市场的需要，提高工程总承包商适应市场和参与市场竞争的能力；同时，使工程总承包商在履约过程中维护自身的合法权益，避免和减少企业损失，提高工程总承包商的经济效益。合同管理在工程建设项目管理过程中正发挥越来越重要的作用，成为项目管理的灵魂与核心。

3. 合同管理的内容

按照工程项目的建设过程，合同管理可划分为招标投标阶段的合同管理（合同风险评估招标文件审核、合同谈判和签订）、履约阶段的合同管理（合同交底、合同管理制度制定、合同索赔、合同变更管理、合同终止索赔等）、收尾阶段的合同管理

（文件归档、合同后评价）等。合同管理的范围是很宽泛的，涵盖了承包工程所覆盖的全部领域，包括主合同的各个环节所涉及的单元及子项工程，也包括主合同派生的各分包、采购、运输、保险、融资、劳务、技术服务、知识产权使用许可等各类合同。

从工程总承包合同的特点分析，合同管理还可以划分为两个层次，一是作为项目的工程总承包商与项目业主之间的合同管理，即主合同管理，这时工程总承包商为承包人，业主为发包人；二是工程总承包商与分包单位之间的合同管理，即工程总承包商对分包的合同管理，这时工程总承包商是分包工程的发包人，分包单位是承包人。

4. 合同管理的特点

（1）合同实施风险大。对于国际工程而言，工程总承包项目由于项目所在国的经济环境、政治环境、自然环境、法律环境各自不同，承包商所承担的不可控制和不可预测的风险很多。相对地，业主占有得天独厚的地理、环境优势。因此，承包商在国际工程承包合同的实施过程中困难重重、风险很大。而对国内工程而言，承包商虽然风险相比国际工程小，但相比传统的施工总承包项目的管理难度和合同实施风险也更大。

（2）合同管理工作时间长。一般工程总承包项目的建设周期都比较长，加上一些不可预见的因素，合同完工一般都需要数年时间。合同管理工作必须从招标投标阶段一直到合同履行完毕，长时间内连续不间断地进行。

（3）合同管理变更、索赔工作量大。对于工程总承包项目而言，大多是规模大、工期长、结构复杂的工程项目。在施工过程中，由于受到水文气象、地质条件变化的影响以及规划设计变更和人为干扰，工程项目的工期、造价等方面都存在着变化的因素。因此，超出合同条件约定的事项可能层出不穷，这就使得合同管理中变更索赔任务很重，工作量很大。

（4）合同管理的全员性。工程总承包合同文件一般包括合同协议书及其附件、通用合同条件、专用合同条件、投标书、中标函、技术规范、图纸、工程量清单及其他列入的文件等，在项目执行过程中所有工作已被明确定义在合同文件中，这些合同文件是整个工程项目工作中的集合体，同时也是所有管理人员工作中必不可少的指导性文件，是项目管理人员都应充分认识并理解的文件。因此，承包商的合同管理具有全员参与性。

（5）合同管理涉及更多的协调管理。工程总承包项目往往参与的单位多，通常涉及业主、总承包商、分包商、材料供应商、设备供应商、技术服务商、监理咨询人、保险供应商等数家甚至数十家单位。合同在时间上和空间上的衔接和协调极为重要，总承包商的合同管理必须协调和处理各方面的关系，使相关的各个合同和合同规定的各工程合同之间不相矛盾，在内容、技术、组织、时间上协调一致，形成一个完整、周密、有序的体系，以保证工程有秩序、按计划地实施。

（6）合同实施过程复杂。工程总承包项目从参与投标到合同结束，从局部完成到整体完成往往要经历成百上千个合同事件。在这个过程中如果稍有疏忽就可能导致前功尽弃，造成经济损失。所以，总承包商必须保证合同在工程的全过程和每个环节上都顺利完成。正是由于总承包工程合同管理具有风险大、任务量大、实施过程复杂、需要全员参与和更多的管理协调的特点，决定了工程总承包合同管理要有自己的特点。

8.4.2　合同关系体系

1. 主合同的关系体系

在工程总承包合同模式下，业主通过工程总承包合同将设计、采购、施工等内容通过交钥匙合同一并交给工程总承包商，并通过邀请招标文件、投标须知以及最后形成的合同文件明确工作范围、工期、质量、验收、设计施工标准的使用、培训等。工程保障性内容如项目的征地、水电的服务等，也都是通过合同条款和内容予以落实的。业主层面的合同内容和合同体系，构成了第一层总承包合同关系。

2. 分合同的关系体系

围绕着工程总承包商的相关人与工程总承包商签署一系列合同就组成了工程总承包合同体系。工程总承包商作为工程总承包合同主要执行者、责任者和风险管控者，为完成工程项目必须与专业分包商分工合作，分包商是通过合同的纽带与工程总承包商形成经济关系和责任义务关系的。管理这些分包商的平台和依据也是合同。为此，从工程总承包角度看，围绕着工程总承包商有第二层次的合同内容即分包合同关系体系。

工程总承包项目根据分包合同的内容可以分为以下几类：①设计服务合同；②设备材料采购合同；③施工合同；④物流服务合同；⑤保险服务合同；⑥管理服务合同；⑦其他服务性合同。

8.4.3　合同管理的方法

1. 合同总体策划方法

（1）合同总体策划的概念

要对工程合同进行有效的管理，保证工程目标的顺利实现，无论是业主或工程总承包商（相对分包项目），首先都要对所计划建设的工程合同进行总体策划以确定对整个工程项目有重大影响的带有根本性和方向性的合同问题，就重大合同问题作出决策。

（2）合同总体策划的依据

在工程总体策划过程中，应对项目相关的各种因素予以考虑，这些因素可以分为项目特点、发包人信息、承包商信息以及项目所处环境四个方面。首先，项目特点包括工程的类型、规模、特点，技术复杂程度、工程技术设计准确程度工程质量要求和工程范围的确定性等因素。其次，发包人信息包括发包人的资信、资金供应能力、管理水平和其所具有的管理力量，发包人的目标以及目标的确定性，期望对工程管理的介入深度等。再次，承包商信息包括承包商的能力、资信、企业规模、管理风格和水平、目前经营状况、过去同类工程经验等。最后，环境项目所处包括工程所处的法律环境，建筑市场竞争激烈程度，物价的稳定性，地质、气候、自然、现场条件的确定性，资源供应的保证程度等。

（3）合同总体策划的程序

合同总体策划包括以下程序：

1）进行项目的总体目标和战略分析。

2）相应阶段项目技术设计的完成和总体实施计划的制订。

3）工程项目结构的分解工作。

4）确定项目的实施策略。

5）发包人项目管理模式的选择。

6）项目发包策划。

7）进行具体的相关合同的策划。

8）项目管理过程策划。

9）招标文件和合同的起草。

上述合同策划过程涉及项目管理的各个方面工作，如项目目标、总体实施计划、项目结构分解、项目管理组织设置等。在上述工作中，属于对整个项目有重大影响的带有根本性和方向性的合同管理问题的有：①工程的发包策划，即考虑将整个项目分解成几个独立的合同，每个合同有多大的工程范围等，这是对合同体系的策划；②合同种类的选择；③合同风险分配的策划；④工程项目合同在内容、实践、组织、技术上的协调等。

2. 合同分析方法

合同分析是指承包商对合同协议书和合同条件等进行深入分析和深化理解的工作。合同分析不单是许多人认为的只是在合同实施前承包商需要对合同进行分析，作为项目管理的起点，实际上在合同的实施过程中，许多地方也都需要采取合同分析方法进行合同分析。例如，在索赔中，索赔要求必须符合合同规定，通过合同分析可以提供索赔理由和根据。合同双方发生争执的原因主要是对合同条款理解的不一致，要解决争议就要进行合同分析，在工程中遇到各种问题的，也都需要进行合同分析。按合同分析的性质、对象和内容，可分为合同总体分析、合同详细分析、特殊问题的合同扩展分析。

合同总体分析的对象是合同协议书和合同条件，通过合同总体分析将合同条件和合同规定落实到一些带全局性的具体问题上去，通常有两种情况：一种情况是在合同签订后实施前要对合同进行总体分析；另一种情况是在发生重大的争执处理过程中，例如重大的或一揽子索赔处理中，首先必须对合同进行总体分析，具体内容参见第6章。

3. 合同实施控制方法

合同实施控制是合同管理的重要方法和手段，是指承包商的管理组织要立足于现场，加强合同交底工作，为保证合同约定的各项义务的全面完成及各项权利的实现，以合同分析的成果为基准，运用合同监督、合同跟踪、合同诊断、合同措施等方法和手段，达到总协调、总控制的目的。

（1）合同监督

合同监督包括以下内容：合同管理人员与其他项目部门人员一起，落实合同实施计划，在合同范围内协调业主、工程师、各职能人员之间的工作关系，对各工作小组和分包商进行工作指导，做经常性的合同解释，会同各职能人员对合同实施情况进行监督，保证自己全面履行合同责任；会同造价工程师对合同价款单进行审查和确认；合同管理工作进入施工现场后，做好合同的变更管理工作；承包商对环境的监控责任。

（2）合同跟踪

合同跟踪是决策的前导工作，通过对合同项目的跟踪可以使合同管理人员对所建项目有一个清楚的认识。合同跟踪的依据是：合同与合同分析的结果；各种施工合同文件；对现场的直接了解。合同跟踪的对象是具体的合同实施工作、对工程小组或分包商的工程和工作进行跟踪；对业主和工程师的工作进行跟踪；对总工程进行跟踪。跟踪中应全面收集并分析合同实施的信息，将合同实施情况与合同实施计划进行对比分析，找出其中的偏差。

（3）合同诊断

对于在跟踪过程中发现的问题要进行及时诊断，合同诊断包括合同执行差异分析、合同差异责任分析、合同实施趋向预测。及时通报合同实施情况及存在问题，提出有关意见和建议，并采取相应措施。

（4）合同措施

对于合同实施过程中出现问题的处理，可以从技术方式、经济方式、组织和管理方式，以及合同方式中加以选择，对实施中出现的问题及时采取措施进行处理。

4.合同管理绩效评价方法

（1）合同管理绩效评价的概念

合同管理绩效评价是通过对建设项目的各方面进行评价和分析，协调、指挥、处理工程建设各个阶段中出现的重大经济、技术问题，调解、仲裁各种纠纷，化解矛盾，提高效率的重要方法，是建设工程合同管理方法体系中较为重要的一种管理方法和手段。

（2）合同管理绩效评价的特点

合同管理绩效评价具有其特殊性，主要表现在两个方面：一是评价对象的复杂性。建设工程项目的不可重复性决定了其合同管理的多变性，同时也决定了绩效评价的复杂性。合同管理绩效是由多个部门共同作用产生的结果，合同管理绩效评价应针对整个项目进行。二是绩效表现的复杂性。合同管理绩效是通过结果绩效和行为绩效两个方面表现出来的。合同管理工作实现途径较多，动态性强，很难用一套过程指标衡量活动的整体效果，应从结果绩效和行为绩效两个方面衡量。

（3）合同管理绩效评价方法

合同管理绩效评价过程复杂，主要指体系是动态的，结果绩效是可以进行定量评价的，而行为绩效的评价则需要用定性指标定量化的方法进行评价。合同管理绩效评价的方法是多样化的，目前，对建设工程项目合同管理绩效评价常用的方法有：调查问卷法、德尔菲法、鱼刺图法、成熟度理论、层次分析法、模糊数学法等。这些方法可以很好地对建设工程项目合同管理的绩效进行综合、定量的分析评价。

思考题

1. 工程总承包模式包括哪些类型？简述不同类型的区别。

2. 简述 FIDIC 黄皮书和银皮书的区别与联系。

3. 我国的建设工程总承包合同有哪些特色？

4. 合同管理有哪些方法？各自有什么特点？

5. 设想你是一个工程总承包项目的项目经理，你将如何开展工程总承包合同管理？

第9章　建设工程其他主要合同

学习目标：了解建设工程其他合同类型；掌握合同专用条款与合同通用条款的概念；理解建设工程其他合同定义；掌握建设工程其他合同特点以及相关示范文本；熟悉建设工程合同在实际工程中的应用。

知识图谱：

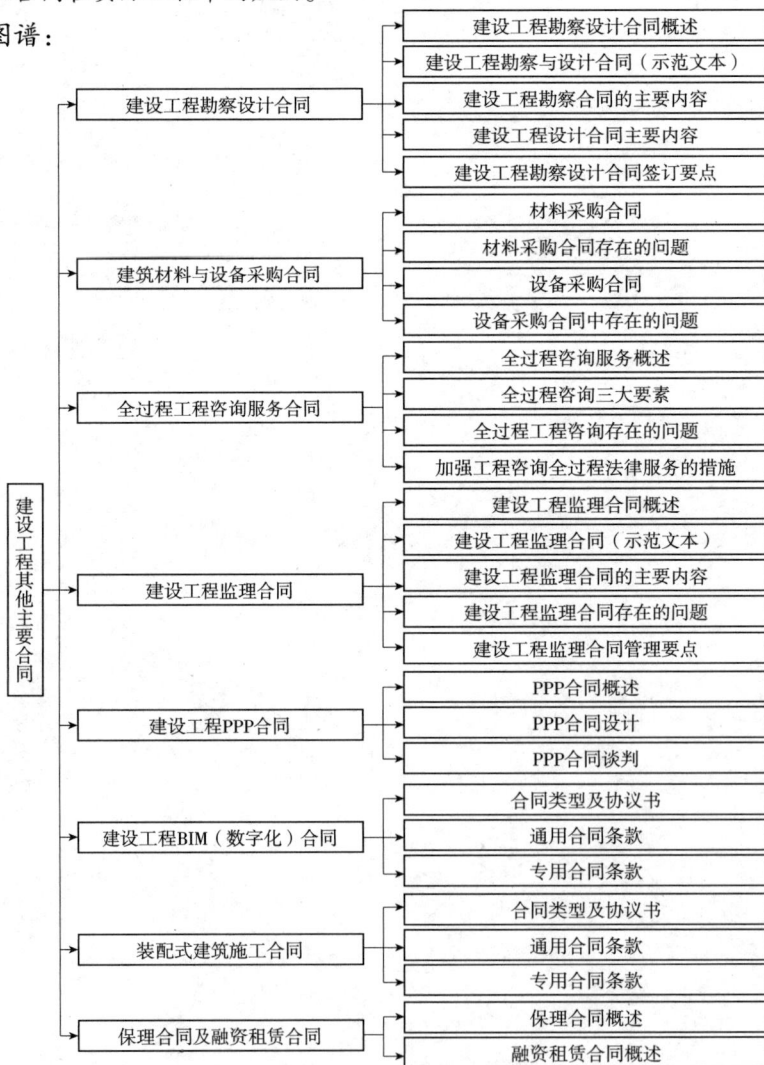

9.1 建设工程勘察设计合同

9.1.1 建设工程勘察设计合同概述

1. 建设工程勘察合同的概念

建设工程勘察设计合同是指委托方与承包方为完成特定的勘察设计任务，明确相互权利义务关系而订立的合同。其中，建设单位称为委托方，勘察设计单位称为承包方。勘察和设计是建设工程的前期工作，勘察结果和设计方案会直接影响建设项目的后期施工和运营。一般情况下，建设工程勘察设计合同包括勘察合同和设计合同两个部分。

2. 建设工程勘察合同特点

建设工程勘察合同有通过招标发包和直接发包两种订立方式。其中通过招标发包是主要形式，只有在特定条件下，有些项目的勘察任务可以不经过招标而直接发包。根据《建设工程勘察设计管理条例》[①]的相关规定，下列工程的勘察工作，经有关主管部门批准，可以直接发包：

（1）采用特定的专利或者专有技术的。

（2）建筑艺术造型有特殊要求的。

（3）国务院规定的其他建设工程的勘察、设计。

9-1
勘察案例

3. 建设工程设计合同的概念

建设工程设计合同是指发包人与设计人就完成建设工程的设计任务，编制建设工程设计文件而签订的明确双方权利和义务的协议。工程设计合同的标的是为工程建设需要而编制的工程设计文件。工程设计是工程建设的第二个环节，根据工程勘察文件进行工程设计。工程设计合同的承包人必须在其依法取得的资质等级许可的范围内承揽业务，并对设计质量负责。发包人必须向设计人提供设计依据资料，遵循合理的设计周期，并向设计人支付报酬。

4. 建设工程设计合同特点

设计合同的发包人必须是具有国家批准建设的工程项目并能够落实投资计划的企事业单位、社会组织或建设项目总承包单位；设计人必须是具有法人资格的设计单位，且持有建设行政主管部门颁布的工程设计资质等级证书和工商行政管理部门核发的企业法人营业执照。设计人不能承接与其资质等级不符的工程项目的设计任务。

---

① 2000 年 9 月 25 日中华人民共和国国务院令第 293 号公布；根据 2015 年 6 月 12 日《国务院关于修改〈建设工程勘察设计管理条例〉的决定》第一次修订；根据 2017 年 10 月 7 日《国务院关于修改部分行政法规的决定》（国务院令第 687 号）第二次修订。

9.1.2　建设工程勘察与设计合同（示范文本）

1.建设工程勘察合同（示范文本）

为规范工程勘察市场秩序，维护工程勘察合同当事人的合法权益，住房和城乡建设部、工商总局制定了《建设工程勘察合同（示范文本）》[①]（GF—2016—0203），自2016年12月1日起执行。

上述示范文本由合同协议书、通用合同条款和专用合同条款三部分组成。

通用合同条款具体包括一般约定、发包人、勘察人、工期、成果资料、后期服务、合同价款与支付、变更与调整、知识产权、不可抗力、合同生效与终止、合同解除、责任与保险、违约、索赔、争议解决及补充条款等共计17条。上述条款安排既考虑了现行法律法规对工程建设的有关要求，也考虑了工程勘察管理的特殊需要。

专用合同条款是对通用合同条款原则性约定的细化、完善、补充、修改或另行约定的条款。合同当事人可以根据不同建设工程的特点及具体情况，通过双方的谈判、协商对相应的专用合同条款进行修改补充。在使用专用合同条款时，应注意以下事项：

（1）专用合同条款编号应与相应的通用合同条款编号一致。

（2）合同当事人可以通过对专用合同条款的修改，满足具体项目工程勘察的特殊要求，避免直接修改通用合同条款。

（3）在专用合同条款中有横道线的地方，合同当事人可针对相应的通用合同条款进行细化、完善、补充、修改或另行约定；如无细化、完善、补充、修改或另行约定，则填写"无"或划"/"。

2.建设工程设计合同（示范文本）

为规范工程设计市场秩序，维护工程设计合同当事人的合法权益，住房城乡建设部、工商总局制定了《建设工程设计合同示范文本（房屋建筑工程）》（GF—2015—0209）、《建设工程设计合同示范文本（专业建设工程）》（GF—2015—0210）[②]，自2015年7月1日起执行。（1）《建设工程设计合同示范文本（房屋建筑工程）》（GF—2015—0209）

《建设工程设计合同示范文本（房屋建筑工程）》（GF—2015—0209）供合同双方当事人参照使用，适用于方案设计招标投标、队伍比选等形式下的合同订立。该示范文本适用于建设用地规划许可证范围内的建筑物构筑物设计、室外工程设计、民用建筑修建的地下工程设计及住宅小区、工厂厂前区、工厂生活区、小区规划设计及单体设计等，以及所包含的相关专业的设计内容（总平面布置、竖向设计、各类管网管线设计、景观设计、室内外环境设计及建筑装饰、道路、消防、智能、安保、通信、防雷、人防、供配电、照明、废水治理、空调设施、抗震加固等）等工程设计活动。

[①] 源自《住房城乡建设部 工商总局关于印发建设工程勘察合同示范文本的通知》，为规范工程勘察市场秩序，维护工程勘察合同当事人的合法权益，住房和城乡建设部、工商总局制定了《建设工程勘察合同（示范文本）》（GF—2016—0203）。

[②] 源自《住房城乡建设部 工商总局关于印发建设工程设计合同示范文本的通知》。

（2）《建设工程设计合同示范文本（专业建设工程）》（GF—2015—0210）

《建设工程设计合同示范文本（专业建设工程）》（GF—2015—0210）供合同双方当事人参照使用，适用于房屋建筑工程以外各行业建设工程项目的主体工程和配套工程（含厂/矿区内的自备电站、道路、专用铁路、通信、各种管网管线和配套的建筑物等全部配套工程）以及与主体工程、配套工程相关的工艺、土木、建筑、环境保护、水土保持、消防、安全、卫生、节能、防雷、抗震、照明工程等工程设计活动。

9.1.3　建设工程勘察合同的主要内容

1. 建设工程勘察合同的订立

（1）发包人应提供的勘察依据文件和资料

发包人应及时向勘察人提供与勘察工程有关的勘察依据文件和资料，并对其准确性、可靠性负责。发包人应提供的文件和资料主要有：

1）本工程批准文件（复印件），以及用地（附红线范围）、施工、勘察许可等批准文件（复印件）。

2）工程勘察任务委托书、技术要求和工作范围的地形图以及建筑总平面的布置图。

3）勘察工作范围已有的技术资料及工程所需的坐标与标高资料。

4）勘察工作范围内地下已有埋藏物的资料（如电力、通信电缆、各种管道、人防设施、洞室等）及具体位置分布图。

（2）委托任务的工作范围及时间

发包人应向勘察人提出委托勘察任务的工作范围与技术要求，勘察成果资料提交份数，明确勘察内容，预估勘察工作量，并确定勘察工作的开始与终止时间。

工程勘察内容可能涉及自然条件观测、地形图测绘、资源探测、岩土工程勘察、地震安全性评价、工程水文地质勘察、环境评价、模型试验等。

（3）发包人应提供的现场工作条件

为了保证勘察工作顺利开展，发包人有义务为勘察人提供必要的现场工作条件。这些条件主要包括：

1）落实土地征用、青苗树木赔偿。

2）拆除地上地下障碍物。

3）处理施工扰民及影响施工正常进行的有关问题。

4）平整施工现场。

5）修好通行道路、接通电源水源、挖好排水沟渠等。

如果发包人没有能力完成这些工作，也可将其中的部分工作委托给勘察人进行，但要支付相应费用。

（4）勘察费用及付费方式

勘察费用是建设单位自行或委托勘察设计单位进行工程水文地质勘察所发生的各项费用，它通常包括两部分：

1）勘察费：指项目法人委托有资质的勘察机构按照勘察设计规范要求，对项目进行工程勘察作业以及编制相关勘察文件和岩土工程设计文件等所支付的费用。

2）设计费：指项目法人委托有资质的设计机构按照工程设计规范要求，编制建设项目初步设计文件、施工图设计文件、施工图预算、非标准设备设计文件、竣工图文件等，以及设计代表进行现场技术服务所支付的费用。

关于勘察费用的支付方式，通常会在工程勘察合同中明确约定，常见的付费方式有以下三种：

1）定金支付

一般在勘察合同签订后3天内支付。比例一般为预算勘察费的20%左右，具体比例可能因合同而异。

2）中期付款

对于勘察规模大、工期长的大型工程，在勘察过程中，还可以约定按照完成一定的勘察工作量支付一定比例的勘察费。这笔费用可以按实际完成的勘察进度分解，分阶段向勘察人支付工程进度款。

3）尾款支付

提交勘察成果资料后，通常在10天内，业主应一次付清全部工程勘察费用。

2.建设工程勘察合同的具体流程内容

建设工程勘察工作周期较长，作业量大，勘察费用较高，且勘察前期勘察深度有限，可能存在对整体工程有重大影响但又无法预见的情况，而在该阶段可能尚无法勘察出来，使得对整个建设工程的勘察期限、提交勘察成果期限、勘察费用等相关合同内容就无法准确评估和预计。可知，合同内容的确定难以一步到位。建设工程勘察合同总体上应当明确勘察的内容、数量、标准及验收标准，并规定勘察期限、勘察费用、付款方式和争议解决方式等，确保勘察工作的顺利进行。通常包括以下主要内容：

（1）前置工作：包括双方当事人的基本信息、合同金额、合同期限、付款方式等基本条款和协议。这些内容是合同生效的前提条件。

（2）勘察项目：明确勘察项目的名称、数量、范围、标准及验收标准，以便明确双方义务和要求。勘察项目应当符合国家有关建设工程勘察的标准规定，同时也要符合双方实际情况和需求。

（3）勘察方法及方案：明确勘察方法、勘察技术、勘察流程、报告编写要求等，以确保勘察工作按照双方约定的要求和标准进行。勘察方案应当详细说明勘察的具体方案，并对勘察过程中可能出现的问题进行风险评估和控制。

（4）勘察成果：勘察成果是勘察工作的实际结果，应当明确勘察成果的应交内容，如勘察报告、勘察成果数据等。同时，勘察成果应当符合双方约定的标准和要求，如勘察报告的格式、内容、编写要求等。

（5）勘察费用及付款方式：确定勘察费用的金额及付款方式，规定勘察费用的支付时间和方式。勘察费用的金额应当根据勘察项目的具体情况进行合理的计算和确定，并且要保证支付方式的安全和有效性。在合同的签订中，一定要明确费用的分配方式。

9.1.4　建设工程设计合同的主要内容

1. 建设工程设计合同的订立

（1）双方当事人应提供的文件和资料

建设工程设计合同委托方，即发包人需提供的资料通常包括：

1）建设工程设计委托书。

2）经批准的设计任务书或项目可行性研究报告。

3）城市规划许可文件。

4）工程勘察资料。

5）有关能源与环境方面的协议。

6）其他能满足设计要求的资料等。

（2）委托任务的工作范围

1）设计范围与合理使用年限。合同内应明确建设规模，详细列出工程分项的名称、层数和建筑面积，并规定建筑物的合理使用年限设计要求。

2）委托的设计阶段和内容。合同内应明确委托的设计阶段和内容，可以包括方案设计、初步设计和施工图设计的全过程，也可以是其中的某几个阶段。

3）设计深度要求。设计标准可以高于国家规范的强制性规定，发包人不得要求设计人违反国家有关标准进行设计。方案设计文件应当满足编制初步设计文件和控制概算的需要；初步设计文件应当满足编制施工招标文件、主要设备材料订货和编制施工图设计文件的需要；施工图设计文件应当满足设备材料采购、非标准设备制作和施工的需要。

4）设计人配合施工工作的要求。包括向发包人和施工承包人进行设计交底、处理有关设计问题、参加重要隐蔽工程部位验收和竣工验收等事项。

（3）合同的生效与设计期限

设计合同采用定金担保，定金为合同总价的 20%。设计合同经双方当事人签字盖章并在发包人向设计人支付定金后生效。发包人应在合同签字后的 3 日内支付定金，设计人收到定金为设计开工的标志。如果发包人未能按时支付定金，设计人有权推迟开工时间，且交付设计文件的时间相应顺延。

（4）设计费用及付费方式

为了规范工程设计收费行为，国家计委、建设部根据《价格法》及有关法律、法规，制定了《工程勘察设计收费管理规定》和《工程设计收费标准》，为工程设计取费提供了依据。

1）工程设计收费根据建设项目投资额的不同情况，分别实行政府指导和市场调节价。建设项目总投资估算额 500 万元及以上的工程设计收费实行政府指导价；建设项目总投资估算额 500 万元以下的工程设计收费实行市场调节价。

2）实行政府指导价的工程设计收费，其基准价根据《工程设计收费标准》计算，除另有规定者外，浮动幅度为上下 20%。发包人和设计人应当根据建设项目的实际情况在规定的浮动幅度内协商确定收费额。

3）实行市场调节价的工程设计收费，由发包人和设计人协商确定收费额。

2.建设工程设计合同的具体流程内容

建设部和国家工商行政管理局为了加强工程勘测设计市场管理，规范市场行为，于 2000 年 3 月 1 日以建设〔2000〕50 号文发布《建设工程勘察设计合同管理办法》和《建设工程勘察合同（示范文本）》《建设工程设计合同（示范文本）》，在"示范文本"中，对建设工程勘察设计合同文件中的主要条款规定得清楚、明了，基本上满足了建设工程勘察设计合同的要求。设计合同主要内容包括以下几个方面：

（1）双方约定。合同双方的名称、住所、法定代表人或授权代理人等基本情况，以及合同签署日期、有效期限、生效条件等约定。

（2）项目范围。明确建设工程的名称、规模、地点、用途、设计标准等主要项目内容，在合同中约定的所有项目范围是工程设计合同的关键内容。

（3）设计内容。围绕项目范围，明确合同的设计内容、设计阶段、设计要求、设计方案量、设计计划时间、报告提交要求等，从以上方面出发对设计的详细要求进行规定。

（4）设计报告。确定设计报告的内容要求、规范和格式，约定设计报告各个章节的详细内容，以便纳入最终交付的技术文件中。

（5）技术文件。确定技术文件的质量和要求，以及在技术文件中要包括哪些内容，以此最终验收工程交付。

9.1.5　建设工程勘察设计合同签订要点

建设工程勘察、设计合同由于其主体严格性的要求与特点，合同双方当事人在签订合同之前应互相了解对方的资格、资信和履约能力，再就是对合同的主要条款进行磋商、谈判。这类合同的发包人通常是工程建设项目的业主（建设单位），主要应了解其为建设工程项目所准备的投资条件和投资能力。

9.2　建筑材料与设备采购合同

9.2.1　材料采购合同

材料采购合同，是指采购方与供货方就供应工程建设所需的建筑材料所签订的合同。材料采购合同主要围绕采购标的物的交货约定条款内容的订立，合同的主要权利义务关系是供货方按质、按量、按期交货，采购方按时付款。材料采购主要是对材料物资如金属材料、电线电缆等和建筑材料如水泥、砂石料、混凝土等的采购。

1.材料采购方式

（1）云采购定义

云采购是在云计算的基础上形成的一种采购模式，它是一种在网络环境下按照客户需求自觉进行信息挖掘和采集的系统，用于启用无处不在且方便随需而变的网络资源，共享一个资源池的资源，该资源池包括采购软件工具"采购所需单证"采购能力等，在该资源池里集中资源迅速地配置和发散，达到以最少的管理成本和工作成本获取最优的服务。

（2）云采购优势

1）利用网络技术，通过一个公共的交易信息平台，采购、竞标变得前所未有的快速、高效和公平。一般性的采购，小到日常用品，大到机电设备，参与的采购者从政府、军队到企业，通过一个交易平台，拉近了空间的距离，缩短了竞标谈判的时间。

2）有利于实现采购业务程序标准化。云采购是在对业务流程进行优化的基础上进行的，必须按软件规定的标准流程进行，可以规范采购行为，规范采购市场，有利于建立一种比较良好的经济环境和社会环境，大大减少采购过程的随意性。

3）满足企业即时化生产和柔性化制造的需要，缩短采购周期，使生产企业由"为库存而采购"转变为"为订单而采购"。为了满足不断变化的市场需求，企业必须具有针对市场变化的快速反应能力，通过云平台可以快速收集用户订单信息，然后进行生产计划安排，接着根据生产需求进行物资采购或及时补货，即时响应用户需求，降低库存，提高物流速度和库存和库存周转率。

（3）云采购特点

云采购具有需求多样性、随机性、海量性及同一云层下登录的制造企业不唯一等特点，并具有大批量、随机性分配等能力，为采购商提供最方便和有效地采购渠道。应用云采购模式的采购商、供应商可以自由登录参与采购活动中，不会受到存储能力、资源共享程度等问题的限制，所以云采购模式具有真正意义上的交易自由，能够最大限度满足用户需求。

2. 材料采购合同的订立方式

材料采购合同的订立方式有以下几种：

（1）公开招标

即由招标单位通过新闻媒介公开发布招标广告。采用公开招标方式进行材料采购，适用于大宗材料采购合同。其招标程序如下：

1）招标单位主持编制招标文件，招标文件应包括招标通告、投标者须知、投标格式、合同格式、货物清单、质量标准及必要的附件。

2）刊登招标广告。

3）投标单位购买标书，在需要进行资格预审的招标中，标书只售给资格合格的厂商。

4）进行投标报价。

（2）邀请招标

邀请招标也称选择性招标，是由采购人根据供应商或承包商的资信和业绩，选择一定数目的法人或其他组织（不能少于3家），向其发出投标邀请书，邀请他们参加投标竞争，从中选定中标供应商的一种采购方式。

3. 材料采购合同的主要条款

材料采购合同条款包括但不限于以下内容：

（1）产品名称、商标、型号、生产厂家、订购数量、合同金额、供货时间及每次供应数量。

（2）质量要求的技术标准、供货方对质量负责的条件和期限。

（3）交（提）货地点、方式。

（4）运输方式及到站（港）的费用负担责任。

（5）超欠幅度、合理损耗及计算方法。

（6）包装标准、包装物的供应与回收。

（7）验收标准、方法及提出异议的期限。

（8）随机备品、配件工具数量及供应办法。

合同内应具体写明检验的内容和手段，以及检测应达到的质量标准。对于抽样检查的产品，还应约定抽检比例和取样方法及双方共同认可的检测单位。

4. 材料交付方式与期限

（1）材料的交付方式

订购材料的交付可以分为采购方到合同约定地点自提货物和供货方负责将货物送达指定地点两种交付方式。其中，供货方送货又可细分为将货物负责送抵现场或委托运输部门代运两种形式。

（2）材料的交付期限

材料的交付期限，是指材料交接的具体时间要求。它不仅关系材料采购合同是否按期履行，还可能会出现材料意外灭失或损坏时的责任承担问题。合同内应写明材料交接的具体时间，如果合同内规定分批交付时间，还需注明各批次交付的时间，以便明确责任。

9-2
采购案例

5. 材料交付的检验

（1）检验依据

供货方交付材料时，可以作为双方验收依据的资料包括：

1）双方签订的材料采购合同。

2）供货方提供的发货单、计量单、装箱单及其他有关凭证。

3）合同内约定的质量标准（应写明执行的标准代号、标准名称）。

（2）数量检验

1）供货方代运材料的到货检验

由供货方代运的材料，采购方在站场提货地点应与运输部门共同验货，以便发现灭失、短少、损坏等情况时，能及时分清责任。采购方接收后，运输部门不再负责。属于交运前出现的问题，由供货方负责；运输过程中发生的问题，由运输单位负责。

2）现场交付的数量验收

①衡量法，即根据各种材料不同的计量单位进行检尺、检斤，以衡量其长度、面积、体积、重量是否与合同约定一致。②理论换算法，即按理论公式换算验收，如

管材等各种定尺、倍尺的金属材料，测量其直径和壁厚后，依据国家规定标准或合同约定的换算标准进行换算验收。③查点法，采购定量包装的计件物资，只要查点到货数量即可，包装内的产品数量或重量应与包装物标明的一致，否则应由厂家或封装单位负责。

3）交货数量的允许增减范围

合同履行过程中，经常会发生发货数量与实际验收数量不符或实际交货数量与合同约定的交货数量不符的情况，其原因可能是供货方的责任，也可能是运输单位的责任或运输过程中的合理损耗。

（3）质量检验

1）检验方法

①经验鉴别法，即通过目测、手触或以常用的检测工具量测后，判定质量是否符合要求。②物理试验，为达到检验目的，可以对材料进行拉伸试验、压缩试验、冲击试验、金相试验及硬度试验等。③化学试验，即抽出一部分样品进行材料定性分析或定量分析的化学试验，以确定其内在质量。

2）对材料质量提出异议的时间和办法

合同内应具体写明采购方对不合格产品提出异议的时间和拒付货款的条件。采购方提出的书面异议应说明检验情况，出具检验证明和对不符合规定材料提出具体处理意见。凡因采购方使用、保管、保养不善原因导致的质量下降，供货方不承担责任。

6. 货款支付结算管理

（1）支付货款的条件

材料采购合同内需明确是验单付款还是验货后付款，然后再约定结算方式和结算时间。所谓验单付款，是指供货方把代运的货物交付承运单位并将运输单证寄给采购方，采购方收到单证后在合同约定的期限内即应支付的结算方式。尤其对分批交货的材料，每批交付后应在多少天内支付货款也应明确注明。

（2）结算方式与拒付货款

结算方式可以是现金支付、转账结算或异地托收承付。①现金结算只适用于成交材料数量少，且金额小的材料采购合同；②转账结算适用于同一城市或同一地区内的结算；③托收承付适用于合同双方不在同一城市的结算。

9.2.2 材料采购中存在的问题

1. 采购信息不能共享、采购成本较高

采购方与供应方之间、项目采购部门与其相关部门之间以及管理者与实施者之间，由于信息的私有性，未经集成，采购信息不能实现及时、有效的共享，材料不能形成批量采购。同一公司，材料基本上是以项目为单位进行采购，若相同的多标段具备合并招标条件，仍然以项目为单位进行材料采购，小批量采购在经济成本、工程进度、工作效率等方面都会产生一定影响，从而影响整个工程效益。

2.供应商选择不全面，片面强调价格因素

一些工程承包商或采购部门仅以价格高低作为供应商选择的唯一标准，在供应商选择环节片面强调价格因素，或未全面衡量供应商的经济实力、供货能力、材料质量及信誉状况，评估供应商的能力时因掺杂主观因素，造成供货过程中无法满足施工需要，材料供给不及时，材料质量得不到有效保障，甚至施工后期出现工程质量问题，严重影响工程项目施工的正常运行。

9.2.3 设备采购合同

设备采购合同，是指采购方（通常为业主，也可能是承包人）与供货方（大多为生产厂家，也可能是供货商）为提供工程项目所需的定型通用设备或大型复杂设备而签订的合同。设备采购合同的履行可以根据设备生产和供应的流程分成四个阶段：设备的原材料、部件的准备阶段；设备生产制造阶段；设备出厂试验阶段；设备运输至合同中指定地点阶段。

1.设备采购合同的分类

由于建设工程所采购的设备大致可分为两类，一类为市场上可直接购买定型生产的中小型通用设备，另一类为独立设计的永久性生产设备或大型复杂设备，所以设备采购合同也分为两类。其中，有一类设备采购合同与材料采购合同类似，国内物资购销合同示范文本的规定也适用于此类设备的采购，因此本节主要介绍永久性生产设备或大型复杂设备的采购合同管理。

2.设备采购合同的主要内容

一个较为完备的大型复杂设备采购合同，通常由合同条款和附件组成。

（1）合同条款

当事人双方在合同内根据具体订购设备的特点和要求，约定以下内容：合同中的词语定义；合同标的；供货范围；合同价格；付款；交货和运输；包装与标记；技术服务；质量监造与检验；安装、调试、试运行和验收；保证与索赔；保险；税费；分包与外购；合同的变更、修改、中止和终止；不可抗力；合同争议的解决等。

（2）合同附件

为了对合同中某些约定条款涉及内容较多部分作出更为详细的说明，还需要编制一些附件作为合同的一个组成部分。附件通常可能包括：技术规范；供货范围；技术资料的内容和交付安排；交货进度；监造、检验和性能验收试验参数表；价格表；技术服务的内容；分包和外购计划；大部件说明表等。

3.设备检验

（1）设备监造与厂内检验

一般来说，由于受各方面因素的制约，用户只能对订购的设备，尤其是较为复杂的大型设备进行出厂检查与验收，具体的制造过程根本无法掌握，所以就要委托第三方来完成对设备的监造工作。

（2）设备交接

设备交接中供货方的义务如下：

1）应在发运前合同约定的时间内向采购方发出通知，以便对方做好接收准备工作。

2）向承运单位办理申请发运设备所需的运输工具计划，负责合同设备从供货方到现场交货地点的运输。

3）每批合同设备交接日期以到货车站（码头）的到货通知单时间戳记为准，以此来判定是否延误交接。

（3）设备到货检验

设备到货后需要检验是否存在损害、缺陷、短少，具体检验流程如下：

1）发出到货检验通知：设备到达目的地后，采购方应向供货方发出到货检验通知，邀请对方派代表共同进行检验。

2）货物清点：双方代表共同根据运单和装箱单对设备的包装、外观和件数进行清点，如发现不符之处，经过双方代表确认属于供货方责任后，由供货方解决。

3）开箱检验：双方共同检验设备的数量、规格和质量，检验结果和记录对双方有效，并作为采购方向供货方提出索赔的证据。如果采购方未通知供货方而自行开箱，产生的后果由采购方承担。

4. 支付结算管理

（1）合同价格与支付条件

大型设备采购合同通常采用固定总价合同，在合同交货期内为不变价格。合同价内包括设备（含备品备件、专用工具）、技术资料、技术服务等费用，还包括设备的税费、运杂费、保险费等与合同有关的其他费用。

合同生效后，供货方提交金额为约定的合同设备价格某一百分比不可撤销的履约保函，作为采购方支付合同款的先决条件。

（2）支付程序与付款时间

合同履行中订购的设备价款可以分 4 次支付：

1）设备制造前供货方提交履约保函和金额为设备价款 10% 的商业发票后，采购方支付设备价款的 10% 作为预付款。

2）供货方按交货顺序在规定的时间内将每批设备（部组件）运到交货地点，并将该批设备的商业发票、清单、质量检验合格证明、货运提单提供给采购方后，采购方支付该批设备价款的 40%。

3）设备安装完毕并通过竣工检验后，支付合同价款的 40%。

4）剩余合同设备价款的 10% 作为设备保证金，待每套设备保证期满且没有问题，采购方签发设备最终验收证书后支付。

其中，技术服务费支付程序为：第一批设备交货后，采购方支付给供货方该套设备技术服务费的 30%；初步验收证书签署后，采购方支付该套设备技术服务费的 70%。运杂费的数额以合同约定为准，采取分批供货的运杂费在设备交货时由供货方分批向采购方支付。

以上支付的付款时间以采购方银行承付日期为实际支付日期，若此日期迟于规定的付款日期，即从规定的日期开始，按合同约定计算迟付款违约金。

9.2.4 设备采购合同中存在的问题

设备采购合同遇到的问题主要指的是合同履行四个阶段发生的非正常损失，既包含合同一方或者双方当事人的原因造成的损失，同时还包含不可归责于当事人的原因造成的损失。

1. 材料准备阶段

设备供应方在准备材料的过程中应严格按照国家标准、行业标准以及封存样品标准等各个标准进行材料的准备，如果供应方未按照标准要求导致生产出不合格的产品，那么相关的损失需由供应方负责。

2. 制造生产阶段

在生产制造设备阶段，供应商要保证设备的正确安装，确保设备的正常使用与保养，且达到令人满意的性能，若在此过程中出现问题，供应方要对因为设计、工艺出现的问题而承担相应的后果。

3. 出厂试验阶段

在设备出厂试验阶段，供货方要提供技术支持，为对方现场安装、调试进行协助与监督，若此过程中设备出现问题时供货方要无条件进行赔偿。

9.3 全过程工程咨询服务合同

9.3.1 全过程咨询服务概述

1. 全过程咨询服务定义

全过程工程咨询服务，是指对建设项目全生命周期提供组织、管理、经济和技术等各有关方面的工程智力服务。包括项目的全过程管理以及投资咨询、勘察、设计、造价咨询、招标代理、监理、运行维护咨询等工程建设项目各阶段专业咨询服务。全过程工程咨询服务项目组织架构，如图9-1所示。

2. 全过程咨询服务特点

一是全过程，围绕项目全生命周期持续提供工程咨询服务。二是集成化，整合投资咨询、招标代理、勘察、设计、监理、造价、项目管理等业务资源和专业能力，实现项目组织、管理、经济、技术等全方位一体化。三是多方案，采用多种组织模式，为项目提供局部或整体多种解决方案。

3. 全过程咨询服务涉及政策

《国务院办公厅关于促进建筑业持续健康发展的意见》（国办发〔2017〕19号）提出，"鼓励投资咨询、勘察、设计、监理、招标代理、造价等企业采取联合经营、并购重组等方式发展全过程工程咨询，培育一批具有国际水平的全过程工程咨询企业"。

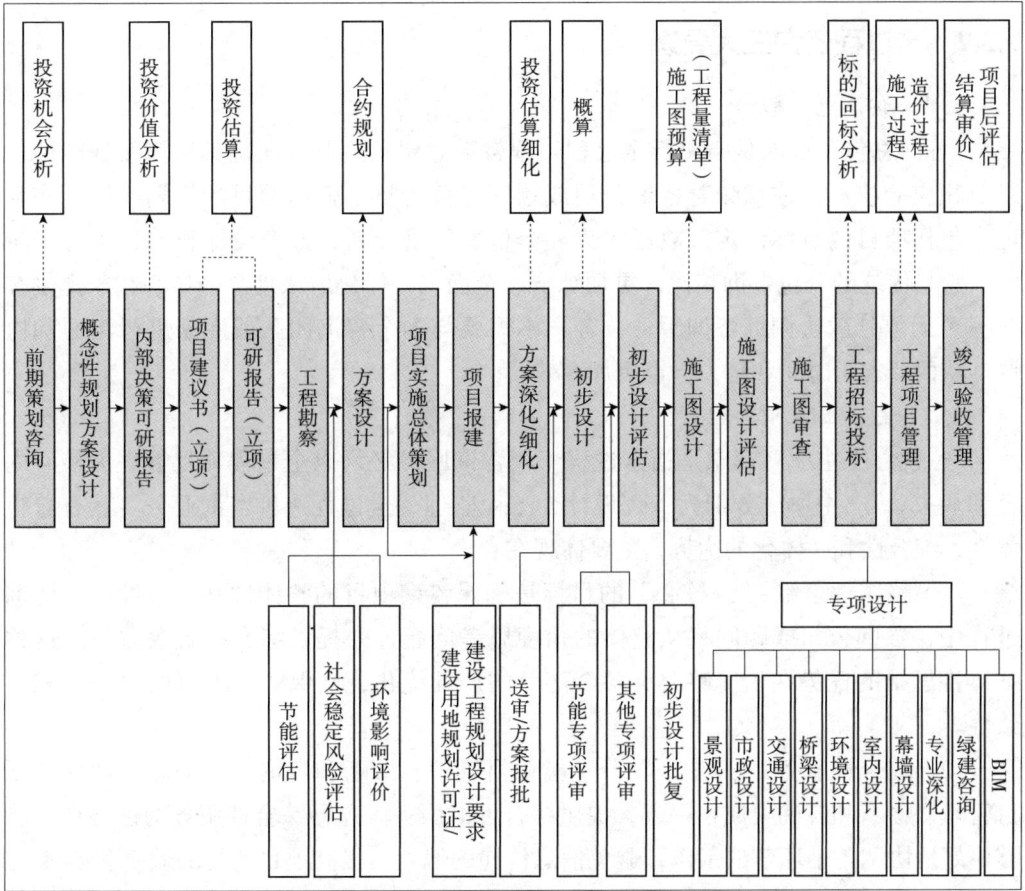

图 9-1 全过程工程咨询服务项目组织架构

经过初步的试点工作,《国家发展改革委 住房和城乡建设部关于推进全过程工程咨询服务发展的意见》(发改投资规〔2019〕515 号),为全过程工程咨询的内涵予以了明确,即在"项目决策和建设实施两个阶段,着力破除制度性障碍,重点培育发展投资决策综合性咨询和工程建设全过程咨询"。当前,全过程咨询业务已经遍地开花,如图 9-2 所示。

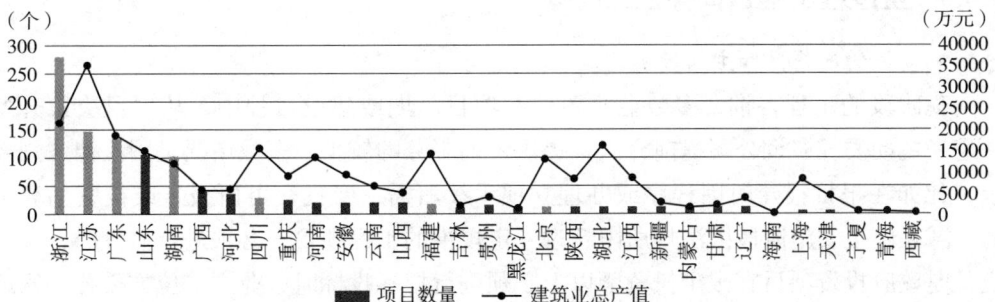

图 9-2 全过程招标数量与建筑业总产值(2020 年)

9.3.2 全过程咨询三大要素

1."咨询总包"概念

"咨询总包"理念是指实行全过程工程咨询总包负责制并明确其法律责任和地位以及相应的权利。这意味着咨询公司或顾问将负责整个咨询项目的规划、执行和管理，包括项目的目标设定、数据收集和分析、问题诊断、方案设计和实施等各个阶段。它与传统的分包咨询相比，更加综合、全面、一体化。该理念的核心在于提供客户一个无须分散协调的咨询服务，客户不需要与多个咨询团队或专家进行沟通和协调，从而节省了时间和精力，也更加高效。

2."一核心三主项"理念

"一核心三主项"理念是指全过程工程咨询服务必须以全过程项目管理为核心内容和业务。"三主项"分别为工程设计、工程监理、全过程造价咨询业务。其有着整体性、综合性和一体化的优势，主要体现在：

（1）整体性思维："一核心"的目标是确保咨询项目的整体性和一致性。在咨询过程中，咨询公司或顾问将从整体的角度思考问题，并提供综合的解决方案。这种整体性思维的优势在于能够避免各个部分的局部优化，确保整个项目的协调性和一致性。

（2）综合性服务："三主项"分别指项目管理、诊断和咨询。咨询总包理念将项目管理、诊断和咨询集成在一起，提供综合性的服务。这种综合性服务的优势在于能够更好地协调各个环节的工作，避免信息传递的偏差，提高项目执行的效率和质量。

综上所述，全过程咨询中的"一核心三主项"的理念具有整体性思维、综合性服务和一体化责任的优势。它能够提高咨询项目的执行效率和质量，减少潜在的风险和延误，为客户提供更加全面和一体化的咨询服务。

3."1+1+N"模式

"1+1+N"模式，第一个"1"是指全过程项目管理，也是全过程工程咨询最基础和核心业务；第二个"1"是指全过程工程咨询包括的工程设计、工程监理、全过程造价咨询三项主要咨询业务之一项及以上；"N"是指"一核心三主项"之外的其他专项咨询业务，如工程勘察、投资策划、决策咨询、招标采购、BIM咨询、绿建咨询等。

9.3.3 全过程工程咨询存在的问题

1.委托的前瞻性和主动性不足

现阶段的工程咨询，多数业主单位在项目前期或建设过程中，从项目决策开始便思考主动委托咨询公司提前介入，提供咨询服务的较少。多数情况是因法律法规要求，比如在报批报建时因程序或办理立项手续所需，要提交可研报告或投资估算书时，或在施工实施阶段因法规所限超过一定规模的工程项目，必须进行监理时，按规定凡是政府投资项目在限定投资额以上必须进行招标投标时，业主单位方委托一家或多家咨询机构提供，如编制可研报告、工程监理或招标代理等阶段性服务。

2. 委托存在分散性与碎片化倾向

现阶段许多大中型工程在建设实施阶段，业主单位往往平行地委托 N 家咨询公司进行管理服务。常见的是委托一家公司进行"项目管理"；按施工标段对应由若干不同单位提供"监理服务"；对应若干公司进行"造价过控"；委托几家第三方试验单位提供检测服务；再有 1~2 家位移变形监测单位提供现场监测服务。

3. 项目决策阶段工程咨询介入缺失

目前普遍存在工程项目在实施决策中，业主单位提前主动委托咨询公司，其参与性不足较为突出，"我的工程我做主，花自己的钱外人少干涉"的传统观念尚需努力克服。该环节中，咨询公司的参与能够更好地确保决策的准确性和可靠性，相对决策阶段对于整个建设工程项目的影响而言，咨询公司的参与较为必要，能为业主单位的决策提供较强帮助。

4. 设计阶段工程咨询在设计管理上缺位

在建设工程项目的实施中，勘察设计阶段无疑是极重要的环节，执行效果的好坏，直接关系整个建设项目能否最终达到业主单位所期望的总目标实现程度。

工程投资可控是业主方最为关注的焦点，但最有效的投资控制是在设计阶段。故勘察设计管理是投资控制的核心所在，需要得到较好的事前把关和控制，切实保障咨询公司的有效参与，尤为必要。但在实际工程中则相反，一般情况下从方案设计到施工图设计，很多业主单位已委托勘察设计单位完成，有的甚至已经完成施工图审查定稿出图，极少有咨询公司参与的，导致前期勘察设计管理咨询单位管理缺位。

9.3.4　加强工程咨询全过程法律服务的措施

作为一个全过程的工程咨询管理主体，需要通过面向社会接受的方式，对所有建设项目进行的可行性调查、投资风险评估和项目经济评估、设计、施工等全过程监督和咨询服务，在整个项目周期中，法律服务应覆盖并贯穿始终。具体措施如下：

第一，合同规划管理是建设工程全过程工程咨询中的一项基础工作，它建立了工程合同管理的基本结构和合同管理的基本体系。法律顾问将根据项目的客观实际情况，全面系统地分析项目建设的总体要求，对合同管理系统各个阶段的工作进行分解，依法建立规范、系统、合法、科学的合同规划体系，并作为今后的管理规划予以实施。工程建设过程中，合同计划应根据工程进度不断地进行调整和完善，使之更好地适应工程建设的总体需要。

第二，根据项目需要，法务人员应起草较具体的合同条款，作为投标文件的一部分。

第三，在开始项目合同管理咨询工作后，应将合同文件资料的管理职责移交给具体管理人员，并对所有合同和合同有关的资料进行妥善保存，并及时满足客户的查询和查询要求。

9.4 建设工程监理合同

9.4.1 建设工程监理合同概述

建设工程监理合同，以下简称"监理合同"，是指建设单位与监理单位就委托的建设工程项目管理内容而明确双方权利义务关系的协议。工程监理的工作范畴是根据工程合同而定的，建筑工程合同是具有法律约束的，工程监理人员想要在项目施工中顺利进行监督管理工作，完成在自己工作业务内的所有目标，就必须要根据建筑工程合同信息制定出一套完善的、细化的、有效的合同管理方案。

监理合同的委托人必须是具有国家批准的建设项目并落实投资计划的企事业单位、其他社会组织及个人；监理人必须是依法成立的具有法人资格的监理单位，并且所承担的工程监理业务应与单位资质相符合。签订监理合同必须符合工程项目建设程序的要求。

鉴于监理合同标的的特殊性，作为监理人，只是接受委托人的委托，对委托人签订的勘察设计、施工、物资采购等合同的履行实行监理，其目的仅限于通过自己的服务活动获得酬金，而不同于勘察设计、施工单位是以经营为目的，通过其管理、技术等手段获取利润。监理合同表明，监理人不是建筑产品的直接生产经营者，不向委托人承包工程造价。

9.4.2 建设工程监理合同（示范文本）

住房和城乡建设部、国家工商行政管理总局 2012 年 3 月制定的《建设工程监理合同（示范文本）》（GF—2012—0202）（以下简称"监理合同示范文本"），是在 2000 年颁布的《建设工程委托监理合同（示范文本）》基础上修订而成的。

1. 监理合同示范文本的内容

监理合同示范文本由协议书、通用条件、专用条件、附录 A、附录 B 五部分组成，其中附录 A 是相关服务的范围和内容，附录 B 是委托人派遣的人员和提供的房屋、资料、设备。

（1）协议书

协议书，其篇幅虽然不大，但它却是监理合同的纲领性文件，集中反映了合同双方当事人及其约定合同的主要内容。协议书是一份标准的格式文件，经双方当事人在有限的空格内填写具体规定的内容并签字盖章后即发生法律效力。

（2）通用条件

通用条件是根据《民法典》《建筑法》及其他有关法律、法规的规定，将工程监理中的共性内容抽象出来，对监理合同双方当事人的义务和责任作了一般性规定，适用于各类建设工程项目的监理，具有较强的通用性。通用条件是监理合同的主要组成部分。其内容涵盖了合同中所用词语的定义与解释、双方的义务、违约责任、监理酬金的支付、合同变更与解除、争议解决等方面。这些规定委托人和监理人都应遵守。

通用条件也是监理合同双方当事人协商确定专用条件的基础性文件。

（3）专用条件

专用条件是合同双方当事人根据自身及工程需要，专用条件的条款是与通用条件的条款相对应的，专用条件不能单独使用，它必须与通用条件结合在一起才能使用。由于通用条件适用于各类建设项目的监理，因此其中的某些条款规定得比较笼统，需要在签订具体的监理合同时，结合行业特点、地域特点和工程特点对通用条件的某些条款进行补充或修改。

所谓补充，是指在通用条件相关条款确定的原则下，专用条件的条款进一步明确具体内容，从而使两个条件中相同序号的条款共同组成一条内容完备的条款。所谓修改，是指对于通用条件中规定的内容，如果双方认为不合适，可以协议修改。

2. 监理合同示范文本的作用

（1）有利于提高合同签订的质量

监理合同示范文本，是由监理业务主管部门组织有关各方面的专家共同编制的，能够比较准确地在法律规定范围内反映出双方所要实现的意图。推广使用监理合同示范文本，有助于签订监理合同的当事人掌握有关的法律、法规，使合同规范化，避免缺款少项和当事人意思表达不准确、不真实的情况发生。有利于提高合同签订的质量，减少合同纠纷现象的发生。

（2）有利于减少双方签订合同的工作量

监理合同示范文本具有鲜明的指导和示范作用，双方当事人可以将监理合同示范文本作为协商、谈判的依据，从而减少双方在签订合同中的工作量，也避免了在签订合同中的种种扯皮现象，便于双方统一认识，提高效率。

9.4.3 建设工程监理合同的主要内容

1. 词语定义

词语定义，是指对监理合同中的一些专用词语的统一特定解释，既是国际上的统一做法，也是为避免合同当事人对某些词语的理解或解释不一致而发生争议。

2. 监理人的义务

（1）通用条件规定，除专用条件另有约定外，监理工作内容包括（以下列举三项）：

1）收到工程设计文件后编制监理规划，并在第一次工地会议7天前报委托人。根据有关规定和监理工作需要，编制监理实施细则。

2）熟悉工程设计文件，并参加由委托人主持的图纸会审和设计交底会议。

3）参加由委托人主持的第一次工地会议；主持监理例会并根据工程需要主持或参加专题会议。

（2）监理人应遵循职业道德准则和行为规范，严格按照法律法规、工程建设有关标准及合同履行职责。

1）在监理与相关服务范围内，委托人和承包人提出的意见和要求，监理人应及时提出处置意见。当委托人与承包人之间发生合同争议时，监理人应协助委托人、承包人协商解决。

2）当委托人与监理人之间的合同争议提交仲裁机构仲裁或人民法院审理时，监理人应提供必要的证明资料。

3）监理人在专用条件约定的授权范围内，处理委托人与承包人所签订合同的变更事宜。如果变更超过授权范围，应以书面形式报委托人批准。

3. 委托人的义务

委托人的义务除支付监理与相关服务工作酬金以外，主要包括提供资料和条件、委托人代表、委托人意见或要求、答复与支付等。

（1）提供资料和条件

委托人应按照附录 B 约定，无偿向监理人提供与工程有关的资料；应为监理人完成监理与相关服务提供必要的条件；应按照附录 B 约定，派遣相应的人员，提供房屋、设备，供监理人无偿使用；应负责协调工程建设中所有外部关系，为监理人履行合同提供必要的外部条件。

（2）委托人代表

委托人应授权一名熟悉工程情况的代表，负责与监理人联系。委托人应在双方签订本合同后 7 天内，将委托人代表的姓名和职责书面告知监理人。当委托人更换委托人代表时，应提前 7 天通知监理人。

（3）委托人意见或要求

在合同约定的监理与相关服务工作范围内，委托人与承包人的任何意见或要求应通知监理人，由监理人向承包人发出相应指令。

（4）答复

委托人应在专用条件约定的时间内，对监理人以书面形式提交并要求作出决定的事宜，给予书面答复。逾期未答复的，视为委托人认可。

4. 违约责任

（1）监理人的违约责任

监理人未履行本合同义务的，应承担相应的责任。因监理人违反合同约定给委托人造成损失的，监理人应当赔偿委托人损失。赔偿金额的确定方法在专用条件中约定。监理人承担部分赔偿责任的，其承担的赔偿金额由双方协商确定。

（2）委托人的违约责任

委托人未履行合同义务的，应承担相应的责任。委托人违反合同约定造成监理人损失的，应予以赔偿；委托人未能按期支付酬金超过 28 天的，应按专用条件约定支付逾期付款利息。

（3）除外责任

因非监理人的原因，且监理人无过错，发生工程质量事故、安全事故、工期延误等造成的损失，监理人不承担赔偿责任。

因不可抗力导致合同全部或部分不能履行时，双方各自承担其因此而造成的损失、损害。

5. 支付

（1）支付酬金

委托人向监理人支付的酬金，包括正常工作酬金、附加工作酬金、合理化建议奖励金额及费用。

1）委托人应按本合同协议书约定的金额，向监理人支付正常工作酬金。

2）正常工作酬金增加额按下列方法确定：

正常工作酬金增加额＝工程投资额或建筑安装工程费增加额 × 正常工作酬金 ÷ 工程概算投资额（或建筑安装工程费）。

3）因工程规模、监理范围的变化导致监理人的正常工作量减少时，按减少工作量的比例从协议书约定的正常工作酬金中扣减相同比例的酬金。

（2）支付申请

监理人应在本合同约定的每次应付款时间的 7 天前，向委托人提交支付申请书。支付申请书应当说明当期应付款总额，并列出当期应支付的款项及其金额。

（3）有争议部分的付款

委托人对监理人提交的支付申请书有异议时，应当在收到监理人提交的支付申请书后 7 天内，以书面形式向监理人发出异议通知。无异议部分的款项应按期支付，有异议部分的款项按合同争议解决办法处理。

6. 合同的变更、暂停与解除

（1）合同的变更

监理合同的任何一方提出变更请求时，双方经协商一致后可进行合同变更。

1）除不可抗力外，因非监理人原因导致监理人履行合同期限延长、内容增加时，监理人应当将此情况与可能产生的影响及时通知委托人。增加的监理工作时间、工作内容应视为附加工作。

2）合同生效后，如果实际情况发生变化使得监理人不能完成全部或部分工作时，监理人应立即通知委托人。除不可抗力外，其善后工作以及恢复服务的准备工作应为附加工作，附加工作酬金的确定方法在专用条件中约定。监理人用于恢复服务的准备时间不应超过 28 天。

3）因非监理人原因造成工程概算投资额或建筑安装工程费增加时，正常工作酬金应作相应调整；因工程规模、监理范围的变化导致监理人的正常工作量减少时，正常工作酬金应作相应调整。

（2）合同的暂停与解除

除双方协商一致可以解除合同外，当一方无正当理由未履行合同约定的义务时，另一方可以根据本合同约定暂停履行合同直至解除合同。

1）在合同有效期内，由于双方无法预见和控制的原因导致合同全部或部分无法继续履行或继续履行已无意义，经双方协商一致，可以解除合同或监理人的部分义务。在解除之前，监理人应作出合理安排，使开支减至最小。

2）因解除合同或解除监理人的部分义务导致监理人遭受的损失，除依法可以免除责任的情况外，应由委托人予以补偿，补偿金额由双方协商确定。

3）在合同有效期内，因非监理人的原因导致工程施工全部或部分暂停，委托人可通知监理人要求暂停全部或部分工作。监理人应立即安排停止工作，并将开支减至最小。除不可抗力外，由此导致监理人遭受的损失应由委托人予以补偿。

7. 终止

以下条件全部满足时，监理合同即告终止：

（1）监理人完成合同约定的全部工作。

（2）委托人与监理人结清并支付全部酬金。

9.4.4 建设工程监理合同中存在的问题

1. 阴阳监理合同屡禁不止

现阶段国内监理行业竞争激烈，加之有些企业的法律意识淡薄，采取暗箱操作，未能真正意义上实现公平、公正和平等的原则，这些行为都会导致阴阳监理合同的产生。

2. 监理合同履约率不高

在监理合同实施过程中，监理单位所派到现场的项目监理成员可能因种种原因无法到场，或是他们所持的执业资格证的专业和等级、职称等级等，与所签订的监理合同中的有关规定不符，抑或是拟派总监理工程师无法按照合同约定常驻现场，种种这些都会造成项目监理机构的合同管理无法顺利进行。

3. 监理单位的合同管理工作信息化程度较低

现阶段我国大多数监理企业并没有完善、系统化的合同管理体系，总体监理合同管理水平较低。很多企业在双方签订合同时依然采用手工作业的方式，加之监理合同的信息收集、整理、归档和保存的方式落后，没有对监理合同管理的整体流程进行优化，使得监理合同的管理工作信息化程度较低。

9.4.5 建设工程监理合同管理要点

1. 建立和完善监理合同管理体系

（1）主要是指运用合理的手段来建立监理合同管理的组织机构和相关制度。

这就要求监理企业在内部建立和完善监理合同管理组织机构，机构分工明确、人员配置合理。管理组织机构一般分为两个层级，即公司层和项目部层。

（2）监理企业必须按照规定定时进行检查，发现并纠正出现的问题，以此实现监理合同管理体系的不断完善。

2. 加强对监理合同各个阶段的管理

监理合同的各个阶段的管理，是指建设单位、监理单位和建设行政主管部门均对监理合同进行监督管理，以此实现合同管理的优化。

（1）在监理项目投标阶段，应重视对投标单位的资质和企业信誉进行审核，在招标文件中明确工程最终要实现的目标，通过对投标人所提交的投标文件的认真审查和分析，选择最佳的方案，避免在此后的工作中对监理合同的执行造成影响。在监理合同签订阶段，双方应本着公平公正、互惠互利的原则，明确各自的权利和义务，以保证监理合同的顺利执行。

（2）合同履行阶段的管理：在监理合同签订后，监理单位在进场前需进行监理合同的分析和交底工作；在项目监理机构进驻现场后，应根据相关要求，实行总监负责制。

建设行政主管部门对监理合同各个环节的管理工作主要包括事前、事中和事后控制。

（1）事前控制工作，是指高度重视在项目招标投标阶段的监理合同管理工作，即编制招标文件时列及的合同内容，该部分内容是招标文件的重要组成部分。

（2）事中控制工作，是指严格遵守招标投标的开标结果，进行一系列后续工作，如监理合同的备案管理工作等。

（3）事后控制工作，是指建立监理合同管理信用考察制度。监理合同履行完毕后，建设行政主管部门会对在整个监理合同管理中行为良好的相关主体进行宣传表扬并加以推荐，对行为不良的主体进行重点监督和检查。

3. 建立并完善企业监理合同信息管理系统

由于监理合同体现的信息量大，因此对监理合同管理的系统性要求高。若只依靠人工来进行管理，会致使信息的传递速度慢，信息沟通不及时，从而使合同的管理工作不能及时准确到位，管理效率不高。因此，监理企业应不断完善信息管理工作，建立监理合同的台账管理制度和合同信息分类归档管理制度，组建企业内部的合同管理信息系统，集思广益，逐渐完善信息系统，使监理合同管理工作逐步实现全面信息化。

4. 实践分析

在工程项目开工前，合同当事双方应对资质条件进行审核，同时还应进行全面的审查。审查的内容包括企业的财务状况、人员状况、企业业绩和企业信誉等方面。审核和审查工作可以有效避免因各种主观或客观原因造成合同当事人无法履行合同的情况，进而保证工程项目的顺利进行。

9.5 建设工程 PPP 合同

9.5.1 PPP 合同概述

PPP（Public–Private Partnership）是一种公共—私人合作伙伴关系，是一种促进公共基础设施建设和服务提供的方式，在 PPP 项目合同中，公共部门与私人部门共同投资和管理项目，共享风险和收益。

1. PPP 合同定义

PPP 是公共部门与私人部门之间达成的一种合作协议，指政府公共部门与民营部门合作过程中，让非公共部门所掌握的资源参与提供公共产品和服务，从而实现政府公共部门的职能并同时为民营部门带来利益。

2. PPP 合同特点

政府治理能力等方面的差异性导致 PPP 市场成熟度和发展水平差异较大。近 30 年来，国内外学者从多个维度对 PPP 展开了深入研究。学者们对 PPP 涉及领域、PPP 模式演变和发展路径三个维度进行多学科定量分析，以及对工程类期刊中的相关文献进行深入分析，揭示 PPP 研究演化趋势等，从众多学者的研究中可以总结出 PPP 合同具有的优缺点，见表 9-1。

PPP 优缺点   表 9-1

PPP 具有以下优点：	PPP 也存在一些缺点：
引入市场机制和竞争机制，提高了服务质量和效率，降低了成本	PPP 合同通常具有较长的合同期限，双方需要长期合作和共同承担风险
政府可以通过 PPP 的方式，推动经济增长和就业创造	PPP 合同可能存在一些潜在的风险，如政治风险、市场风险和法律风险等
资金来源和回报方式多样化，可以吸引更多的私人资本投入公共基础设施建设中	PPP 需要私人部门具备一定的技术和管理能力，否则可能会影响项目的质量和效率
共享风险和收益，公共部门和私人部门都可以从项目中获得收益	需要政府的政策支持和监督，政府需要制定相关政策和法规，规范 PPP 合同的实施和管理
可以提高公共基础设施的建设速度和规模，满足市场需求	

9.5.2 PPP 合同设计

PPP（Public-Private Partnership）合同设计是指在公共—私人合作伙伴关系中，为达成合作协议而进行的设计工作。

1. PPP 合同的主要内容

（1）PPP 合同的订立

PPP 合同包含合同协议书、中标通知书、工程报价单或预算书及其附件、专用合同条款、通用合同条款、技术标准和要求、图纸、已标价工程量清单，以及其他合同文件见表 9-2。

合同内容   表 9-2

合同协议书	承包人按中标通知书规定的时间与发包人签订合同协议书。除法律另有规定或合同另有约定外，发包人和承包人的法定代表人或其委托代理人在合同协议书上签字并盖单位章后，合同生效
中标通知书	指发包人通知承包人中标的函件
工程报价单	指构成合同文件组成部分由承包人填写并签署的工程报价单
工程报价单附录	指附在工程报价单后构成合同文件的预算书及其附件
技术标准和要求	指构成合同文件组成部分的名为技术标准和要求（合同技术条款）的文件，包括合同双方当事人约定对其所作的修改或补充

续表

图纸	指列入合同的招标图纸、投标图纸和发包人按合同约定向承包人提供的施工图纸和其他图纸（包括配套说明和有关资料）。列入合同的招标图纸已成为合同文件的一部分，具有合同效力，主要用于在履行合同中作为衡量变更的依据，但不能直接用于施工。经发包人确认进入合同的投标图纸亦成为合同文件的一部分，用于在履行合同中检验承包人是否按其投标时承诺的条件进行施工的依据，亦不能直接用于施工
已标价工程量清单	指构成合同文件组成部分的由承包人按照规定的格式和要求填写并标明价格的工程量清单
其他合同文件	指经合同双方当事人确认构成合同文件的其他文件

（2）发包人一般义务和责任

1）遵守法律。发包人在履行合同过程中应遵守法律，并保证承包人免于承担因发包人违反法律而引起的任何责任。

2）发出开工通知。发包人应委托监理人按约定向承包人发出开工通知。

3）提供施工场地。发包人应在合同双方签订合同协议后的 14 天内，将本合同工程的施工场地范围图提交给承包人。

4）协助承包人办理证件和批件。发包人应协助承包人办理法律规定的有关施工证件和批件。

（3）承包人的一般义务（以下列举三项）

1）遵守法律。承包人在履行合同过程中应遵守法律，并保证发包人免于承担因承包人违反法律而引起的任何责任。

2）依法纳税。承包人应按有关法律规定纳税，应缴纳的税金包括在合同价格内。

3）完成各项承包工作。承包人应按合同约定以及监理人作出的指示，实施、完成全部工程，并修补工程中任何缺陷。除发包人提供的材料及设备以及要求承包人增加或更改的设施和设备另有约定外，承包人应提供为完成合同工作所需的劳动、材料、施工设备、工程设备和其他物品，并按合同约定负责临时设施的设计、建造、运行、维护、管理和拆除。

2. PPP 合同设计内容

（1）项目描述。PPP 合同在设计时，最重要的部分是项目描述，这包括项目的类型、规模、服务范围、定价机制等方面，项目描述应该明确、具体、可操作，并且需要考虑到各种情况下的应对措施。

（2）融资和资金回报。PPP 合同设计的另一个重要内容是融资和资金回报。这包括私人部门的投资、银行贷款、债券发行等方面，以及收费、特许经营权和政府补贴等多种方式回报私人部门的投资。

（3）风险和收益分配。PPP 合同设计的核心内容之一是风险和收益的分配。合同设计应该考虑项目的风险和收益，并制定合理的分配方案，使双方能够共享风险和收益。

（4）合同条款。合同设计的一个重要方面是制定合同条款。这包括项目的时间表、费用、质量标准、维护和升级等条款。条款应该明确、具体、可操作，并且需要考虑各种情况下的应对措施。

3. PPP 合同设计的要点

（1）项目性质和目标。PPP 合同设计的第一要点是明确项目的性质和目标。这包括项目的类型、规模、预期效益、服务范围、定价机制等方面，以及双方对项目的期望和目标。

（2）双方权益和责任。在 PPP 合同中，公共部门和私人部门都有各自的权益和责任。合同设计应该明确双方的权益和责任，包括项目的管理、融资、建设、运营和维护等方面。

（3）风险和收益分配。PPP 合同的成功与否，很大程度上取决于风险和收益的分配。因此，合同设计应该考虑项目的风险和收益，并制定合理的分配方案，使双方能够共享风险和收益。

9.5.3　PPP 合同谈判

1. 合同双方谈判要点

在 PPP 合同的谈判中，合同签订双方需要注意以下要点：

（1）确定谈判目标和原则。在谈判前，双方需要确定谈判目标和原则。

（2）了解对方需求和利益。在谈判中，双方需要了解对方的需求和利益。这包括对方的经济实力、技术能力、管理水平、市场份额等方面。

（3）建立良好的沟通机制。在谈判中，双方需要建立良好的沟通机制，确保信息的畅通和交流。沟通机制应该包括定期会议、沟通渠道、信息披露等方面。

（4）确定合适的谈判策略。在谈判中，双方需要确定合适的谈判策略。

2. 合同双方谈判注意事项

在 PPP 合同的谈判中，双方需要明确表达以下几点：

（1）项目的性质和目标。明确项目的性质和目标，包括项目的类型、规模、预期效益、服务范围、定价机制等方面，以及双方对项目的期望和目标。

（2）双方权益和责任。明确双方的权益和责任，包括项目的管理、融资、建设、运营和维护等方面，在启动 PPP 项目合同再谈判时，政府方和社会资本方需要坚持"主观无恶意、客观无利益"的原则。

（3）风险和收益分配。明确项目的风险和收益，并制定合理的分配方案，使双方能够共享风险和收益。

（4）合同条款。明确合同条款，包括项目的时间表、费用、质量标准、维护和升级等条款。条款应该明确、具体、可操作，并且需要考虑各种情况下的应对措施。

9.6　建设工程 BIM（数字化）合同

建设工程 BIM（数字化）合同是指项目建设单位（合同甲方）与具备 BIM 技术以及相关资质的设计、施工或施工单位（合同乙方）之间所签订的合同，旨在规范和明确合同双方在项目建设过程中利用 BIM 技术进行全过程信息化管理中的任务、职责、工作内容、服务标准和收费标准等方面的事宜。建筑工程 BIM（数字化）合同最早出现在中国上海，应用于上海排名前列的高楼——上海中心[①]，体量庞大、工程信息海量复杂且高达 632 米的"超级工程"。2008 年，项目尚在方案设计阶段时，上海中心便超前思考，决定将 BIM（建筑信息模型）引入"上海中心"的设计、施工、运营的全过程，并首次在合同条款中加入 BIM 技术要求，约束承包商必须在项目中应用BIM 技术。

9.6.1 合同类型及协议书

1. BIM（数字化）合同协议书概述

合同协议书主要包括项目概况、服务范围、期限、费用等，集中约定了协议双方的基本权利义务。合同协议书共计 9 条，包括：工程项目概况、服务范围、委托人代表与咨询项目总负责人、服务费用、服务期限、合同文件的组成、双方承诺、词语含义、合同订立生效条件。

2. BIM（数字化）合同类型

基于 BIM 技术的合同，我们按照合作对象的不同进而划分为以下三类：

（1）与业主方的 BIM 合同管理

该类型的 BIM 合同应明确的主要内容：BIM 应用内容、人员组织结构、协同工作管理、进度质量、变更、成果、数据管理等

（2）与咨询方 BIM 合同管理

该类型的 BIM 合同应明确的主要内容：合同服务条款、合同价格、合同内容、交付成果内容、技术支持内容与方式等

（3）与专业分包方 BIM 合同管理

该类型的 BIM 合同应明确的主要内容：合同双方工作配合、成果交付时间、人员组织结构与能力、协同工作方式等

3. BIM（数字化）技术应用功能

（1）与三维地理信息系统（3D GIS）联合应用，针对车辆段的区域内需要管理的各类建筑和设施建立三维 GIS 系统平台，并建立所需要管理的建筑物和设施的空间模型和数据信息，为需要监测的参数建立传感系统并在平台内展现。

（2）施工过程实现运用 BIM 建立室内外管线模型，并进行三维管线的碰撞检查及提交综合管线节点 3D 图示。

（3）实现基于 BIM 的三维虚拟施工，通过 BIM 技术结合施工方案、施工模拟和现场视频监测，大大减少建筑质量问题、安全问题，减少返工和整改。

（4）对材料进场实现信息化监控，使用数字化条形码记录施工项目主要材料的进出场情况，并在 BIM 系统上实时显示。

[①] 上海中心大厦（Shanghai Tower），位于上海市陆家嘴金融贸易区银城中路 501 号，是上海市的一座巨型高层地标式摩天大楼，截至 2021 年 4 月，其为中国第一高楼、世界第二高楼，首次出现 BIM 技术应用引入合同条例中。

4. BIM（数字化）合同收费要求

（1）承包人应无条件服从及配合发包人在本项目上实施的项目信息化管理工作，并为此按发包人信息化管理的要求配备足够的人员、计算机和网络设备以及相关软件、费用含在合同报价中。

（2）实行"BIM"信息化管理模式，建立建筑信息模型，利用数字技术包括CAD、可视化、参数化、GIS①、精益建造、流程、互联网、移动通信等，表达建设项目几何、物理和功能信息以支持项目生命周期建设、运营、管理、决策的技术、方法或者过程。

9.6.2 通用合同条款

1. 通用合同条款概述

通用条款既考虑了现行法律法规对工程建设的有关要求，也考虑了 BIM 技术咨询的特殊需要。通用合同条款共计 13 条，包括：一般规定、委托人、咨询人、服务要求和服务成果、进度计划延误和暂停、服务费用和支付、变更和服务费用调整、知识产权、保险、不可抗力、违约责任、合同解除、争议解决。

2. BIM（数字化）合同通用条款功能

需要运用 BIM 技术进行合同管理的项目大多数属于较大型工程，工程周期长、变数大，所涉人员较多，需要多方协调解决问题，传统的工程管理体系已经无法适应如此复杂的工程环境高速发展的进度。基于上述原因，双方在拟定 BIM 合同的过程中，对于该建筑工程项目通用条款中相关的具体事项，如：服务要求和服务成果、服务进度和付款方式等基本问题进行协商明确，保障该建筑工程项目的顺利建设。

3. BIM（数字化）合同通用条款设计要点

BIM 技术正在引领建筑行业的巨大变革，基于国内建设工程合同管理的现状，制定相应的 BIM 工程合同管理体制是目前首要的任务，在 BIM 合同进行设计时，合同双方需要注意以下几点：

（1）明确建设项目各阶段参与方的责任划分

在项目准备阶段，应在合同条款中合理划分各个参与方的角色和责任。首先，明确各参与方相应信息提交的要求，包括提交信息的方式，纸质的还是电子化提交；说明提交信息的时间和信息创建者；注明信息是否能被修改。

（2）优化工程合同条款

目前在国内还没有形成工程管理的 BIM 标准，都是以附件的形式在合同条款中作出补充，以描述 BIM 技术在项目中的应用。因此，以合同的形式明确项目各参与方之间的权利义务关系确保项目的顺利进行，有助于业主对项目进行管理，有效应对在

---

① 地理信息系统 Geographic Information System 它是一种特定的、十分重要的空间信息系统。它是在计算机硬、软件系统支持下，对整个或部分地球表层（包括大气层）空间中的有关地理分布数据进行采集、储存、管理、运算、分析、显示和描述的技术系统。

BIM 项目应用中产生的实际问题。BIM 技术可以根据项目的实际情况，在工程合同管理中进行仿真模拟，在对项目进行模拟仿真的基础上，制定责任明确、各种方案优化的合同条款。

（3）降低工程合同管理风险的建筑工程中引用 BIM 技术能够对工程项目全生命周期产生跟踪和预测作用。

9.6.3 专用合同条款

1. 专用合同条款概述

专用合同条款是对通用条款原则性约定的细化、完善、补充、修改或另行约定的条款。合同当事人可以根据不同建设项目的特点及具体情况，通过双方的谈判、协商等方式，对相应的专用合同条款进行修改、补充、完善。

针对专用合同条款进行编写，要按照一定的要求和规范，旨在保证合同的统一，提高合同双方的工作效率，具体要求如下（以下列举三项）：

（1）专用合同条款的编号应与相应的通用合同条款的编号一致。

（2）合同当事人可以通过对专用合同条款的修改，满足具体建设工程的特殊要求，避免直接修改通用合同条款。

（3）在专用合同条款中有横道线的地方，合同当事人可针对相应的通用合同条款进行细化、完善、补充、修改或另行约定；如无细化、完善、补充、修改或另行约定，则填写"无"或划"/"。

2. BIM（数字化）合同专用条款地方差异

BIM 技术在建筑工程行业领域的广泛应用实现了工程项目管理的协同合作。大大提高了工程效率，节省了项目成本，多地出台相关政策支持与鼓励 BIM 技术的推行。

（1）安徽：2020 年 8 月，安徽省住房和城乡建设厅发布《关于加快推进房屋建筑和市政基础设施项目工程总承包发展有关工作的通知（征求意见稿）》：加强工程勘察设计和造价管理，推进 BIM 技术应用。大力推行工程总承包和全过程工程咨询，加快完善相关的管理制度。

（2）江苏：江苏省住房和城乡建设厅江苏发展改革委于 2020 年 7 月联合发布《关于推进房屋建筑和市政基础设施项目工程总承包发展的实施意见》[①]，意见提出：积极推广总承包项目应用 BIM 技术，鼓励评标加分。

（3）济南：大力推进以 BIM 技术在勘察、设计、施工和运营维护全过程中的一体化集成应用。培育扶持 BIM 龙头骨干企业，鼓励在政府投资项目、装配式建筑等建设过程中采用 BIM 技术，推广 BIM 住宅使用手册。

---

① 《关于推进房屋建筑和市政基础设施项目工程总承包发展的实施意见》江苏省住房和城乡建设厅于 2020 年 7 月 23 日印发。

3. BIM（数字化）合同专用条款设计要点

基于 BIM 技术应用的建筑工程项目，与传统的建筑项目合同的编写有了一定的差异和创新，应在 BIM 合同中专用条款的编写予以体现且符合 BIM 合同专用的相关编写形式和要求，通过建立标准化的 BIM 合同文本和使用标准，可以规范合同管理秩序，实现 BIM 技术的应用价值。具体内容如下：

（1）BIM 合同应用形式。在 BIM 技术应用的项目中，合同的应用形式也发生了相应的调整。将涉及 BIM 技术的部分作为附加合同，可以确保合同的稳定性和连续性，更有利于 BIM 技术的应用。

（2）BIM 合同结构优化。在 BIM 合同应用过程中，会产生数据安全等问题，需要从合同结构方面进行优化。首先，建立相应的责任矩阵。通过明确各成员各阶段的权责，及时纠偏与追责。其次，完善数据管理制度。指定专门的管理员，进行数据更新和维护。上述关于 BIM 合同结构优化的相关要求，可以在合同中通过具体的专用条款进行规定，以保障 BIM 技术在该工程的顺利实施与应用。

9.7 装配式建筑施工合同

1. 装配式建筑项目现状

装配式建筑的全称是预制装配式建筑，是一种用工业化手段生产方式来建造的建筑。在这种生产方式中，建筑的部分或全部构件在工厂预制完成后运输到施工现场，再将预制部品部件在工地进行装配，形成结构系统、围护系统、设备与管线系统。内装系统的主要部分采用预制部品部件集成的建筑。装配式建筑规划自 2015 年以来密集出台，2022 年中国工程建设标准化协会发布《装配式建筑工程总承包管理标准》T/CECS 1052—2022[①]，进一步规范装配式总承包项目实施，提升装配式建筑工程总承包的管理水平，促进装配式建筑产业的发展。

目前，我国装配式建筑项目正积极采用 EPC 工程总承包模式。通过装配式建造方式有效缩短工期、确保工程质量并控制成本，这与 EPC 工程总承包是不谋而合的。近年来，上海、海南、江苏等全国多地相继出台装配式建筑工程总承包管理实施细则，形成了更加标准化、专业化的项目施工方案，本章中装配式建筑施工合同一般也采用总承包项目合同形式进行编写。

2. 装配式建筑施工合同

装配式建筑施工合同是指是发包人和承包人为完成商定的建筑装配工程任务，明确相互权利义务关系的协议。装配式建筑施工合同由合同协议书、通用合同条件和专用合同条件三部分组成。合同协议书主要包括工程概况、施工具体事项、合同生效等条款，集中约定了合同当事人基本的合同权利义务。

---

① 《装配式建筑工程总承包管理标准》由中国工程建设标准化协会组织审查并发布，编号为 T/CECS 1052—2022，自 2022 年 8 月 1 日起施行。

9.7.1 合同类型及协议书

1. 装配式建筑施工合同类型

基于总承包合同，装配式建筑施工合同根据计价方式的不同，可以分为固定总价合同、固定单价合同、总价与单价组合式合同、成本加酬金合同。

（1）固定总价合同

固定总价合同是指合同当事人约定以装配式项目施工图、已标价工程量清单或预算书及有关条件进行合同价格计算、调整和确认的建设工程施工合同。

（2）固定单价合同

固定单价合同是指合同当事人约定以装配式项目工程量清单及其综合单价进行合同价格计算、调整和确认的建设工程施工合同。

（3）总价与单价组合式合同

总价与单价组合式合同中的单价部分通常用于项目中建设场地地质地理环境特征、工程条件不明或发包人要求不明确等有较大调整风险的分部工程项目。由于部分装配式项目具有特异的特点，而且具有特殊的工作内容，所以无论是只采用单价合同，还是只采用总价合同，都无法有效满足合同规划过程。所以，对于此类工程项目可以采用总价与单价相结合的合同。

2. 合同协议书概述

装配式建筑施工合同协议书主要包括：工程概况、工程承包范围、工程承包模式、合同工期、质量标准和要求、签约合同价与合同价格形式、工程总承包项目经理、合同文件构成、承诺、订立时间地点、合同生效等重要内容。

合同协议书是《示范文本》中的总纲领性文件，它集中约定了合同当事人基本的合同权利义务，规定了合同文件构成及当事人对履行合同义务的承诺，并且合同当事人要在这份文件上签字盖章，因此具有很高的法律效力。

3. 合同协议书示范文本

装配式建筑施工合同协议书示范文本：

（1）工程概况

工程概况包括工程名称，工程地点，工程审批、核准或备案文号，装配率，绿色建筑等级，资金来源，工程内容及规模。

（2）工程承包范围

工程承包范围包括完成本项目的勘察、设计、装配式部品部件生产、采购、施工以及其他工作。

（3）工程承包模式

装配式建筑总承包模式主要分为两种：

1）一体化综合总承包模式。项目勘察（如有）、设计、装配式部品部件生产、施工等均由一家企业承接。

2）联合体模式。根据工程总承包范围，联合体包含勘察（如有）、设计、施工和装配式部品部件生产各方，其中装配式部品部件生产方除设计或施工方具备装配式部品部件生产能力外，应独立作为联合体一方，联合体成员各自分工应在专用合同条款中约定。

9.7.2 通用合同条款

1. 通用合同条款概述

装配式建筑施工通用合同条件共计 20 条，具体条款分别为：一般约定，发包人，发包人的管理，承包人，勘察与设计，材料，装配式部品部件，工程设备，施工，工期和进度等。

2. 通用合同条款示范文本

通用合同条款的内容包括但不限于：

（1）一般约定

应对合同协议书、通用合同条件、专用合同条件中的词语进行定义和解释，规定语言文字，说明法律、标准和规范、合同文件的优先顺序、文件的提供和照管、联络、知识产权、保密、责任限制等。

（2）发包人及管理

发包人应任命发包人代表，并在专用合同条件中明确发包人代表的姓名、职务、联系方式及授权范围等事项，同时应按专用合同条件约定向承包人移交施工现场，给承包人进入和占用施工现场各部分的权利，并向承包人提供工作条件。

（3）承包人

承包人在履行合同过程中应遵守法律和装配式工程建设标准规范并履行义务。

（4）预制构件的生产、运输、施工安装

承包人应根据施工图设计文件编制装配式建筑专项施工方案，并经监理审核后，按照法律合同规定进行材料的加工、工程设备的采购、装配式部品部件的生产、制造和安装，以及工程的所有其他实施作业。

（5）工程监管

加强装配式建筑全过程监管，建设和监理等相关方应采用驻厂监造或质量保证体系认证等方式加强部品部件生产质量管控。

3. 通用合同条款注意要点

（1）合同价款应当明确约定。工期、质量、工程造价的约定，是建设工程施工合同最重要的内容。

（2）建设工程总承包合同应当具体约定发包人、总承包人、分包人相互关系及各自的责任。总包合同应当将各方关系和责任具体化，便于操作，避免纠纷。详细约定工程预付款、进度拨款和竣工结算程序。应当明确约定材料设备供应。

（3）明确约定监理工程师等各方管理人员的职责和权限。建设工程在施工过程中，发包人、承包人、监理人与生产管理的工程技术人员和管理人员较多，往往职责和权限不明确或不为他方所知，造成各方不必要的纠纷。

（4）装配式工程项目，一般对总承包商的设计、采购、施工等方面有着较高的专业资质要求。故业主方在选择承包商时，需选择可胜任的承包单位，从而确保合同的顺利实施。

9.7.3　专用合同条款

1. 专用合同条款概述

专用合同条款是合同当事人根据不同建设项目的特点及具体情况，通过双方的谈判、协商对通用合同条件原则性约定细化、完善、补充、修改或另行约定的合同条件。

2. 专用合同条款示范文本

专用条款仅适用于具体工程建设，由当事人双方约定，高质量的合同主要体现在专用条款的约定上，专用条款越细化、越准确越好。具体要点有以下四点：

（1）发包方、承包方有为工程施工创造条件和环境的权利和义务以及分担的约定

我国一般在合同中约定由承包人承担，其费用则由发包方承担；承包方的主要工作为负责施工场地周围地下管线和邻近物、构筑物、文物、古树名木的保护，但费用由建设方承担等。

（2）合同价款的约定

合同价款体现在施工图设计及拆分设计、材料设备采购价格、预制构件生产价款、运输价款、装配施工价款等造价预期成本，主要方式有三种：固定价格、可调价格、成本加酬金价格，采用哪一种价格方法由双方协商确定，若采用固定价格则注明合同价款所包括的风险范围。

（3）合同工期的约定

合同工期表现为预制构件的生产计划、构件运输进场计划、现浇部分施工计划、装配部分吊装计划等进度规划，需要约定除因发包人、监理工程师的原因和设计原因，停电、停水、停气及不可抗力原因造成的出现工期顺延以外的具体情形，如有人为阻挠施工，非由于施工人的原因、设备、机械的突然损坏等，此等情形方可顺延。

（4）隐蔽工程和中间验收

工程质量标准表现为预制构件拆分合理性、预制生产技术标准、运输过程构件保护标准、现浇及装配技术标准等规范，在验收环节应约定具体部位及验收的具体方式方法、验收程序、验收要求等。

3. 专用合同条款注意要点

（1）专用合同条件的编号应与相应的通用合同条件的编号一致。

（2）合同当事人可以通过对专用合同条款的修改，满足具体建设工程的特殊要求，避免直接修改通用合同条款。

（3）在专用合同条件中有横道线的地方，合同当事人可针对相应的通用合同条件进行细化、完善、补充、修改或另行约定；如无细化、完善、补充、修改或另行约定，则填写"无"或划"/"。

（4）对于在专用合同条件中未列出的通用合同条件中的条款，合同当事人根据建设项目的具体情况认为需要进行细化、完善、补充、修改或另行约定的，可在专用合同条件中，以同一条款号增加相关条款的内容。

9.8 保理合同及融资租赁合同

9.8.1 保理合同概述

1. 保理合同的定义

保理合同是应收账款债权人将现有的或者将有的应收账款转让给保理人，保理人提供资金融通、应收账款管理或者催收、应收账款债务人付款担保等服务的合同。[①]保理业务是一种以应收账款作为抵押物向保理公司融资的方式，通过转让应收账款给保理公司，客户能够提前获得资金，而不需要等待账款到期。

2. 保理合同包含内容

据《民法典》第七百六十二条规定，保理合同的内容一般包括业务类型、服务范围、服务期限、基础交易合同情况、应收账款信息、保理融资款或者服务报酬及其支付方式等条款。保理合同应当采用书面形式。

其中，涉及了许多关键条款，如下所示：

（1）转让条款。规定了企业将应收账款转让给保理商的方式和条件。

（2）费用条款。包括保理商的手续费、利率、逾期罚息等相关费用的约定。

（3）追索权条款。规定了保理商与企业之间在应收账款追索权方面的约定。

（4）申报和披露条款。要求企业向保理商提供相关财务和经营信息的约定。

（5）保密条款。确保合同涉及的商业机密和敏感信息得以保护的约定。

3. 保理合同注意要点

在签订保理合同的同时，企业要注意确保自身权益得到保障，尤其是在应收账款转让和追索权方面；仔细评估保理商的手续费和利率，确保其合理合法；按照合同约定向保理商提供准确的财务和经营信息，以维护合作关系顺利进行；并注意合同的期限，以免影响后续的融资和经营活动。

在签订保理合同时，以下是一些需要注意的事项：

（1）审慎阅读。在签署保理合同之前，仔细阅读合同的所有条款和条件，并确保自己完全理解和接受其中的内容。如果有不清楚的地方，应当及时寻求专业人士的建议。

（2）条款明确。确保合同中的各项条款清晰、明确，包括涉及的价格、费用、责任和义务等内容。尽量避免模糊和含糊不清的表述，以免在后续的业务运作中产生争议。

---

① 该定义出自《民法典》第三编第十六章保理合同章节第七百六十一条：保理合同是应收账款债权人将现有的或者将有的应收账款转让给保理人，保理人提供资金融通、应收账款管理或者催收、应收账款债务人付款担保等服务的合同。

（3）充分披露信息。在签订保理合同前，应将应收账款的相关信息如数量、金额、有关方的资质等充分披露给保理公司，以确保各方对交易的清晰了解。

（4）保密性约定。保理合同中通常会包含保密性约定，保护各方的商业秘密和敏感信息。确保合同中的保密条款足够严谨，并在业务操作中妥善维护保密性。

9.8.2 融资租赁合同概述

1. 融资租赁合同定义

融资租赁合同是一种特殊形式的租赁合同，也被称为租赁融资合同或租赁购买合同。它是指一方（出租人）将其拥有的某项资产（如设备、机械、车辆等）租赁给另一方（承租人），并就该资产的使用权支付租金。在融资租赁合同中，出租人起到融资提供者的角色，承租人则是租赁资产的使用者。

（1）与买卖合同不同，融资合同的出卖人是向承租人履行交付标的物和瑕疵担保义务，而不是向买受人（出租人）履行义务，即承租人享有买受人的权利但不承担买受人的义务。

（2）与租赁合同不同，融资租赁合同的出租人不负担租赁物的维修与瑕疵担保义务，但承租人须向出租人履行交付租金义务。

（3）根据约定以及支付的价款数额，融资租赁合同的承租人有取得租赁物之所有权或返还租赁物的选择权，即如果承租人支付的是租赁物的对价，就可以取得租赁物之所有权，如果支付的仅是租金，则须于合同期间届满时将租赁物返还出租人。

2. 融资租赁合同包含内容

融资租赁合同一般包括以下基本内容：

（1）合同背景和定义。明确合同的目的、背景和基本定义，包括参与各方的身份和角色。

（2）资产描述和交付。描述租赁的资产及相关的规格、数量、品质等信息，并约定资产的交付时间和方式。

（3）租赁期限和租金。确定合同的租赁期限以及租金支付方式、金额和支付时间等。

（4）维护和保养责任。约定出租人和承租人对租赁资产进行维护、保养和修理的责任及相关费用承担。

以上是一般融资租赁合同的主要内容，具体的合同条款可能会根据租赁资产的特性、双方协商和法律法规的要求而有所不同。在签署融资租赁合同前，请您仔细阅读并确保充分理解各项条款，并咨询专业人士的建议。

3. 融资租赁合同注意要点

融资租赁合同是指一方（出租人）将特定资产或财物转租给另一方（承租人）使用，并约定租赁期间内承租人支付租金的合同。以下是融资租赁合同中需要注意的要点：

（1）确定合同主体。合同双方需准确定义出租人和承租人的法律实体或个人身份，包括名称、注册地址、法定代表人等信息。

（2）描述资产及用途。清楚明确地描述被租赁的资产，包括具体规格、数量、品牌等详细信息，并明确约定资产的用途范围。

（3）租赁期限与租金。明确约定租赁期限的起始日期和终止日期，一般以月或年为计量单位。同时，在合同中详细描述租金的支付方式、频率、金额以及违约金的相关规定。

（4）资产保险责任。明确约定在租赁期间内由谁承担资产的保险责任，以及保险赔偿范围和金额，确保资产在使用过程中的安全。

思考题

1. 建筑工程合同的主要作用是什么？

2. 建筑工程合同中，关于工程变更的条款通常包含哪些内容？

3. 简述建筑工程合同的基本要素和主要内容。

4. 在建筑工程合同中，如何约定付款方式以保障双方的权益？

5. 谈谈在建筑工程合同中，如何处理可能出现的工程变更和工期延误问题。

第 4 篇

建筑工程争议解决与索赔管理

第10章 建设工程争议解决及评审

学习目标：掌握工程争议类型、特点、争议解决的方式；熟悉替代性争议解决技术的应用；熟悉工程争议评审主要步骤、关键因素和挑战；了解争议评审发展趋势。

知识图谱：

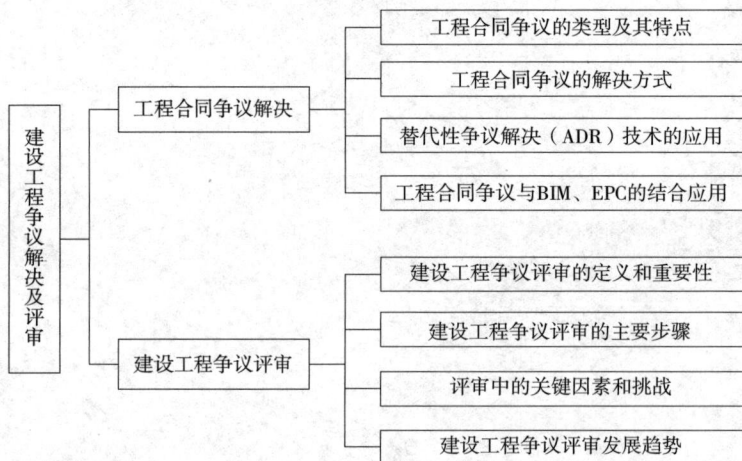

10.1　工程合同争议解决

10.1.1　工程合同争议的类型及其特点

　　工程合同争议通常是指在建设过程中出现的纠纷或争议，包括合同履行的义务和责任问题，如完工时间、工程质量、合同款项等；合同条款的解释和适用问题，如合同中不明确的条款、合同违约责任等；工程变更或索赔问题，如变更订单、设计或规范变更、索赔金额等。基于承包商在建设工程发承包合同治谈过程中处于"劣势"地位的现状，首先分析研究承包商与业主在建设工程合同有关工程预付款、进度款、竣工结算款、质量保证金以及业主支付违约责任等方面条款履行经常发生争议的问题，例如施工过程中出现的意外事件或损坏、保险责任后，合同存在争议，终止或解除合同的申请。根据《民法典》，解决工程合同争议的方式包括和解、调解、仲裁和诉讼等。

　　1. 工程合同争议的定义

　　工程合同争议是指在建设工程合同履行过程中，因为一方或多方违反合同规定或者解释不一致所引起的纠纷或争议。这些争议可能涉及工程造价、工程质量、工程进度、工程设计、技术方案变更、索赔和逾期等问题。工程合同争议在解决过程中需要考虑合同法律效力、合同履行的义务和责任、合同变更和解除的程序、违约赔偿等相关问题。解决工程合同争议的方式主要包括协商、调解、仲裁和诉讼等，其中调解和仲裁是一些企业更常使用的方式。

　　工程合同的签订是项目完成的关键。虽然双方在完成合同签订时已经达成协议，但在实际工程实施过程中，各种各样的问题和争议可能会导致工程合同失败。这些合同争议种类包括施工质量、工期、付款方式和金额等方面。因此管理者必须学会进行合同争议的解决技巧，以避免或减少不必要的争议。

　　2. 工程合同争议的类型

　　（1）施工质量纠纷

　　施工程建设是在不断变动的自然环境和商业环境下进行的。经济环境、法律环境变动和自然条件等原因，如材料价格大幅上涨、不利的地质条件、恶劣的大气情况、法律法规的变化等常常是导致工程合同争议的初始驱动事件，并与其他条件结合（如不合理的风险分配机制、业主或承包商机会主义行为），最终可能导致工程施工合同争议的产生。这种争议是最常见的合同纠纷之一，一般涉及构件质量、施工工艺、安装质量以及抗震等方面。

　　施工质量纠纷的特点如下：

　　1）施工质量纠纷是建筑工程中较为常见的争议之一，具有高发性和复杂性。

　　2）施工质量纠纷的争议多涉及技术性问题，需要借助专业的技术力量对工程质量进行评估和鉴定。

　　3）施工质量纠纷的纠纷标的通常是工程质量和工程款项，争议的复杂性也会影响案件的处理时间和结果。

4）解决施工质量纠纷所涉及的法律法规、合同约定、鉴定程序等也需要重视，以保证纠纷得到公正、合法解决。

5）了解施工质量纠纷的定义、内容和特点，可以帮助有关方面更好地了解纠纷的性质和解决路径，及时解决问题。

（2）工期争议

建设工期，是指在施工合同中发、承包双方约定完成工程所需的期限，包括按照合同约定所作的期限变更。工期是开工日期和竣工日期之间的时间段，开工日期是工期的起算之日，竣工日期是工期的结束之日，开工及竣工日期的确定对工期影响很大。根据《民法典》第七百九十五条规定，工期与建设工程范围、工程质量、工程价款等都属于建设工程施工合同的实质性内容。了解工期争议的定义、内容和特点可以帮助有关方面更好地了解争议的性质和解决方案，避免或减少建筑施工过程中的纠纷和争议。

工期争议的特点如下：

1）工期争议需要严格遵守合同法和合同条款的规定，合同中对工程竣工时间的约定是工期争议的重点。

2）工期争议的纠纷容易引起项目进度滞后、经济损失等问题，需要及时解决。

3）工期争议解决的方式包括协商、调解、仲裁和诉讼等，应根据具体情况进行选择和决定。

（3）付款纠纷

施工总承包工程的竣工结算审价是建设工程投资控制工作的一道重要关口，是检验整个工程实施是否达到预期目标的一个重要指标。在竣工结算审价工作中，许多人认为结算审价工作是比较简单的，施工单位提交完整的竣工结算文件，结合招投标文件并按照施工合同条款及约定的结算方式与审价人员进行量价核对就可以了。但在审价的过程中才发现这项工作往往并非如此简单，一些因合同条款及工程量清单描述不清晰而发生的问题如何得到妥善合理的解决，施工过程中已经批准的工程变更签证资料是否具有效力，合同工期的延期责任归属及处罚如何确认等，这些都是竣工结算审价过程中较常见的问题，具有较高的复杂性和法律性质，需要通过规范合同、完善管理措施、加强沟通等方式来预防和解决。

付款纠纷的特点如下：

1）付款纠纷在建筑工程项目中并不少见，交易金额大，且直接关系双方经济利益，争议的焦点存在重大分歧。

2）付款纠纷具有高度法律性质，解决付款纠纷需要遵循合同相关规定和政府法律法规规定进行。

3）付款纠纷往往涉及企业间信用、诉讼成本等问题，相对成本很高，被广泛认为是最棘手的问题之一。

4）解决付款争议方式包括调解、仲裁、上诉等，选择不同方式应考虑到争议的实质及双方的诉求。

（4）设计方案瑕疵

设计方案瑕疵是指建筑工程中设计方案的缺陷或不完整性，会导致施工难度加大、质量下降、工期延误等问题的纠纷和争议。设计方案是工程合同的重要组成部分之一，建设工程设计师对建筑物外部构造以及内部空间进行设计时，需要适当根据整个工程全过程造价服务体系对现有的设计方案进行合理优化，继而使得整个工程的建设资金符合工程造价预算方案。涉及建设工程的结构、材料、规格、施工方法等方面，如果设计方案出现问题，将导致工程质量问题、浪费人力和财力等资源。这种合同争议一般发生在工程完成或验收时出现的问题，例如，设计图纸存在偏差、设计标准不严格、材料选用不当等问题。了解设计方案瑕疵的定义、内容和特点可以帮助有关方面更好地了解纠纷的性质和解决方案，减少建筑施工过程中的纠纷和争议。

设计方案瑕疵的特点如下：

1）设计方案瑕疵是建设工程施工过程中的重要问题之一，它直接关系施工的质量和进度。

2）设计方案瑕疵问题需要严格遵循设计标准和规范，对设计方案进行核查和整改，以确保工程质量和安全。

3）解决设计方案瑕疵问题需要借助专业技术力量，进行现场检查、方案审查和技术鉴定等工作。

4）设计方案瑕疵问题的解决，通常需要各方紧密合作，通过协商、调解或诉讼等方式解决纠纷。

（5）变更订单

变更订单是指施工方在建设工程建设过程中，因为需要修改、增加、删除合同的规定事项，由双方商定后签订的书面文件。变更订单可能是施工过程中最常见的纠纷之一，建设工程施工是一个极具复杂性、变化性的过程，在施工中，工程设计和施工现场都容易产生一系列的变动，因为建设项目投资大、周期长、受环境影响大的特点，这些变动很多时候都难以避免，而建设工程合同是工程管理的重要组成部分，没有良好的合同管理就没有工程的良好运行，工程变动对工程合同的影响不言而喻，需要极为重视两者间的联系并加以重点把握，然而现实是，工程变动对工程造价影响的控制难度大，需要项目管理人员和造价人员有很高的素质。由于变更订单不明确或不合理，三方之间可能会产生分歧和争议，例如，设计方案的变更、工程结构的修改、施工时间的调整等问题。了解变更订单的定义、内容和特点有助于相关的参与方更好地了解纠纷的性质和解决方法，及时预防和解决建筑工程中的纠纷和争议。

变更订单的特点如下：

1）变更订单是建设工程建设过程中常见的纠纷问题之一，通过变更订单可以及时调整工程建设过程的变更情况，确保工程建设的顺利进行。

2）变更订单的制定需要通过严格的合同规定、生产管理流程审核等方式进行，以满足工程质量保证和工程成本控制的要求。

3）变更订单通常会对施工周期和施工难度产生影响，需要对施工进度、质量和成本进行重新评估。

4）解决变更订单争议问题通常需要对原有合同进行分析、双方协商、调解等方式进行，确保双方各项权利的平衡和利益的保障。

10.1.2 工程合同争议的解决方式

工程合同的签订是项目完成的关键。合同争议也称合同纠纷，是指合同当事人对合同规定的权利和义务产生不同的理解。建设工程承包合同在履行的过程中，受国家的政治、经济、自然条件等多种因素的影响，且工程本身情况复杂多变，履行中不可避免地会出现一些预料不到的问题。合同双方从维护各自权益的角度出发，对这些问题的解决难免产生矛盾和纠纷。这些纠纷应当依据双方在合同中约定的解决纠纷的有关条款及国际通用的解决工程合同纠纷常用的方法进行解决。下面就建设工程合同履约中常见的主要纠纷和争议的解决方法作探讨。虽然双方在完成合同签订时已经达成协议，但在实际工程实施过程中，各种各样的问题和争议可能会导致工程合同失败。这些合同争议种类包括施工质量、工期、付款方式和金额等方面。因此，管理者必须学会进行合同争议的解决技巧，以避免或减少不必要的争议。

1. 施工质量纠纷

施工质量纠纷的解决方式可以归类为以下几种[①]：

（1）协商解决。当施工质量存在问题时，双方可以通过协商来解决纠纷。通过沟通、调解等方式，双方可以就相关问题进行讨论，寻求解决方案。

（2）技术鉴定。当协商无法解决纠纷时，可以通过技术鉴定来判断质量问题的责任方。双方可以根据合同约定或者相关法律规定，通过第三方技术鉴定机构对质量问题进行评估和鉴定，判断责任方并提出解决方案。

（3）仲裁解决。当无法通过协商和技术鉴定来解决问题时，双方可以选择仲裁来解决纠纷。在仲裁期间，由专业的仲裁机构或者专家对案件进行审理，对问题进行裁决，判定责任方并提出赔偿方案。

（4）诉讼解决。当仲裁无法解决问题时，双方可以选择通过法律诉讼来解决纠纷。在诉讼期间，由法院对案件进行审理，最终作出判决，判定责任方并提出赔偿方案。但是相对于其他解决方式，诉讼成本较高，周期较长，并且具有不确定性。

2. 工期争议

施工工期纠纷的解决方式可以分为以下几种：

（1）协商解决。双方可以通过协商来解决工期问题。甲乙双方应当坐下来，就工期的具体情况进行协商，探讨合理的解决方案。可以通过调整工期、增加人力、加班加点等方式来消除工期争议。

[①] 《建设工程质量安全管理条例》作为我国工程建设领域唯一的一部行政法规，主要规定了工程建设的质量监督、安全监督等方面的内容和程序，为工程争议解决及索赔的判定提供了基础依据。

（2）议和解决。工期争议也可以通过工程索赔和工程变更等方式来解决。当工程计划发生改变或者遇到不可抗力等情况时，双方可以通过工程索赔等方式来解决工期问题。

（3）仲裁解决。当甲乙双方无法通过协商或者议和来解决工期纠纷时，可以选择仲裁来解决争议。双方可以选择一个独立的仲裁机构或者专业领域内的仲裁人来进行仲裁。仲裁人将审理案件，然后根据证据得出解决方案。

（4）诉讼解决。当工期纠纷很复杂，无法通过协商、议和和仲裁来解决时，甲乙双方可以通过起诉或被诉的方式在法院解决工期争议，也可由相关领域的专业律师辅助、代理进行。通常需要支付高昂的律师费和诉讼费用。

此外，实践中开工日期争议形成原因主要包括：一是系双方对工程结算价未达成一致而引发，此时距离工程竣工验收一般已很长时间，相关证据资料已灭失，实际开工日期难以查清；二是工程管理不规范，在施工过程中双方未按规定做好相关文件资料，如实际开工日期和施工合同记载的计划开工日期不一致、承包人未及时向发包人提交开工报告、发包人或监理人未向承包人下发正式开工通知、施工许可证办理远晚于实际开工日期、同一工程项目的不同施工管理文件中记载的开工日期不一致等。

3. 付款纠纷

付款纠纷可以通过以下几种方式来解决：

（1）沟通解决。当发生付款纠纷时，最初的方法是与对方进行沟通，并共同寻找解决办法。这需要明确双方的立场和问题，并以合理和平衡的方式进行讨论。通过沟通解决，可以避免不必要的诉讼和法律费用，并有助于维护良好的商业关系。

（2）法律程序。如果在沟通过程中无法解决，可以通过法律程序来解决。通常情况下，这需要请律师代理，并向法院提起诉讼。在法庭上，双方可以就争议问题进行辩论，并听取证人证言。法官将根据证据和法律条款作出判决。

（3）调解。调解是一种利用中介协助双方达成和解的方式。通过调解，双方可以在第三方的协助下，自行达成解决方案，以便迅速、经济、对双方公正，并且更有可能维护长期的商业关系。

（4）仲裁。仲裁是另一种法律程序，但与诉讼不同的是，双方同意由第三方（即仲裁员）进行解决。仲裁员将考虑事实和法律条款，并作出决定。仲裁比诉讼更为迅速和经济，并且可以根据双方的协议进行互利的解决。

4. 设计方案瑕疵

设计方案瑕疵的解决方式可以根据具体情况采取如下措施：

（1）识别瑕疵。首先需要仔细审查设计方案，识别出存在的问题和瑕疵，包括技术、安全、经济等方面的问题。可以借助专业的软件和工具来辅助检测，同时也需要与相关专业领域的人员进行充分的沟通和交流。

（2）重新设计。在确认存在问题后，需要针对性地进行重新设计，调整方案，解决存在的问题。在重新设计时，需要将瑕疵问题分析清楚，寻找根本原因，并且需要进行多方面的考虑和权衡，确保重新设计的方案符合技术规范和性能要求。

（3）测试修正。在重新设计后，需要对修正后的方案进行测试，确保性能达到设计要求。在测试的过程中，需要对方案的各个关键指标进行检测和验证，确保其符合要求。如果测试结果不理想，需要及时修正和调整设计方案。

（4）沟通交流。在设计过程中，需要与相关专业人员进行充分的沟通和交流，汲取经验和建议，以及不断改进设计方案，提高方案质量和效率。

5. 变更订单

常见的合同变更订单的解决方法：

（1）协商解决。双方可以通过协商来解决合同变更订单。在协商过程中，双方可以交换意见、提出建议，并根据各自的利益和实际情况寻求共识。通过讨论和协商，双方可以确定合同变更的范围、内容和条件，达成一致并签订变更协议。

（2）合同条款应用。合同中通常会包含关于变更的条款和程序。双方可以根据合同条款中规定的程序和要求，提出和处理合同变更订单。例如，合同可能要求以书面形式提交变更请求，并按照特定的程序进行评审和批准。

（3）独立专家或仲裁。双方可以约定由独立的专家或仲裁机构进行调解或裁决合同变更订单的争议。这种方式可以确保公正和中立，专家或仲裁机构将依据合同及相关法律规定，对争议进行独立评估和裁决，并提出解决方案。

（4）法律诉讼。作为最后的手段，双方可以选择将合同变更订单的争议提交法律诉讼。在法院的审理下，双方将提供证据和辩护，法院将根据法律和合同约定作出裁决。然而，法律诉讼通常是一个复杂的过程，费时费力，并且往往会导致长期的法律纠纷。

无论采取何种解决方法，建议双方保持沟通和合作，以寻求合同变更订单问题的妥善解决。

10.1.3 替代性争议解决（ADR）技术的应用

1. 替代性争议解决（ADR）的定义

替代性争议解决（ADR）是指一系列非诉讼的解决争议的方法，用于解决私人或商业法律争议。通过民事诉讼程序的改革和实践经验的积累，我国已经认识到在诉讼程序中加强法官对案件的管理以及发挥当事人对程序的推动作用，在诉讼外充分利用和解、仲裁等方式降低进入庭审程序的概率。不同于传统的替代纠纷解决机制，ADR方法是多种纠纷解决机制的集合，包括但不限于调解、仲裁、协商、和解、中立评估和准司法程序，可以用于解决各种纠纷，包括合同争议、知识产权争议、建设争议、消费者争议等。ADR方法通常比诉讼更迅速、更经济、更灵活、更机动并且更保密。ADR方法已成为大多数国家的法律制度的重要组成部分，并被广泛应用于商业、劳动、家庭、社区和政府方面的争议解决。

2. 替代性争议解决（ADR）的具体应用内容

替代性争议解决（ADR）可以应用于各种类型的争议，以下是其中一些常见的应用内容：

（1）商业争议。商业合同纠纷、知识产权争议、竞争对手之间的争端等。

（2）劳动争议。雇佣合同纠纷、工资纠纷、歧视和骚扰等。

（3）家庭争议。离婚、财产分割、子女抚养权、家庭暴力等。

（4）社区争议。房产纠纷、邻里纠纷、建筑和土地使用权纠纷等。

（5）政府争议。政府机构之间的争议、公共政策和规定的执行、政府与居民之间的争议等。

（6）跨境争议。跨国公司之间的争端、国际贸易纠纷、国际投资争议等。

这些程序在以下几个方面具有共通性：第一，双方当事人的合意是程序开始的最重要原因，法律的强制性规定仅限于特定范围。第二，由当事人、公共团体或法院选取中立第三人对案件加以裁断，该第三人具备当事人争议领域的必要专业技能，大多数情况下是法官或律师。第三，程序具有非正式性，非常简化和灵活，1990~1993 年的数据显示，俄亥俄州北部地区联邦法院实行建议陪审的案件中 82% 比同类案件的平均审理时间减少 337 天。第四，当事人能将自己从单一的当事人身份中解放出来，处在更加中立和冷静的立场中分析双方的主张，预判程序的发展方向。

ADR 方法可以灵活地应用于不同类型的争议，并根据争议的性质和当事人的需求进行个性化的解决方案设计。以下是一些常见的 ADR 方法：

（1）调解。调解是制定诉讼纠纷解决机制的重要环节之一。当双方产生争议时，调解员将担任中介和协调作用，帮助双方平衡利益，避免对方当事人互相制约并达成一致。调解是相对于诉讼程序的强制和协商，能够更加平衡双方利益，是 ADR 技术中使用最广泛的方式。

（2）仲裁。仲裁是通过仲裁员的仲裁决定、介入纠纷来解决双方的争议。仲裁可以减少当事人需要寻求法院协助的时间和成本，并对具体纠纷得出明确、具体的结论。仲裁的流程时间比诉讼短，效率更高，当争议双方无法达成协议时，仲裁是解决争议的常用方法。

（3）裁定。裁定是双方自愿参与的 ADR 技术，又称裁定法，是通过雇佣专家或其他帮助模拟法庭的机构来解决纠纷。裁定可以在几天内给出相当权威和有约束力的结果，需要双方执行。

（4）中立估价。中立估价是一种专业证明的方式，可以通过外部专家组织或由双方从外部聘请估值师进行估价。中立估价通常适用于物品、财产和不动产的评估，或在意外事件、封闭和收购时评估财务价值。

ADR 技术可以为纠纷解救提供更为灵活和高效的方式，并可节省双方的时间和成本。但 ADR 技术的使用必须根据特定情况进行评估，并在合适的地方使用。

3. 替代性争议解决（ADR）的优缺点

（1）优点包括：

1）更快速、更经济。ADR 方法通常比诉讼程序更快速、更经济，因为 ADR 过程通常不需要进行发现程序、庭审等复杂的程序。这样可以节省时间和费用，尤其适用于一些小额或简单的争议。

2）更灵活、更机动。ADR 方法通常比诉讼程序更灵活、更机动，当事人可以根据自己的需求和特殊情况进行个性化的解决方案设计。这些方案可以更好地满足当事人的利益和需求，增加互信和合作。

3）更保密。ADR 方法通常比诉讼程序更保密，因为 ADR 过程通常不需要进行庭审，而且相关文件可以根据协议保密。这可以保护当事人的商业机密和个人隐私。

4）更具合作性。ADR 方法强调当事人的自愿参与和积极解决争议，而不是将决策权交给法院或仲裁员。这可以增加双方的互信和合作，提高解决方案的可执行性和可持续性。

5）更具创新性。ADR 方法可以鼓励当事人在解决争议时采用更具创新性的解决方案，因为 ADR 过程更灵活，当事人可以根据自己的特殊情况和需求进行个性化的解决方案设计。

（2）缺点包括：

1）可能会缺乏公正性。ADR 方法可能会缺乏公正性，因为仲裁员或调解员可能会偏袒某一方。这种情况可以通过选择专业、独立的第三方机构和仲裁员或调解员来避免。

2）可能会缺乏透明度。ADR 方法可能会缺乏透明度，因为 ADR 过程通常不需要进行公开庭审，相关文件也可以根据协议保密。这种情况可以通过选择公正、独立的第三方机构和仲裁员或调解员，并制定透明的程序和规则来避免。

3）可能会缺乏强制力。ADR 方法的解决方案可能会缺乏强制力，因为 ADR 过程通常不会得到法院的强制执行。但是，ADR 的解决方案可以达成协议并签署合同，从而具有约束力。

4）可能会受到法律限制。ADR 方法可能会受到法律限制，例如某些争议必须通过诉讼程序来解决。这种情况可以通过仔细了解当地的法律制度和规定来避免。

5）可能会缺乏专业性。ADR 方法可能会缺乏专业性，因为调解员或仲裁员可能缺乏相关的专业知识和经验。这种情况可以通过选择专业、独立的第三方机构和仲裁员或调解员，以及为 ADR 过程制定专业的程序和规则来避免。

10.1.4　工程合同争议与 BIM、EPC 的结合应用

1. 工程合同争议与 BIM 的结合应用

建筑信息模型（BIM）是一种全面的数字化工具，可以在建筑行业中应用于各个方面，包括工程合同争议解决。将 BIM 与工程合同争议解决结合应用如下：

（1）合同管理。BIM 可以用于存储和管理工程合同的各种信息，包括合同条款、支付规定、进度要求等。通过 BIM，可以更加方便地查看和管理合同细节，减少误解和争议。

（2）变更管理。BIM 可以用于记录和跟踪工程项目的变更。将 BIM 与工程合同争议解决结合，可以更好地管理工程变更，包括变更的审批、实施和支付，以减少合同争议的可能性。

（3）数据支持。BIM 提供了各个方面的项目数据，包括设计、施工、材料等。这

些数据可以用作合同争议解决的依据和证据，提供更丰富和准确的信息支持。

（4）可视化呈现。BIM 可以生成可视化的模型和图表，以展示工程项目的状态和进展。这种可视化呈现可以帮助各方更好地理解合同条款和争议的本质，促进更容易达成解决方案。

该结合可以提供更全面的合同管理和解决争议的支持。通过 BIM 的数据管理和可视化呈现，可以更好地理解合同条款和争议的核心问题，提高解决效率和准确性。

2. 工程合同争议与 EPC 的结合应用

工程设计、采购和施工（EPC）是一种常见的工程承包模式，涉及工程合同和项目实施。将 EPC 与工程合同争议解决结合应用如下：

（1）合同管理。EPC 模式下，工程合同通常是非常复杂的，涉及各种条款和规定。结合工程合同争议解决，可以更好地管理和解释合同条款，确保各方共同理解，并支持争议和纠纷的解决。

（2）变更管理。在 EPC 项目中，变更是不可避免的。结合工程合同争议解决，可以更好地管理变更的审批、实施和索赔。确保变更的合理性和遵守合同约定，从而减少争议和纠纷的发生。

（3）资源和风险管理。EPC 模式下，合同门槛高，风险也相对较高。结合工程合同争议解决，可以更好地管理和监控工程项目的资源使用和风险分摊，减少因资源和风险分配不当而引起的争议和索赔。

（4）证据收集与管理。在工程合同争议解决过程中，证据的收集和管理是非常重要的。结合 EPC 模式，可以借助项目管理和记录工具，收集和管理与工程合同相关的各种数据和文件，提供更有力的证据来支持争议解决。

该结合可以更好地管理工程项目合同，减少合同纠纷和争议的发生，并提供更有效和可持续的争议解决方案。这种结合还可以提高合同管理和风险控制的能力，保障工程项目的顺利实施和合同履行。

10.2 建设工程争议评审

10.2.1 建设工程争议评审的定义和重要性

1. 定义

建设工程争议评审是指在工程开始或进行中，由当事人选择独立的评审专家（通常是三人，小型工程为一人。该成员独立于任何一方当事人）组成评审小组，就当事人之间发生的争议（包括合同责任争议、施工质量争议、工期争议和索赔款额争议等）及时提出解决建议或者作出决定的实时争议解决方式。当事人通过协议授权评审组调查、听证、建议或者裁决权，旨在通过非诉讼的方式，及时、高效、公正、低成本解决工程建设中发生的争议。

2. 优势

建设工程争议评审相对于其他争议解决方式，处理争议更具独立性和客观性，拥有高效、便捷、灵活、廉价、及时、公正，且一旦被双方接受即有约束力等很多优点，有利于保障当事人之间的开放交流、共同协商和积极的信任合作关系，提高争议解决的效率，减少时间和金钱成本，同时可以防止争议扩大造成工期延误、费用增加，保障工程顺利进行等，具体包括以下几个方面：

（1）提高争议解决的及时性。工程开工以后，评审组成员定期、不定期考察工地，覆盖工程整个过程，争议评审机制为争议双方沟通理解对方真实意思搭建了一个高效平台，在纠纷形成的早期提供解决意见，提高沟通协商的效率，避免了纠纷累积扩大，从而维护合同关系的稳定性，推动工程项目的顺利进行。

（2）具备专业性和客观性，保障公正和平等。评审组通常由1名或3名评审专家组成，被选定的评审专家都是经济、工程、法律等相关领域的行家里手，具备专业的理论知识和丰富的实践经验。能够以专业的技术力量和资源独立、客观地进行争议评审，通过专业技术服务解决专业纠纷问题。同时，评审作为一种中立、公正的争议解决机制，能够为各方提供一个客观的平台，保障各方在争议解决过程中的平等地位，避免强弱势当事人之间的不公平竞争。

（3）提供成本控制的手段。争议评审机制有利于节约工程总造价，争议评审的专家费用，与合同双方在合同管理方面支出的费用、隐形的交易成本、仲裁和诉讼费用相比非常有限，且可以有效防止纠纷不能得到及时解决以及仲裁、诉讼造成的经济损失和商业信誉损失。同时，即使当事人没有接受争议评审的建议或者意见，评审的结果依旧可以带入仲裁或者诉讼作为参考证据使用，一定程度上避免了争议评审失败造成的成本浪费。

（4）当事人不满评审结果可以有救济手段。争议评审小组出具的书面意见经合同当事人签字确认后，对双方具有约束力，双方均应遵照执行。如果当事人对评审意见确有异议，可在收到评审意见之日起14天内向评审组和对方当事人书面提出，并说明理由，当事人在上述期限内提出异议的，评审意见对当事人不产生拘束力。当事人不接受争议评审小组决定但未在规定期限内提出书面异议的，应先执行评审决定，以保障项目建设能够顺利实施，直到后续采用其他争议解决方式对争议评审小组的决定作出改变。同时，如果合同一方不满意评审结果，仍可以依照评审协议采取仲裁或者诉讼等救济手段。

10.2.2 建设工程争议评审的主要步骤

1. 提交评审申请

争议的一方或双方可以自愿选择将争议交由评审小组进行评审。《建设工程争议评审规则》第二条第二款规定，当事人可以对评审意见的效力做出约定，评审意见依约定对当事人产生约束力。当事人对评审意见的效力未作约定但同意适用本规则的，在满足本规则规定的条件后，评审意见即对当事人具有约束力。评审申请应包括争议的问题、事实、证据、申请评审的事项等详细信息。提交评审申请后，评审机构将启动评审程序。

《建设工程争议评审规则》第二十二条规定，任何一方当事人作为申请人，申请评审组通过评审程序解决争议时，应当向评审组提交书面的评审申请，并同时将评审申请转交被申请人。评审申请应当包括：

（1）当事人关于将争议提交评审解决的约定。

（2）争议的相关情况和争议要点。

（3）申请人提交评审解决的争议事项和具体的评审请求。

（4）申请人对争议的处理意见及所依据的文件、图纸及其他证明材料。

评审机构的确定通常根据一定的程序和标准进行，以确保评审的公正、专业和权威。评审机构的种类可以根据其性质和背景进行分类，以下是一些常见的评审机构类型和确定方式：

（1）专业评审机构。这些机构通常由行业协会、专业组织或政府机构设立，拥有丰富的行业知识和专业经验。它们通常会设立专门的建设工程争议评审部门，由经验丰富的专家和法律顾问组成，以确保评审的专业性和权威性。

（2）仲裁机构。一些仲裁机构也提供建设工程争议评审服务。这些机构通常有一支专门的评审小组，由法律专家、技术专家等组成，负责处理建设工程领域的争议。当事人可以选择将争议提交给特定的仲裁机构进行评审。

（3）独立评审专家。在某些情况下，评审机构可能由独立的评审专家或专业团队组成，他们根据案件的性质和复杂程度被邀请参与评审。这些评审专家通常具有丰富的行业经验和专业知识，能够客观、公正地进行评审。

（4）法院指定评审。在一些国家，法院可以根据需要指定评审机构或评审专家，处理特定的建设工程争议案件。这通常发生在争议达到一定程度或涉及重要法律问题时。

评审机构的确定通常需要考虑以下因素：

（1）专业背景和经验。评审机构的成员应当具备相关行业的专业背景和经验，以便进行专业性的评审和裁定。

（2）中立性和公正性。评审机构应当保持中立和公正，确保不偏袒任何一方，维护评审的公平性。

（3）透明度和规范性。评审机构的程序和规则应当明确、透明，确保评审过程的规范性和可预测性。

（4）专业网络和资源。评审机构应当拥有充足的专业资源和网络，能够为评审提供必要的支持和专业意见。

2. 确定评审小组和程序

评审机构会根据争议的性质和复杂程度，选择合适的评审小组成员，通常包括建筑工程、法律、技术等领域的专家。评审机构还将制定评审程序和时间安排，确保评审过程的顺利进行。

争议的性质和复杂程度是评审机构选择合适评审小组的重要依据。争议的性质可以分为技术性、合同性、经济性等方面，复杂程度可以从争议的涉及范围、法律问题等多个角度考量。一般而言，争议可以按照以下方式分类：

（1）技术性争议。涉及工程设计、施工、材料等技术问题，需要具备相应领域专业知识的专家。

（2）合同性争议。关乎合同履约、款项支付等合同法律问题，需要法律专家参与。

（3）质量性争议。涉及工程质量、验收标准等问题，需要技术专家和质量监督人员。

（4）经济性争议。涉及费用、赔偿等经济权益问题，可能需要财务专家等。

（5）规划性争议。涉及工程规划、环境影响等问题，需要城市规划、环境专家等。

评审小组的规模和成员资格要根据争议的性质和复杂程度进行调整，以确保评审的专业性和权威性。一般情况下，评审小组的成员数量可以在 3~5 人，但具体情况可能会有所变化。评审小组成员资格可能会因国家、地区和评审机构的不同而有所不同。评审机构在确定评审小组成员时，会综合考虑争议的性质和复杂程度，以及评审小组成员的背景和资格条件，确保评审的科学性和权威性。合适的评审小组应当满足以下条件：

（1）多学科专业背景。小组成员应当涵盖争议涉及领域的不同专业，如建筑工程、法律、技术、经济等，确保综合考虑问题。

（2）丰富经验。小组成员应当具备丰富的行业经验和相关案例处理经验，能够理解并解决复杂的争议问题。

（3）中立公正。小组成员应当保持中立和公正，避免利益冲突，确保评审的公平性。

（4）沟通协调能力。评审小组成员应当具备良好的沟通和协调能力，能够有效地与各方当事人进行沟通和交流。

3. 资料收集与调查

评审小组会要求各方提交相关的证据、文件和资料，用于解决争议问题。《建设工程争议评审规则》第十九条规定，当事人应当充分配合评审组的工作，及时向评审组提供必要的信息和有关资料，遵从评审组的安排和决定，并为评审组的工作提供必要的条件。

评审小组还可以自行收集证据和调查情况，以充分了解争议的事实。

必要的证据和资料包括但不限于以下几个方面：

（1）合同文件。包括合同、变更协议、付款证明等，用于了解合同履约情况。

（2）工程文件。包括施工图纸、技术规范、验收报告等，用于判断工程质量。

（3）通信记录。包括邮件、函件、会议纪要等，用于了解各方之间的沟通和协调情况。

（4）支付记录。包括收付款凭证、银行对账单等，用于核实款项支付情况。

（5）专家意见。其是指技术、法律等专家提供的意见，用于解决专业性问题。

（6）现场勘查记录。包括现场勘查报告、照片等，用于了解工程实际情况。

评审小组可以根据评审的需要，召开多次调查会。调查会的召开旨在向当事人双方调查争议细节，必要时评审组可要求双方提供补充材料。

除非当事人另有约定，调查会不公开进行。经当事人的请求并经双方同意，仲裁委员会可以为调查会提供场所、设备以及必要的支持与协助。

除非当事人另有约定或者评审组另有决定，被申请人在答辩期限内提交书面答辩的，第一次调查会应当在评审组收到答辩后 14 天内召开。被申请人未在答辩期限内提交书面答辩的，第一次调查会应当在答辩期限届满后 14 天内召开。

当事人可以委托代理人参加调查会。当事人有正当理由不能参加调查会的，可以申请延期，但必须提前以书面方式向评审组提出，是否同意延期，由评审组决定。当事人无正当理由不到场的，评审组可以决定终止评审活动；另一方当事人无正当理由不到场的，评审组有权决定继续召开调查会。

若当事人另有约定，评审组除召开调查会外，还可以按照其认为适当的其他方式评审争议，但应当避免不必要的程序拖延和费用开支。

在任何情形下，评审小组均应公平和公正地行事，给予各方当事人陈述与辩论的合理机会。

评审小组自行收集证据和调查情况时，应当确保其合法性和透明性。评审小组可以通过以下方式确保合法性：

（1）遵循程序。评审小组应当遵循明确的程序，例如提前通知当事人，允许当事人提供意见等，以确保调查程序公正和透明。

（2）取证原则。评审小组应当遵循取证原则，确保证据的真实性和合法性，不得采用非法手段获取证据。

（3）听证权。当事人有权要求参加评审小组的调查过程，提供意见和解释，以确保其权益得到充分尊重。

（4）争议方不认可自行收集证据和调查情况的处理。如果争议方不认可评审小组自行收集的证据和调查情况，争议方可以向评审机构提出申诉，要求重新审查或重新调查争议问题。根据《建设工程争议评审规则》第二十六条规定，除非当事人另有约定，评审组除召开调查会外，还可以按照其认为适当的其他方式评审争议，但应当避免不必要的程序拖延和费用开支。在任何情形下，评审组均应公平和公正地行事，给予各方当事人陈述与辩论的合理机会。

4. 各方陈述和申辩

评审过程中，各方有权进行书面陈述和口头申辩，阐述自己的观点、主张和证据。书面陈述在评审过程中是非常重要的，它允许各方详细陈述其观点、主张和证据。书面陈述和申辩可能会因评审机构、国家法律和具体案件而有所不同，但通常应当满足以下要求：

（1）格式规范。书面陈述应当采用清晰、规范的格式，包括页眉、页脚、标点符号等，以确保文件的整洁和易读性。

（2）陈述事实。书面陈述应当准确陈述争议的事实，包括涉及的合同条款、事件经过、合同的签订、履行情况、工程的实际情况等，以便评审小组了解情况。

（3）表达观点。各方陈述对合同条款的理解和解释，以支持自己的主张。陈述中应当明确表达自己的观点和主张，解释为何认为自己的观点是正确的。如果争议涉及技术、工程质量等问题，各方可以陈述专业领域的观点，可能需要技术专家提供意见。

（4）引用法律法规。如果适用，陈述中可以引用相关的法律法规、合同条款等，用以支持自己的主张。

（5）举证材料。书面陈述中可以附上相关证据材料，如合同、通信记录、付款凭证等，用以支持陈述。

5.证据分析与专家意见

评审小组将对各方提供的证据进行详细分析和评估。在需要的情况下，评审机构可能会聘请专家就技术、工程质量等问题提供意见。专家意见具有权威性，有助于解决争议的技术难题，保障评审的科学性和权威性。证据的详细分析和评估，通常包括以下内容：

（1）证据的合法性和真实性。评审小组首先会检查所提供的证据是否合法获取，并且真实准确。评审小组会验证证据的来源，确认其是否经过合法的渠道获取，以及是否能够证明所陈述的事实。评审小组会在综合分析各方提供的证据后，对争议中的事实进行认定，并划分各方的责任。

（2）证据的相关性。评审小组会评估所提供的证据与争议问题的直接关联程度。他们会判断证据是否与争议的事实、合同条款或其他关键问题相关。

（3）证据的权威性。如果证据涉及专业领域，评审小组会考虑证据提供者的专业背景和资格，评估其提供的专业观点和意见是否具有权威性。

（4）证据的完整性。评审小组会检查所提供的证据是否完整，是否包括了相关的上下文信息，以确保对争议问题的全面了解。

（5）证据的一致性。评审小组会比对各方提供的不同证据，判断是否存在矛盾或不一致之处，从而评估各方的主张的可信度。

（6）专家意见的分析。如果涉及专家意见，评审小组会仔细分析专家的意见，判断其是否基于充分的事实和数据，评审小组会评估专家意见的权威性和科学性，判断其是否具有支持性，是否能够合理解决争议的技术性问题。

（7）证据的权重。评审小组会根据证据的可信度、相关性和权威性等因素，给予不同证据不同的权重，从而在裁定中考虑其影响。

（8）法律依据的适用性。评审小组会根据所提供的法律依据，评估其在争议问题中的适用性和相关性。如果争议涉及合同条款，评审小组会对合同进行解释和适用，判断各方在合同中的权利和义务，以及是否存在违约行为。

（9）争议事实的重要性。评审小组会确定争议事实的相对重要性，从而在裁定时重点关注影响最大的事实和证据。如果争议涉及损害赔偿，评审小组可能会对损害的性质、范围和金额进行评估，从而判断各方是否应当承担损害赔偿责任。在解决争议时，评审小组可能会进行可行性分析，评估各种解决方案的可行性和合理性，从而选择最优解决方案。

（10）综合分析和判断。在对各方提供的证据进行详细评估后，评审小组会综合分析各种因素，形成对争议问题的综合判断和结论。

6. 制定评审报告和结论

基于对争议的调查、证据分析和专家意见，评审小组将制定评审报告，对争议的事实、证据、专家意见和最终结论进行陈述。

10-1
评审意见的
内容

评审报告可能会提出解决方案的建议，包括争议的解决方式、权益的调整等，以促进各方达成一致意见。评审结论会明确表述评审小组的裁定结果，例如哪一方胜诉、是否需要承担赔偿责任等。评审报告可能会强调各方的合法权益，确保评审裁定尊重各方的权益和合法期望。在评审报告中，评审小组可能会对争议的背景、争议双方的主张、证据等进行补充说明，以便各方更好地理解评审的过程和结果。评审报告应当准确、清晰地陈述事实、观点和裁定结果，确保评审的公正和合法性。

【案例 10-1】典型建设工程争议评审流程

××科技中心综合楼项目，框架－剪力墙结构，地下 2 层，地上 25 层，建筑面积为 69000m²。2010 年 9 月进行公开招标，招标文件规定，材料单价由投标人参照 8 月份建设主管部门发布的信息价自主报价。工程承发包合同关于材料单价调整的约定为"施工期间，材料单价涨幅（或跌幅）超过 5%（不含 5%）时，其超出部分据实调整"。该工程于 2010 年 10 月开工建设，2012 年 12 月通过竣工验收。在 2013 年 1 月工程结算时，承发包双方就钢材价款调整问题产生了争议。经双方协商，成立争议评审小组解决争议，争议评审小组由三名技术、法律、造价方面的专家组成，作者作为评审专家参加了争议评审。

【争议的内容】造价方面存在争议，即合同双方就钢材单价涨幅比例的计算方法存在争议。

【争议评审过程】

（1）听取双方主张和查阅资料

承包人主张钢材单价涨幅，应以施工期钢材的信息价和投标时的信息价相比；发包人则主张无论钢材单价涨幅或跌幅，均应以施工期钢材的信息价和承包人已标价工程量清单中的钢材单价相比。

（2）分析产生争议的原因

合同未经评审，简单引用合同示范文本，专用条款约定不明确、不严谨，存在以下三个方面的缺陷：

1）没有约定材料单价是按月为计量单位还是按季度为计量单位进行调整，调整的具体时间点（段）不明确。

2）没有约定材料单价涨幅（或跌幅）比例的计算方法。

3）没有约定调整单价所涉及的材料种类。

（3）协商和协调

双方争议的焦点是单价调整问题，其涉及"时间点"和"比例计算方法"两个核心内容，而合同关于材料价款调整的条款，是基于投标时报价合理、考虑市场因素对材料价格的影响而设立的，强调的是"实际发生时间段"和"基准期"的价格关系，单价调整应体现公平合理的原则。

【争议评审决定】

争议评审小组在听取承发包双方的主张和陈述后，根据工程承发包合同、招标投标文件，经过协商和协调，形成了以下评审决定。

（1）调价时间段的确定

材料单价按月为计量单位进行调整，更能体现市场因素和合同条款设立的本意，更加贴合工程实际，符合合同公平的原则。

（2）材料单价涨幅（或跌幅）比例的计算方法

钢材的基准价格，应为项目招投标时指定月份建设主管部门发布的信息价，即2010年8月份信息价。鉴于承包人已标价工程量清单中的钢材单价高于招标时的信息价，应采取以下计算方法：

施工期间钢材单价跌幅以2010年8月份信息价为基础超过5%时，钢材单价涨幅以已标价工程量清单中钢材单价为基础超过5%时，超过部分据实调整。该项评审意见，和2013年7月实施的《建设工程施工合同（示范文本）》（GF—2013—0201，简称"2013版合同"）第11条规定相吻合。

（3）有关调整单价所涉及的材料种类问题

因承发包双方无争议，评审小组未予评审。争议评审的效果：该项目评审小组通过协商和评审，评审决定获得了承发包双方的认可，维护了合同双方的利益，使得工程结算工作顺利进行，取得了良好的效果。

"争议评审"机制以其快捷性、专业性、灵活性和低成本性等特点，在国际工程管理中已广泛使用，取得了较好的效果。但由于其在我国适用时间短、案例少，若要推广使用，尚需加强争议评审制度方面的立法，获得相关法律、政策方面的支持；需完善相关组织工作机构，建立相应的配套制度；需对争议评审制度终局性效率的选择予以限制，给予争议评审制度法律上的保证。

10.2.3　评审中的关键因素和挑战

1. 评审小组的角色和职责

（1）中立裁决者：评审小组应当保持中立和公正，不偏袒任何一方，根据事实和法律裁定争议。

（2）事实调查者：评审小组负责收集、分析和核实与争议相关的事实和证据，确保评审基于准确的信息。

（3）法律专家：评审小组需要具备法律知识，分析适用的法律法规和合同条款，确保评审结果合法合规。

（4）专业顾问：如果争议涉及专业领域，评审小组可能需要专业顾问提供技术、工程等方面的专业意见。

（5）冲突解决者：评审小组需要处理各方之间的冲突，协助达成解决方案，促进和解和合作。

2．证据收集与分析的难点

（1）证据真实性难以确定：各方可能提供有利于自己的证据，评审小组需要分辨真实性，避免受虚假证据影响。

（2）证据的完整性：有时证据可能不完整，评审小组需要就不完整的信息作出判断。

（3）专业性证据的解读：技术、工程等专业性证据可能需要专业顾问提供解释，评审小组需要确保正确理解其含义。

（4）证据之间的矛盾：不同证据可能存在矛盾，评审小组需要分析其背后的原因，并决定哪些证据更具权威性。

3．法律法规与合同条款的影响

（1）法律适用：不同的法律适用可能导致不同结果，评审小组需要仔细研究相关法律，确保裁定合法。

（2）合同解释：合同条款的解释可能涉及不同理解，评审小组需要深入分析合同文本和背景。

（3）违约行为：评审小组需要判断各方是否存在违约行为，依据合同条款和法律规定作出决定。

4．专家意见的权威性与可靠性

（1）专业资质：评审小组需要评估专家的资质和背景，确保其提供的意见具有权威性。

（2）多方专家意见：不同专家可能提供不同意见，评审小组需要综合考虑，判断哪种意见更合理。

5．解决不同利益相关者之间的冲突

（1）公平公正：评审小组应当保持公平和中立，确保各方利益得到平衡和保护。

（2）调解协调：评审小组可以采取调解方式，协助各方达成妥协和解决方案。

6．跨国争议评审的特殊考虑

（1）法律冲突：不同法律体系可能存在冲突，评审小组需要处理这些冲突，确定适用的法律规则。

（2）文化差异：不同文化背景可能影响当事人的期望和诉求，评审小组需要理解和尊重不同文化。

（3）国际公共政策：跨国争议可能涉及国际公共政策，评审小组需要考虑这些政策的影响。

10.2.4 建设工程争议评审的发展趋势

1．制定透明、公正的评审准则

在过去，建设工程争议评审可能存在不确定性和主观性，引发了一些不满。为了解决这一问题，近年来，评审机构越来越注重制定透明、公正的评审准则，以确保评审过程和结果的公平性。这些准则不仅要考虑法律法规和合同条款，还应反映各方当事人的合理期望。

2. 采用科技手段提升评审效率

随着科技的快速发展，建设工程争议评审也可以借助各种科技手段来提高效率。传统的评审过程可能需要大量的人工操作和时间，通过引入科技手段，可以加速评审流程，减少时间和资源的浪费。例如，评审机构可以利用电子文档管理系统，实现在线提交申请、共享文件、协同编辑，从而加快证据的收集和分析过程。另外，人工智能和数据分析技术也可以用来辅助评审小组分析大量的数据和证据，提供更全面、准确的信息，为评审提供科学支持。

3. 引入调解与仲裁机制的整合

建设工程争议评审不再局限于单一的解决方式，越来越多的评审机构开始将调解与仲裁机制纳入评审过程中，以提供更灵活的解决方案。调解作为一种基于各方自愿的协商方式，可以帮助争议各方在评审过程中就争议达成协议，减少纷争。而仲裁则可以为争议提供更快速、更具成本效益的解决途径。这种整合可以通过引入专业的调解员和仲裁员，为争议各方提供更多的解决选择，增加解决方案的多样性。

4. 智能化评审、在线争议解决平台的建设

未来，建设工程争议评审将进一步发展智能化和在线化。智能化评审将依赖于先进的技术，如自然语言处理、智能算法等，为评审小组提供更全面、准确的信息。例如，根据证据的关键词和语义，智能系统可以帮助评审小组快速筛选和分类证据，提高评审的效率和准确性。此外，建设在线争议解决平台为争议各方提供一个方便的交流平台，可以在线提交申请、交换证据、进行申辩，实现远程参与评审的便利性。这将有助于加速评审流程，降低评审的时间和成本，以便为各方提供更好的服务。

思考题

1. 请简述建筑工程争议的主要类型及其可能的原因。

2. 建筑工程合同中通常会规定哪些解决争议的方式？请举例说明。

3. 建筑工程争议评审与仲裁有何区别？请从程序、效力等方面进行比较。

4. 在建筑工程争议评审过程中，评审专家通常需要考虑哪些因素？

5. 简述建筑工程争议评审的流程，包括评审申请、评审组织、评审结果等方面。

6. 当建筑工程发生争议时，当事人应如何收集并整理相关证据以支持自己的主张？

7. 建筑工程争议评审结果对双方当事人具有怎样的约束力？

8. 请分析建筑工程争议评审制度在维护工程合同履行中的作用。

9. 当建筑工程争议评审结果与仲裁或法院判决不一致时，当事人应如何应对？

10. 如何通过完善合同条款来预防和减少建筑工程争议的发生？

第11章　建设工程司法审判

学习目标：掌握建设工程司法审判的概念、范畴、程序和重要性；熟悉建筑工程争议的不同类型及处理原则；了解建设工程纠纷解决的多元化。

知识图谱：

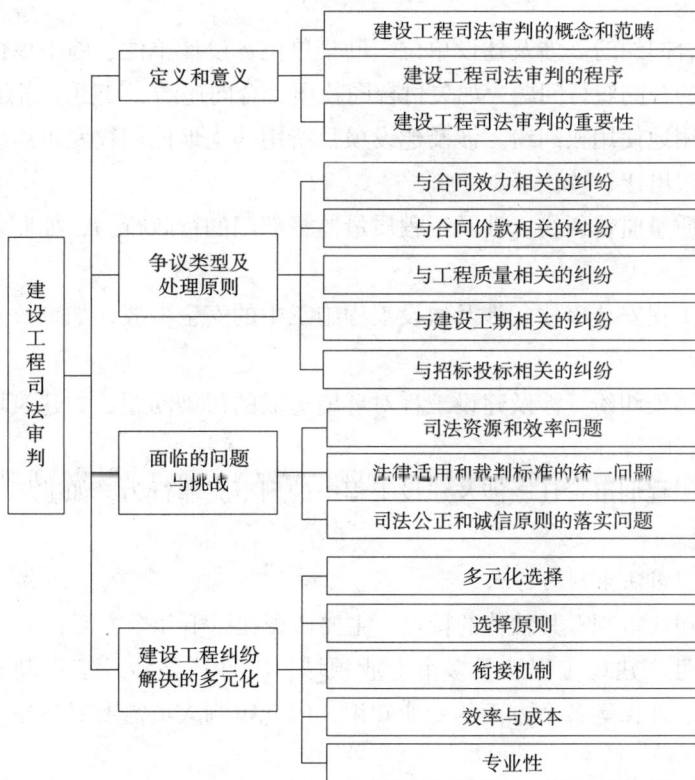

11.1 定义和意义

11.1.1 建设工程司法审判的概念和范畴

1. 概念

建设工程司法审判是指司法机关根据国家法律法规，对涉及建设工程的民事、行政、刑事案件进行审理和判决的活动。这类案件涉及工程招标投标、建筑施工、工程质量、工程款支付、合同纠纷、施工安全、环境污染等多个方面，涉及的主体包括建设单位、施工单位、设计单位、勘察单位、监理单位、工程质量监督部门、业主、劳工等各方。建设工程司法审判的目标是公正、合法地解决争议，保障各方合法权益，维护建设工程的正常进行和社会秩序。

2. 范畴

（1）建设工程纠纷。涉及从建设工程的勘察、设计、施工、质量等方面引发的纠纷，如房屋质量问题、设计方案不符合规定、施工过程中发生安全事故、工程合同履行中发生争议等。

（2）工程招标投标纠纷。涉及招标投标的违规行为、评标过程的不公正、中标合同的履行等问题。

（3）工程合同纠纷。涉及建设单位、勘察单位、设计单位、施工单位等之间在工程项目上签订的合同履行问题，如欠付合同款项、合同违约、变更、索赔等。

（4）建设用地使用权纠纷。涉及建设项目所用的土地使用权发生纠纷的问题，如建设用地使用权出让、转让等。

（5）工程质量监督纠纷。涉及工程质量监督部门的行政行为，如监督不力、行政行为违法等。

（6）建设工程安全事故。涉及建设工程施工中的安全事故，如事故责任认定、损害赔偿等。

（7）环境污染纠纷。涉及建设工程对环境造成的污染问题，如建筑垃圾处理、施工对周边环境影响等。

（8）建设工程刑事责任。涉及建设工程中的刑事犯罪行为，如破坏工程设施、贿赂行为等。

3. 建设工程司法审判的特点

建设工程司法审判有其独特的特点，主要体现在以下几个方面：

（1）专业性。建设工程涉及多个专业领域，案件往往涉及工程勘察、设计、监理、质量鉴定、环保等各个方面的专业知识，因此审判人员需要具备较强的综合能力和专业素养。

（2）复杂性。建设工程案件中，当事人的关系错综复杂，如工程发包方于监理人、承包人的关系；工程发包人于总承包人、分包人、实际施工人之间的关系；工程设计人、监理人与实际施工人之间的关系等。

（3）长周期。建设工程项目的周期较长，案件审理往往也会比较耗时，审判人员需要具备较强的耐心和毅力，确保案件能够得到妥善处理。

（4）涉及公共利益。建设工程涉及房屋业主、建筑工人等社会群体，案件审理比较敏感，一旦发生问题可能会对社会稳定和公共安全造成较大影响，因此审判人员需要在保障各方权益的基础上，注重维护社会公共利益。

（5）前瞻性。随着科技和社会的发展，建设工程司法审判需要及时了解新的建设工程模式、新技术的应用以及相关法律法规的变化，以适应不断变化的建设工程领域。

11.1.2　建设工程司法审判的程序

建设工程司法审判的程序，如图 11-1 所示。

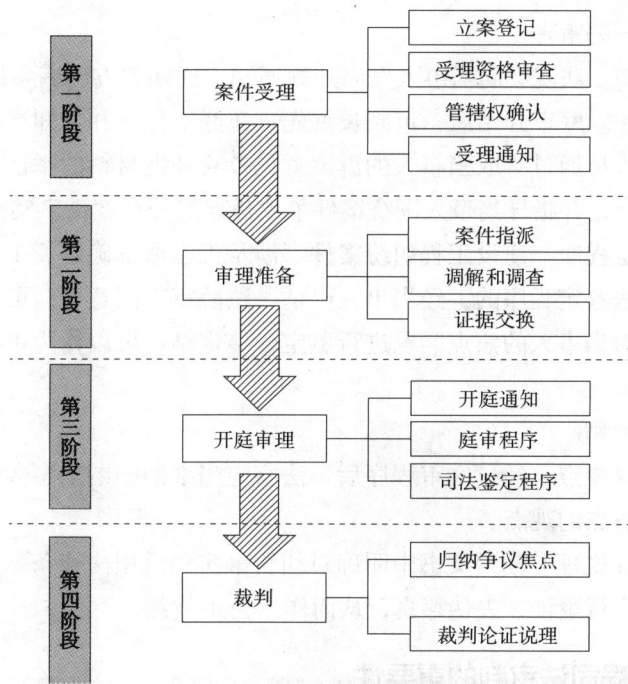

图 11-1　建设工程司法审判的程序

第一阶段：案件受理。

（1）立案登记。当事人将建设工程相关的法律纠纷案件提交给法院时，法院首先进行立案登记，核实起诉状的基本信息是否齐全，还要审查是否属于建设工程类的纠纷。

（2）受理资格审查。法院会审查当事人是否具备起诉资格，例如是否具备民事诉讼行为能力等。

（3）管辖权确认。法院会确定案件管辖权，即判定哪个法院有权审理该案件。例如，建设工程施工合同纠纷属于涉及不动产纠纷范畴的，适用不动产所在地专属管辖的规定。

（4）受理通知。受理完毕后，法院向当事人发出案件受理通知书，告知案件的受理时间、案号、受理法院等相关信息。

第二阶段：审理准备。

（1）案件指派。法院会根据案件性质和复杂程度指派合适的审判人员，以确保有经验且专业的法官和法官助理参与审理。

（2）调解和调查。对于适宜调解的案件，法院可能安排专门的调解员与当事人先行进行调解。同时，案件涉及公共利益的，法院可能指派调查员进行实地调查，了解案情。

（3）证据交换。根据案件的复杂程度，庭审之前，法院可能组织案件当事人完成证据交换及初步质证的工作，给予双方当事人补充提交证据的时间，为庭审时能够更快地查明法律事实提供帮助。

第三阶段：开庭审理。

（1）开庭通知。法院会向当事人发出开庭通知，通知双方出庭参加庭审。

（2）庭审程序。庭审开始后，审判长首先宣布庭审程序并告知当事人诉讼权利义务。然后，审判人员通过听取当事人的诉辩意见及对证据材料的举证和质证内容，明确案件的争议焦点，并指导当事人围绕案件争议焦点展开对案件事实的调查。

（3）司法鉴定程序。建设工程纠纷案件，涉及工程造价确定、工程质量、索赔等问题需要启动司法鉴定程序的，经当事人申请，法院审查同意后，可由人民法院委托第三方鉴定机构对当事人的焦点问题进行鉴定，鉴定结论可以作为审判人员审理该案件的参考依据。

第四阶段：裁判。

（1）归纳争议焦点。经过庭审程序后，法官应当准确归纳当事人的争议焦点，总结当事人对争议焦点的观点。

（2）裁判论证说理。裁判文书中明确对纠纷事实和适用法律条款进行说明，对于诉辩双方的意见进行论证，去伪存真，从而作出公正裁判。

11.1.3　建设工程司法审判的重要性

建设工程司法审判的重要性和作用从多方面出发进行考量，主要体现在以下几个方面：

（1）保障建设工程质量和安全。建设工程司法审判通过审理各类与建设工程质量和安全相关的案件，对建设单位、施工单位、设计单位等各方形成有效的约束力。对于不负责任、不遵守规范、造成安全隐患的行为，能够依法追究责任，从而促进建设工程质量和安全的提升。

（2）维护建设工程参与者的合法权益。建设工程司法审判涉及多方参与，如建设单位、施工单位、设计单位、监理单位、业主等。审判人员通过公正、公平的裁判，维护各方合法权益，防止不公平的对待和不当的损失。

（3）推动建设工程行业健康发展。建设工程司法审判通过对违法行为的惩罚和合法权益的保护，促进建设工程行业的健康有序发展。这有助于吸引更多优秀的企业和专业人才参与建设工程，提升行业整体水平。

（4）促进社会稳定和公共利益。建设工程涉及众多群众的切身利益，例如住房安全、交通便利等。通过司法审判，对于违法行为和损害公共利益的行为能够及时得到制裁，有助于维护社会稳定和公共秩序。

（5）塑造法治建设形象，建设工程司法审判，体现了国家法治建设的成果和形象。一个具有公正、高效司法审判的建设工程领域，有助于提高社会对司法体系的信任度和满意度。

（6）防范和处理纠纷。建设工程领域涉及的合同、技术、责任等问题较为复杂，容易产生纠纷。司法审判能够及时解决纠纷，防止纠纷扩大化，减少社会矛盾和不稳定因素。

（7）规范行业市场秩序。通过司法审判，对于虚假工程、恶意竞争等违法行为进行处罚，有助于维护建设工程行业的市场秩序，促进竞争公平、行业有序发展。

（8）司法实践的积累和创新。建设工程司法审判在具体案件审理中不断积累经验，为类似案件的审理提供借鉴和参考。同时，司法审判也推动建设工程领域法律法规的完善和创新。

11.2 争议类型及处理原则

11.2.1 与合同效力相关的纠纷及处理原则

1. 与合同效力相关的纠纷类型

（1）合同无效争议。合同无效是指合同成立时突破法律约束力，不能对合同主体产生法律效果。此类纠纷通常涉及以下情况：违反法律、行政法规效力性强制性规定，超越合同订立权限，恶意串通损害他人利益，违背公序良俗等。

（2）合同撤销争议。合同撤销是指合同成立后一方主体主张合同由于重大误解、受到欺诈、遭遇胁迫或认为合同订立显失公平等原因，请求撤销合同的效力。

合同无效或被撤销后，因该合同取得的财产，应当予以返还；不能返还或者没有必要返还的，应当折价补偿。有过错的一方应当赔偿对方由此所受到的损失；各方都有过错的，应当各自承担相应的责任。

（3）合同解除争议。合同解除一般包括约定解除和法定解除，即双方可以协商解除条件，或因不可抗力或一方表示无法继续履行合同义务导致合同目的无法实现的情形，一方提出解除合同的请求。合同解除后，尚未履行的，终止履行；已经履行的，根据履行情况和合同性质，当事人可以请求恢复原状或者采取其他补救措施，并有权请求赔偿损失。合同因违约解除的，解除权人可以请求违约方承担违约责任。

（4）合同变更争议。当事人一方要求对合同内容变更是否有效存在争议。例如，当事人一方以情势变更致使合同履行显失公平的情况下，当事人可诉请变更合同，法院依职权裁定变更合同。

（5）合同效力终止争议。当事人对合同效力的终止时间或条件是否成立存在争议。例如，合同到期后是否自动终止，或是否存在违约情况导致合同提前终止等问题。

（6）合同效力恢复争议。涉及合同效力恢复的问题，即合同因一方的欺诈、误导等行为被撤销后，另一方请求恢复合同效力。

2. 合同效力争议的处理原则

（1）还原当事人真实意图。合同一方声称合同中的条款与其真实意图不符，可能是因为对合同主要内容文本存在误解或歧义。法院在审理中会综合考虑合同的签订背景、交易目的和实际履行情况，最大可能的还原当事人真实意图。

（2）尊重双方真实意思表示，但不得违反法律的强制性规定。即便双方签订的合同是双方共同协商确定的，但如果违反法律强制性规定，如涉及签订合同主体资质、签订程序是否合法等问题，法院会根据法律规定和合同的具体签订情况，判断合同是否具有法律约束力。

（3）尽可能维护合同稳定性，禁止滥用解除权。当事人对合同解除的条件和程序是否符合法律规定，法院会根据合同约定和法律规定，以及合同各方履行情况，判断是否满足解除合同的条件。

处理这些合同效力争议时，法院会综合考虑合同的具体条款、当事人的行为以及相关法律法规，以确保合同的效力和合法权益得到保障，并维护建设工程领域的稳定和有序发展。

11.2.2 与合同价款相关的纠纷及处理原则

1. 与合同价款相关的纠纷类型

当涉及建设工程司法审判中与合同价款相关的纠纷，常见的情形如下：

（1）价款支付纠纷。在建设工程合同履行过程中，一方未按时、按约定支付合同价款，进而产生纠纷的。例如，建设方未按合同规定时间支付工程款项给施工方，施工方因此要求解除合同并请求违约金。

（2）价款调整争议。建设工程可能因为市场价格波动、材料成本变化等因素，导致合同价款需要进行调整。此时，合同双方就价格调整的方式、标准等存在分歧。例如，由于原材料价格上涨，施工方要求对合同价款进行调整，建设方不同意，进而发生纠纷。

（3）价款索赔纠纷。一方主张因对方违约或履行不完全，导致额外费用产生，应当由对方进行赔偿的争议。例如，在建设工程中，由于建设方延迟提供必要施工材料，导致施工方人员窝工，乙方要求甲方支付相应的索赔金额。

（4）价款返还纠纷。在建设工程中，由于一方违约或其他原因导致合同不能继续履行，另一方要求已支付的价款返还。例如，建设方已预付了部分工程价款，因施工方违约未进场施工，导致合同被解除，建设方要求返还已支付的工程款项。

（5）价款支付方式纠纷。合同双方就价款支付方式，如分期支付、一次性支付、以物抵债等存在分歧，或者支付方式未明确约定，引发纠纷。例如，建设方与施工方签订以物抵债协议，以房屋抵付部分工程款，但因项目中途停工，抵账房屋无法交付发生争议。

（6）价款发票纠纷。在工程款项支付中，可能涉及发票问题，如发票开具不规范、税务问题等，导致争议。例如，一方提供的发票不符合要求，另一方延期付款产生争议。

2. 合同价款争议处理原则

在建设工程司法审判中，涉及合同价款的争议问题，司法审判处理的基本原则是：

（1）合同约定原则。双方对合同价款支付时间、方式、价款计算标准等方面有约定，按照合同约定进行认定。

（2）公平合理原则。存在法定的情势变更、不可抗力等情形的，一方当事人提出的，人民法院审理过程中根据合同实际履行情况，判定是否符合情势变更或不可抗力情形予以调整。

（3）事实依据原则。双方对合同价款争议较大，且根据现有证据无法直接进行认定的，可委托第三方鉴定机构对合同价款进行鉴定，该鉴定意见可作为一方的事实依据，作为认定合同价款的参考依据。

11.2.3 与工程质量相关的纠纷及处理原则

1. 与工程质量相关的纠纷类型

在建设工程司法审判中，与工程质量相关的纠纷类型比较多样化，主要包括以下几类：

（1）工程质量缺陷纠纷。这是最常见的工程质量纠纷类型之一。当建设工程存在设计缺陷、施工质量问题、材料不合格等造成工程质量不符合合同约定或安全标准时，业主或投资方可能要求返工、整改或索赔等，而施工方则可能辩称责任不在己方。

（2）工程质量验收纠纷。在工程完成后进行验收时，双方对工程质量的认定存在分歧。业主或发包方认为工程质量不合格而拒绝验收；施工方则认为工程质量符合合同要求，要求验收合格并支付工程款项。

（3）工程质量监理纠纷。在工程建设过程中，工程监理单位对施工方的施工质量进行监督和把关。但在实际中，监理单位可能存在疏忽、不当监管或监理意见与业主意见不一致等问题，从而引发纠纷。

（4）工程质量保修纠纷。在工程交付后的保修期内，如出现工程质量问题，业主或发包方可以要求施工方进行维修或保修，而施工方可能对维修责任范围和维修期限产生争议。

（5）工程质量评定纠纷。在建设工程质量评定过程中，可能存在评定标准不明确、评定结果争议等问题，引发纠纷。

（6）工程质量损害赔偿纠纷。当工程质量问题导致人身或财产损害时，受损方可能要求施工方进行赔偿。

（7）工程质量监督检测机构责任纠纷。在建设工程质量监督检测过程中，监督检测机构可能因过失检使测结果错误，导致工程质量问题或损失，从而引发纠纷。

2. 工程质量争议处理原则

在建设工程司法审判中，工程质量争议是一个常见且专业性较强的问题。以下是一些常见的工程质量争议问题以及处理原则：

（1）工程质量缺陷争议。法院会仔细审查合同约定的技术标准及国家标准，通过专业技术鉴定，查明工程是否存在质量缺陷。若确认存在质量缺陷，施工方应承担返工或整改责任，并赔偿因此产生的损失。

（2）工程质量验收争议。法院会审查验收报告、合同约定和相关技术标准，确认工程是否符合验收条件。若工程未达到验收条件，建设方有权拒绝验收，施工方应按合同约定进行整改，直至达到验收标准后方可支付工程款项。

（3）工程质量保修争议。法院会查明质量问题是否属于保修责任范围，若在保修期内且符合保修条款，施工方应负责维修或承担维修费用。若不属于保修责任或超过保修期的，业主应自行承担维修费用。

（4）工程质量损害赔偿争议。法院会根据第三方鉴定的工程质量问题与损害之间的因果关系及过错大小，确认各方应当承担的损害赔偿责任。

（5）工程质量监理责任争议。法院会审查监理记录和相关证据，确认监理单位是否履行了监督责任。若监理单位存在过失，应负相应责任。

处理这些工程质量争议问题时，法院会综合考虑合同约定、相关质量标准和技术规范，依据相关法律法规和司法解释，以及专业技术鉴定结果，确保公平公正地解决纠纷。

11.2.4 与建设工期相关的纠纷及处理原则

1. 与建设工期相关的纠纷类型

建设工期从开工起到完成承包合同约定的全部内容，达到竣工验收合格标准所经历的时间。在建设工程司法审判中，因建设工期是建设工程施工合同的实质性内容，故与建设工期相关的纠纷类型占据一定的比例。以下是一些常见的与工期相关的纠纷类型：

（1）因实际开工日期认定产生的纠纷。开工日期的确定对于解决工期争议有重要意义。虽然施工合同约定了开工日期，但实践中，实际履行往往与合同约定不一致，存在不规范性。有时施工方为节约时间，提前进场施工；有时因施工条件不具备而在开工通知日期之后才实际施工。故，司法实践中，建设工程施工合同、施工许可证、开工通知及开工报告有可能记载不同的开工日期，导致对开工日期的事实认定不一致而产生纠纷。

（2）因工期顺延认定产生的纠纷。施工合同当事人往往约定顺延工期应当经发包人或者监理签证等方式确认，但在司法实践中，承包人和发包人对工期顺延事实的举证能力不对等，发包人借助其优势地位，对承包人顺延工期不出具签证确认，导致难以对工期顺延的事实进行认定。

（3）因工期延误索赔产生的纠纷。建设工程施工过程中，因工程相关手续办理和实施不及时、发包人未及时移交施工场地、发包人设计变更、未按合同约定及时支付工程进度款、工程量增加、承包人人员配备不足、不可抗力或执行政策、政府命令等原因，常常会导致工程的实际进度落后于合同约定的进度，实际竣工日期晚于合同约定的竣工日期，发包人和承包人也会因此遭受巨大的经济损失，进而导致双方对于工期延误索赔产生争议。

2.建设工期争议问题处理原则

结合建设工期纠纷类型，以下是一些常见的工程工期争议问题以及处理原则：

（1）因实际开工日期认定产生的纠纷，一般按照以下方式处理。①开工日期为发包人或者监理人发出的开工通知载明的开工日期；开工通知发出后，尚不具备开工条件的，以开工条件具备的时间为开工日期；因承包人原因导致开工时间推迟的，以开工通知载明的时间为开工日期。②承包人经发包人同意已经实际进场施工的，以实际进场施工时间为开工日期。③发包人或者监理人未发出开工通知，亦无相关证据证明实际开工日期的，应当综合考虑开工报告、合同、施工许可证、竣工验收报告或者竣工验收备案表等载明的时间，并结合是否具备开工条件的事实，认定开工日期。

（2）因工期顺延认定产生的纠纷，一般按照以下方式处理。当事人约定顺延工期应当经发包人或者监理人签证等方式确认，承包人虽未取得工期顺延的确认，但能够证明在合同约定的期限内向发包人或者监理人申请过工期顺延且顺延事由符合合同约定，承包人可以此为由主张工期顺延。当事人约定承包人未在约定期限内提出工期顺延申请视为工期不顺延的，按照约定处理，但发包人在约定期限后同意工期顺延或者承包人提出合理抗辩的除外。

（3）因工期延误索赔产生的纠纷。建设工程施工过程中，因工期延误，发包人和承包人均会因此遭受巨大经济损失，对于工期延误索赔的纠纷，首先需查明工期延误的过错责任归哪一方，然后审查各方因工期延误造成的实际损失，根据过错划分来判定。

11-1
与工期相关
的纠纷典型
案例

综合以上原则，法院将会作出公平、合理的判决，解决工期争议问题，并保障合同各方的合法权益。同时，法院也鼓励双方在纠纷解决过程中积极协商，通过友好协商或调解方式解决纠纷，以避免陷入长时间的诉讼纷争。

11-2
关于工期
延误索赔的
案例

11.2.5 与招标投标相关的纠纷及处理原则

1.与招标投标相关的纠纷的类型

招标投标在司法实务中出现问题往往与违反招标投标程序有关，主要体现为以下几类：

（1）依法强制招标的项目未招标。《招标投标法》第三条规定了必须进行招标的工程建设项目。实践中存在对于必须进行招标的建设工程项目，发包方未招标即进行了发包的情形，直接导致相应建设工程合同无效的法律后果。

（2）强制招标项目中标但无效。实践中，虽然强制招标的项目开展了招标投标的程序，但若存在串通投标、贿赂招标人或评标人、弄虚作假，骗取中标的、透露标底或招标人违反法律规定，与投标人就投标价格、投标方案等实质性内容进行谈判等，影响中标结果的。

（3）恶意压价导致中标无效。在建筑工程领域中，部分投标人为顺利取得工程承包权，并将收益最大化，其会采用低价投标的方式，在项目中标后，再以中标价低于成本价为由，主张中标合同中关于价款的条款违反《招标投标法》第三十三条规定而无效，要求据实结算工程价款而发生争议。

（4）"黑白合同"问题。在签订中标合同后，招标人和中标人就工程范围、建设工期、工程质量、工程价款等实质性内容重新签订合同或签订补充、变更协议而产生争议。

2. 常见的招标投标争议处理原则

在处理与招标投标相关的纠纷时，法院主要遵从程序合法性原则：涉及招标投标或属于必须进行招标投标的项目的，法院会严格依据《招标投标法》等相关法律法规进行审核，审查其招标投标程序是否合法。

【案例 11-1】

××省航务工程处（以下简称"航务工程处"）与××公司就××高速公路施工先签订了一份施工协议，后该公司才开展了招标投标程序，仍确定航务工程处为该项目的中标方，双方又签订了一份建设工程施工合同，后因该公司破产，航务工程处特向法院申请破产债权确认，因工程款等问题发生争议。

法院认为：无论是根据法律规定，还是当事人协议约定，案涉工程属必须招标投标项目。但该公司与航务工程处在招标前，已就工程实质内容进行谈判，达成合意，形成书面协议。《最高人民法院关于审理建设工程施工合同纠纷案件适用法律问题的解释（一）》第一条规定，建设工程必须进行招标而未招标的，应当根据《民法典》第一百五十三条第一款的规定，认定无效。当事人就同一建设工程订立的数份建设工程施工合同均无效，但建设工程质量合格，一方当事人请求参照实际履行的合同结算建设工程价款的，人民法院应予支持

11.3 面临的问题与挑战

1. 司法资源和效率问题

（1）审理周期长。建设工程纠纷案件通常涉及复杂的事实问题和专业的技术性问题，需要法官进行深入的调查和研究，从而导致审理周期较长。而在一些地区，法院案件积压较重，审理周期更加拉长，影响了当事人的合法权益。

（2）鉴定机构和专家资源有限。在建设工程纠纷案件中，司法鉴定是非常关键的环节，但是鉴定机构和专家的数量有限，无法满足大量案件的需求。这就导致了鉴定

时间拖延，增加了案件审理的时间成本。

（3）信息化建设滞后。一些地区的法院在信息化建设方面进展缓慢，导致案件信息难以共享和传递。这不仅增加了案件的办理时间，还影响了法官和律师之间的沟通与合作。

（4）司法人员专业水平参差不齐。建设工程纠纷案件需要法官具备一定的专业知识和技能，但是一些地区的法官专业水平参差不齐。一些法官可能缺乏对建设工程领域的了解，导致案件审理质量不高，甚至出现判决错误的情况。

为解决司法资源和效率问题，需要采取一系列的措施：

（1）加强司法人员培训。培训法官和法院工作人员，提高他们对建设工程领域知识的了解和专业能力，增强办案的专业性和准确性。

（2）优化鉴定机构和专家资源配置。加强对鉴定机构和专家的管理，确保鉴定资源的充分利用，提高鉴定的效率和质量。

（3）推进信息化建设。加快法院信息化建设，建立完善的电子档案和信息共享平台，实现案件信息的共享和流转，提高办案效率。

（4）建设多元化纠纷解决机制。鼓励当事人通过调解、仲裁等多元化纠纷解决机制、解决纠纷，减轻法院案件负担，提高案件审理的效率。

（5）加强协作合作。建设工程纠纷案件往往涉及多个方面的问题，需要相关部门和专业机构的协助。法院应加强与相关部门的合作，形成合力，共同推动案件的顺利解决。

通过综合实行以上措施，可以有效解决建设工程司法审判中司法资源和效率问题，提高司法审判的公正性和高效性，更好地保障当事人的合法权益。

2. 法律适用和裁判标准的统一问题

在建设工程司法审判中，法律适用和裁判标准的统一问题是一个重要的挑战。由于建设工程涉及多个领域的法律规定，涉及的法律条文较多，同时建设工程纠纷案件涉及技术性较强，对法律适用和裁判标准的统一性要求较高，面临下列常见问题。

（1）法律适用的多样性。建设工程涉及多个领域的法律，包括《民法典》《建筑法》《招标投标法》《建设工程质量管理条例》等。由于涉及法律的多样性，不同法律之间可能存在冲突或者适用难题，导致裁判结果不一致。

（2）技术性问题的复杂性。建设工程纠纷案件通常涉及复杂的技术性问题，例如工程质量、设计问题等。对于这些技术性问题，法官需要具备一定的专业知识，以便正确理解和适用相关法律规定。

（3）地方性差异。建设工程在不同地区的规模、环境、政策等方面存在差异，导致不同地区对于建设工程纠纷的法律适用和裁判标准可能存在差异。

为解决法律适用和裁判标准的统一问题，需要采取一系列的措施：

（1）加强司法人员培训。培训法官和法院工作人员，提高他们对建设工程领域法律的了解和专业能力，确保法律适用的准确性和一致性。

（2）建立统一的裁判标准。相关司法部门应当制定和完善涉及建设工程纠纷的裁判标准，明确适用的法律条文和裁判依据，加强类案检索的运用，以确保裁判结果的统一性。

（3）加强技术鉴定。在涉及技术性问题的建设工程纠纷案件中，可以委托专业的技术鉴定机构对相关问题进行鉴定，为法院提供专业的意见和建议。

（4）加强地方法律研究。不同地区的建设工程纠纷可能存在差异，相关司法部门应加强对地方法律的研究，确保法律适用的一致性和合理性。

（5）促进司法协作。建设工程纠纷案件可能涉及多个地区或者多个部门的法律规定，相关司法部门应加强协作，形成统一的法律适用和裁判标准。

3. 司法公正和诚信原则的落实问题

在建设工程司法审判中，司法公正和诚信原则的落实问题是非常重要的。司法公正是司法审判的核心价值，它要求法官在案件审理中客观、公正地对待每一个案件，不偏袒任何一方，保障当事人的合法权益。然而，建设工程司法审判中存在一些司法公正和诚信原则的落实问题，主要表现在以下几个方面：

（1）法官主观意识影响。法官的主观意识可能会对案件的判决产生影响，导致司法公正受到影响。例如，法官可能因为个人对某个法律理解的不同，或者因某个案件产生的社会效果，影响其对案件本身的判断。

（2）律师和当事人失信行为。在建设工程纠纷中，律师和当事人可能会出现失信行为，故意隐瞒真相或者提供虚假证据，从而影响了诉讼活动的诚信和公平。

（3）违反程序规定。一些法官和律师可能会违反诉讼程序规定，例如超出法定期限作出判决，或者故意延迟审理，从而影响了案件的审理效率和公正性。

为解决司法公正和诚信原则的落实问题，需要采取一系列的措施：

（1）加强法官培训。培训法官，强调司法公正和诚信原则的重要性，提高法官的公正意识和诚信意识。

（2）加强律师教育。培训律师，加强对律师职业道德的教育，引导律师恪守诚信原则，不得故意提供虚假证据或者隐瞒真相。

（3）建立监督机制。建立对法官和律师的监督机制，及时发现和纠正司法公正和诚信原则的问题。

（4）加强法官和律师的职业道德建设。强调法官和律师的职业道德，加强职业道德建设，确保他们在司法活动中遵守公正和诚信原则。

（5）提高审判透明度。加强对审判活动的监督和公开，提高审判的透明度，确保审判公正。

11.4 建设工程纠纷解决的多元化

建设工程纠纷解决的多元化是指在解决纠纷时，当事人可以选择不同的争议解决方式，包括诉讼和仲裁。诉讼是通过法院解决争议的方式，而仲裁是通过仲裁机构解决争议的方式。

1. 多元化选择

建设工程纠纷涉及复杂的技术和法律问题，因此，当事人在选择争议解决方式时，可以根据实际情况灵活选择诉讼或仲裁。一方面，诉讼程序相对正式，需要较长的审理时间，但在解决复杂纠纷和保障权利时具有优势；另一方面，仲裁程序相对简便快捷，适用于一些简单的纠纷或双方达成一致的情况。根据《仲裁法》和《民事诉讼法》，建设工程纠纷的当事人可以自主选择诉讼或仲裁作为争议解决方式。

2. 选择原则

当事人在选择诉讼或仲裁方式时，应遵循自愿、平等、公平、公正的原则。双方需自愿选择争议解决方式，没有被迫性；双方在诉讼或仲裁中应当平等地享有权利；诉讼或仲裁程序应当公平公正，保障当事人的合法权益。

3. 衔接机制

为了确保诉讼与仲裁争议解决方式的衔接，我国建立了仲裁裁决与民事诉讼裁判衔接机制。《民事诉讼法》第二百四十八条规定，对依法设立的仲裁机构的裁决，一方当事人不履行的，对方当事人可以向有管辖权的人民法院申请执行。受申请的人民法院应当执行。仲裁裁决被人民法院裁定不予执行的，当事人可以根据双方达成的书面仲裁协议重新申请仲裁，也可以向人民法院起诉。

4. 效率与成本

由于仲裁程序相对于诉讼程序较为迅速和灵活，仲裁过程中通常不需要太多的时间和成本，因此在处理一些简单和小额纠纷时，仲裁可能是更为高效和经济的争议解决方式。而对于一些复杂和涉及大额纠纷的案件，当事人可能更倾向于选择诉讼程序，以便充分保障自己的权益。

5. 专业性

建设工程领域涉及技术性较强，需要专业知识的问题。仲裁机构通常有专业的仲裁员，对于技术性问题有一定的了解，有助于准确判断事实和适用法律；而法院虽然也可以聘请技术专家进行鉴定，但可能无法与仲裁机构的专业性相比。

建设工程索赔的相关内容见二维码11-3。

11-3
建设工程
索赔概述

思考题

1. 在建筑工程合同中，对于工程质量的约定应当如何表述？

2. 在建筑工程司法审判中，对于工程款的支付纠纷，通常依据什么原则进行判决？

附录 1　课程设计任务书

一、课程设计的目的

本课程设计的目的在于使同学在掌握了工程招投标理论知识和方法的基础上，能够编制具体工程项目的招标投标文件，并且能够充分识别招标投标过程中可能存在的风险，锻炼在招标投标阶段及时进行风险防范的能力，特别是对于现阶段国家大力推广的工程总承包项目的招标投标文件编制工作，熟悉招标投标程序，防控招标投标风险，为今后的实际工作奠定基础。

二、课程设计的任务

针对实际工程（同学自选，交由指导老师审定），可要求同学分组模拟公开招标的有关程序，并编写工程总承包项目招标相关技术文件。主要完成下面三个方面的任务：

（一）编制招标文件

包括：招标公告、投标须知、技术规范、"发包人要求"、投标文件格式、投标文件的组成、合同文件格式、投标文件提交要求、开标评标程序等。

（二）编制投标文件

根据招标文件要求编制对应的投标文件，其中技术标可只编制施工进度计划表。

（三）识别招标文件以及投标文件中的风险点，并在相应文件的条款中批注风险防控建议。

（四）模拟招标投标的有关程序，进行开标过程实训。

三、课程设计时的指导要点

（一）要让学生厘清工程总承包制度相较于施工总承包制度的核心差异

与传统的设计、施工发承包模式相比，工程总承包模式能更加适应建设单位多样化需求，提高项目生产效益，也能为具备综合实力的承包单位提供较为丰厚的回报，是国际上广泛采用的模式。

就目前的工程实践来看，工程总承包模式大致可分为两类：

第一类是由承包人采用设计 – 采购 – 施工（EPC）或交钥匙总承包（TURNKEY），

承担工程项目的设计、采购、施工、试运行等工作，并对承包工程的质量、安全、工期、造价全面负责。

第二类是设计－施工总承包（DB），即由工程总承包单位承担项目设计和施工，并对工程的质量、安全、工期、造价全面负责。

（二）要让学生了解不同项目类型招标文件的差异以及在制作不同类型项目投标文件或投标时的主要风险并初步了解如何防范主要风险

（1）项目资金来源审查风险识别与防范

①招标文件中要求投标人垫资的风险。EPC 项目通常与融资有着密切关系，由于偏重于融资安排的缘故，有些招标文件中，招标人明确要求 EPC 总承包方带资承包，大量垫资影响总承包方的工程管理，造成大量资金被占用，损害了总承包方投资和业务扩展的能力。

②政府投资项目要求投标人垫资的风险。对政府投资项目要求承包人垫资施工或 BT 模式的，可能会导致项目无法办理施工许可手续、难以融资、无法办理验收手续等风险。

③要求投标人缴纳除法定保证金之外的保证或现金。例如诚信金等，且对扣还、返还不做任何明确的约定或承诺。

对此，可以提示同学们在制作投标文件或投标时，采取以下防范措施：

①建立内部的项目承接底线管理规定，尤其是对需要垫资的项目设立明确的警戒线，或采取"一事一议"的审批方式，例如高于规定垫资比例的项目不允许投标、非长期合作的招标人或后期无较大合作空间的项目不允许承接等符合投标单位实际情况的管理规定。

②对于政府投资项目要求垫资的，应当依据国家相关法律法规和政策，在投标答疑期间要求发包人澄清，并应在中标后在合同中约定违反法律法规政策导致的风险由发包人承担。

③承接项目前应对招标人的经营状况、资本结构、总资产水平、资金周转率、营业额等进行分析评估，从多渠道了解招标人其他项目的履约情况。对于资金源于招标人自筹的项目，承包商应当重点考察和审核招标人项目资金的来源是否可靠，自筹资金和贷款比例是多少，偿贷能力如何。

④对于发包人不能提供资金来源证明的，要求发包人提供工程总承包合同款项支付担保、履约保证金退还的有效担保。

⑤投标时应当特别注意到在合同条款中明确付款比例，该类条款属于实质性内容，根据相关法律规定，中标后不得再签订与招标投标文件存在实质性变更的合同，因此合同的支付条件在中标后基本没有谈判变更的空间，投标人切勿抱着先中标再谈判的心态盲目接受苛刻的付款条件。

⑥对于中标后，发包人提出要求进一步让利或延长工程款支付期限或提高工程款支付条件，工程总承包人可以以违背《招标投标法》第四十六条强制性规定为理由不予接受。

（2）招标文件审查及实质性响应风险识别与防范

基于目前招标投标法律法规对于招标人、招标文件有哪些属于实质性内容的规定并不明确，且不同类型项目的招标文件实质性内容往往存在特征上的差异，法律法规也没有强制性规定发包人的招标文件应当将实质性内容统一条款表述，招标人往往以投标人未能进行实质性响应或未能满足实质性要求为由，对投标文件予以否决。但需要注意的是，目前国内一些地区，如江苏、云南、上海等地方法律法规中，都有要求否决条款在招标文件中集中表述的规定，未经集中表述的不得作为否决条件使用。

对此，在制作投标文件或投标时，可采取以下防范措施：

①全面梳理、分析招标文件，对其中注明的实质性响应条款在投标时作出积极响应。

②对于招标文件未明确需要实质性响应条款内容进行标注的，投标人不能准确把握时，可以在澄清阶段提出，要求招标人书面给予明确。

③对于招标文件的招标流程和内容违反法律法规规定的、招标文件前后一表述不一致的，要求招标人书面确认并解释。

④招标人对否决条款在招标文件中未统一表述的，结合相关法律法规，要求招标人对否决性条款集中明示。

（3）项目信息描述不明或复杂地质情况发生的风险识别与防范

①招标人未提供或未全面提供影响投标报价、设计施工技术方案相关的必要信息。

②招标文件中规定，对于招标文件中的信息的准确性招标人不负责任，投标人有义务自己解读、分析并核实这些信息。如果投标人对相关信息的解读有误或遇到复杂水文地质情况，将由投标人承担由此带来的风险。

③招标文件中对于招标人要求及竣工验收标准等涉及合同价款风险及工程交付的重要信息或标准或要求不明确不清晰。

对于上述风险，可在制作投标文件或投标时，采取以下防范措施：

①全面审查招标文件，由投标归口部门负责收集其他投标相关人员对招标文件存在的疑问，并在招标文件规定的期限内以书面方式要求招标人进行澄清或补充，细化投标所需信息。

②认真全面勘察现场，对于招标人提供的勘察资料不全、不准确的情形及时提出澄清或答疑；对招标人的勘察资料存在错误等问题，要及时书面通知招标人，并要求招标人对错误之处进行纠正。

③如果投标期间发现招标文件不符合法律规定，例如存在不合理限制排斥潜在投标人，或者招标需求不明确影响公平竞标的，投标人可以按照法律规定向招标人提出异议，招标人应当暂停投标活动，并在规定时限内进行处理。

④在合同签署阶段争取约定招标人对前期勘察设计文件的真实性、准确性、完整性负责，对于招标人在招标文件中要求投标人自行复核的，争取约定承包人对于因时

间等客观原因无法复核及资质范围内即便尽到合理谨慎注意义务仍难以发现的勘察设计错误或偏差的责任由发包人承担。

（三）要让学生认识到暂估价、暂列金额的差异及其在招投标时的特殊之处

在工程实践中，出于建设进度考虑，在招标投标阶段往往会出现工程设计尚未全部完成，或设计深度尚不完全满足项目要求，抑或建设单位的需求尚未最终决定等情况。对于某些材料、设备或专业工程是否需要采购或实施还存在不确定性，也不确定具体实施该项专业工程的实际金额，为避免争议，招标人一般都会在工程合同中将上述项目作为暂估价、暂列金额列项，待条件成熟时再决定是否采购或实施。

（1）暂估价、暂列金额的定义

工程实践中对于暂估价和暂列金额的界定主要借鉴了国际惯例。通常认为，暂估价是指用于支付工程建设中必然发生但暂时不能确定价格的材料、设备以及专业工程的金额。实践中，根据暂估价项目的具体对应内容可分为材料暂估价、设备暂估价、专业工程暂估价等。暂列金额是指在合同和工程量清单中载明的、金额暂定但包括在工程合同价款中的款项。广义上，该款项用于施工合同签订时尚未确定或者不可预见的所需材料、工程设备、服务的采购，施工中可能发生的工程变更、合同约定调整因素出现时的工程价款调整以及实际发生的现场签证、索赔等费用。

由此可见，暂估价和暂列金额既有联系又有区别。招标人在确定暂列金额项目时，其本身是否发生尚不确定。投标人中标后，暂列金额项目可能发生也可能不发生，因此其金额是暂列的。而暂估价项目是确定要实施的项目，如确定要采购的材料、设备和专业工程，只是招标时暂无法确定金额而已。

（2）暂估价、暂列金额项目的招标标准

《招标投标法实施条例》第二十九条规定："招标人可以依法对工程以及与工程建设有关的货物、服务全部或者部分实行总承包招标。以暂估价形式包括在总承包范围内的工程、货物、服务属于依法必须进行招标的项目范围且达到国家规定规模标准的，应当依法进行招标。前款所称暂估价，是指总承包招标时不能确定价格而由招标人在招标文件中暂时估定的工程、货物、服务的金额。"该条规定虽然仅涉及暂估价，对暂列金额并未明确规定。但是，考虑到暂估价和暂列金额在进行招标时均为暂估、暂列，两者在招标投标这一竞争性缔约模式中性质相同，均是未进行过竞争的价格。

同时，从招标投标实践来看，暂列金额的项目也同样适用该条关于招标投标的规定。此外，如北京市建设委员会在《关于加强建设工程材料设备采购的招标投标管理的若干规定》（京建法〔2007〕101 号）第五条规定："招标人对建设工程项目实行总承包招标时，未包括在总承包范围内的材料设备，应当由建设工程项目招标人依法组织招标。招标人对建设工程项目实行总承包招标时，以暂估价形式包括在总承包范围内的材料设备，应当由总承包中标人和建设工程项目招标人共同依法组织招标。"

对于判断暂估价和暂列金额项目是否属于必须招标的项目，则仍然需要依据《必须招标的工程项目规定》（国家发展和改革委员会令第 16 号）等确定的项目类型和规模标准。

（3）暂估价、暂列金额的招标方式

如果暂估价和暂列金额项目依法属于必须招标的项目，则必须进行招标投标。而采用的招标方式则可根据项目特点和招标人需求进行安排。在工程建设项目的招标实务中，暂估价和暂列金额项目经常采用的招标形式可以分为三种：

一是发包人招标。即发包人通过招标投标直接选定中标人。

二是总承包人招标。即总承包人提供招标投标选定中标人，该方式常见于选择专业分包工程承包人。

三是发承包双方联合招标。在以此方式进行的招标中，发包人对项目的介入程度更为深入。

鉴于招标投标活动受到行政主管部门的监管，招标人在实践中仍需提前了解项目所在地的行政监管规定。例如，上海市就明确规定，施工暂估价项目招标应当由建设单位、施工总承包单位或者建设单位和施工总包单位组成的联合体作为招标人，因此，需提醒同学们在注意辨析招标投标概念时，还需要对项目所在地住建主管部门所颁布的文件或要求进行了解，并应用到招标投标过程中。

四、课程设计时间安排、考核方法及成绩评定

（一）时间安排（按照具体教学时间确定）

（1）招标文件编审安排 9 天，具体如下：

1）确定投标资格、招标方式、评标标准等，0.5 天。

2）确定招标文件的标准格式，0.5 天。

3）编写招标文件各部分内容，5 天。

4）指出招标文件的风险点及防范建议，2 天。

5）审稿、定稿，1 天。

（2）投标文件安排 7 天，具体如下：

1）熟悉课程设计招标文件及图纸，0.5 天。

2）编制工程量清单格式、内容及投标说明，3 天。

3）编制施工进度计划表，0.5 天。

4）梳理投标文件的风险点及防范建议，2 天。

5）定稿、审稿 1 天。

（3）招投标文件整理打印、装订安排 1 天。

（4）投标准备、开标程序实训，安排 1 天。

（5）答辩，安排 1 天。

（二）设计成果要求

（1）按照要求完成相应工作，并提交要求的工作成果。

（2）所依据的基础资料合理，招标文件内容完整、明确。

（3）"发包人要求"等信息详实、完整，要求清晰、逻辑准确。

（4）招标投标文件编写按照标准格式编制。

（5）对招标投标文件中的主要风险点认识准确，并能够提出较为完善的风险防范建议。

（6）文件统一采用 A4 纸张打印，每组提交一份，注意内容组卷顺序（按文件名称编号顺序进行）。

正文具体要求如下：

1）有目录（包含主要章节二级标题）。

2）各级标题可参考 Word 程序的各级标题格式，各级标题依次为 1、1.1、1.1.1……

3）正文段落首行空 2 个字符，字体为宋体、小四号字，行间距 20 磅。

4）表格名称位于第一行居中。

（7）设计成果需要装订成册。

（三）成绩评定

指导教师可以根据同学的课程设计成果的综合情况（主要考核同学的方案选择、图表绘制、"发包人要求"编制、独立设计能力、风险识别及防控能力等情况），结合同学设计中的表现、工作态度、风险意识以及答辩表现（考核同学招标投标设计的理论应用和分析能力），客观地确定同学实习成绩。

成绩评定采用优秀、良好、及格、不及格四级记分制：

（1）优秀标准：优，85 分以上。

（2）良好标准：良，75~84 分。

（3）及格标准：及格，60~74 分。

（4）不及格标准：不及格，59 分以下分。

五、课程设计的工作准备

完成课程设计需要进行如下的准备工作。

（1）按照本任务书制定课程设计的工作计划。

（2）依据本设计任务书对时间进行有效安排。

（3）为课程设计工作进行准备，比如提前安排好电脑的使用、网络的使用、调查计划的执行、图书资料的查阅等。

（4）充分利用已有条件，根据课程设计的要求进行资料收集和数据收集工作。

（5）做好其他学习工作安排，并保证课程设计的顺利实施。

六、课程设计的主要内容及工作要点

（1）工程基本信息，主要包括：项目名称、建筑地点、建设单位、建筑面积、项目质量要求、工期要求、工程设计概况等。

（2）招标小组设计工作内容及要求

根据以上工程的基本信息，编制招标公告、资格预审条件、招标文件、评标办法以及标底文件等，设计招标投标工作步骤，安排和组织招标投标活动。

重点是招标书的编制，特别是工程总承包项目中的"发包人要求"编制工作。以及风险识别的准确性、风险防范的可操作性，要求内容完整，程序时间安排合理，格式准确，评标办法合理。

七、课程设计成果

课程设计提交成果为招标文件、投标文件各一份。工程招采性质可在施工总承包、工程总承包中任选其中一种，主要内容包括：

（1）招标公告。

（2）投标人须知。

（3）评标办法。

（4）合同条款及格式（通用条款可不含具体内容）。

（5）报价清单：含报价清单综合说明、设计计价原则、施工计价原则、其他说明。

（6）"发包人要求"：含项目的功能要求、范围、工艺、工期、项目管理、勘察设计范围、施工采购范围、设计要求质量标准、施工要求质量标准、物资采购质量标准（主要材料推荐品牌表若有）、竣工验收与其他技术标准和要求等内容。

（7）发包人提供的资料：含项目周边情况、项目"七通一平"情况、发包人取得的有关审批、核准和备案材料、发包人提供的技术标准、规范，包括但不限于地形图、方案设计图纸、初步设计图纸、地勘报告、设计任务书等。

（8）投标文件格式（含商务标、经济标、技术标其中，技术标可只编制施工进度计划表）。

课程设计成果提交时间应该严格按照本任务书执行。

八、参考资料

《标准设计施工总承包招标文件》《建设工程施工合同（示范文本）》（GF—2017—0201）、《建设项目工程总承包合同（示范文本）》（GF—2020—0216）、《建设工程工程量清单计价标准》GB/T 50500—2024、《建设项目工程总承包计价规范》T/CCEAS 001-2022、《标准施工招标文件》以及教材使用地的住房和城乡建设主管部门颁布的最新招标文件示范文本。

附录 2　　毕业设计任务书

一、设计的主要任务及目标

毕业设计是各个教学环节的继续、深化和扩展，是锻炼学生分析问题，解决问题，综合能力提高的重要阶段。通过毕业设计，可最后完成建筑工程招标投标技术及管理复合型人才的综合训练，为学生今后从事实际工作打好基础，毕业设计要求学生着重以下几个方面的能力培养：

（1）综合运用在校所学的知识，锻炼、提高分析问题和解决实际工程招标投标问题的能力，树立正确的设计思想，培养良好的职业道德。

（2）结合毕业设计题目通过调研、收集资料，了解和掌握所要完成毕业设计的工程规模、性质、可采取的招标投标方案以及如何防控风险。

（3）通过毕业设计，学会运用各种设计规范、标准图集、设计手册等有关技术资料，学会并掌握工程管理软件的应用以及工程招标投标文件的编制。

（4）通过毕业设计严格的基本训练，学会模拟清单的编制方法、"发包人要求"编制要点，掌握设计要领和技巧，在教师指导下通过独立完成编写与计算，基本达到能独立完成工程招标投标文件编制的要求。

（5）通过毕业设计，使每个学生学会设计文件的编制和招标投标方案及招标投标说明的文字论述，进一步提高工程招标投标管理的理论水平和撰写论文的能力，初步具备独立进行工程招标投标文件编制的工作能力。

（6）通过毕业设计，使每个学生学会招标文件的编制、"发包人要求"的编制和商务投标书的编制方法，为直接走向社会工作岗位打好坚实的基础。

（7）通过毕业设计，使每个学生了解招标投标过程中的法律风险，学会在招标投标阶段通过设计相关条款的方式规避风险。

二、设计的主要内容

（一）毕业设计课题：工程总承包类项目招标文件的编制

（1）编写投标须知及投标须知前附表。

（2）编写合同条款。

（3）编写合同文件格式。

（4）编制"发包人要求"：含项目的功能要求、工程范围、工艺安排或要求、时间要求、技术要求、竣工试验、竣工验收、竣工后试验（如有）、文件要求、工程项目管理规定、其他要求等内容。

（5）编制发包人提供的材料：含项目周边情况，项目"七通一平"情况，发包人取得的有关审批、核准和备案材料，发包人提供的技术标准、规范，包括但不限于地形图、项目建议书、可行性研究报告、方案设计图纸、初步设计图纸、地勘报告、设计任务书等。

（6）编制项目清单。

（7）编写投标文件商务标部分格式。

（8）编写投标文件技术标部分格式。

（9）编写资格审查申请书格式。

（二）毕业设计课题要求

在教师的指导下，根据国家规范和项目功能要求、初步设计图纸，利用手工或相关软件编制项目清单，独立完成毕业设计任务书所给出的设计题目，独立完成招标及投标两部分内容的编写，独立完成工程总承包项目中的"发包人要求"内容的编写，达到教学目的的要求。并且，需要要求学生对工程总承包项目招标条件的判定以及重新招标的情形进行了解，保证实际工作所完成的招标投标文件具有合法合规性且能够在一定程度上规避法律风险。具体包括：

1. 对工程总承包项目招标条件的判定

《房屋建筑和市政基础设施项目工程总承包管理办法》中规定了三类项目的招标条件要求：①企业投资项目；②一般的政府投资项目；③简化程序的政府投资项目。根据《房屋建筑和市政基础设施项目工程总承包管理办法》，这三类项目分别具有不同的招标条件要求。

（1）对于企业投资项目，根据《房屋建筑和市政基础设施项目工程总承包管理办法》的规定，企业投资项目应核准而未核准的，将面临停止建设、责令停产、罚款的处罚；应备案而未备案则，应当承担责令整改和罚款的处罚。因此，企业投资项目应当完成核准和备案后发包属于行政管理上的强制规定，未完成相应程序，将面临相应行政处罚。也就是说，企业投资项目形式上应当在完成核准或者备案后进行发包。

从实质角度出发，不同于传统的施工总承包模式下发包人提供具体施工图纸，工程总承包人的义务是实现发包人的"需求清单"的需求，如工程总承包人最终完成的建设工程未能实现发包人的需求，则构成违约。这种"需求清单"或者"发包人要求"相对于图纸而言是模糊的，双方当事人对于合同的对价理解可能存在歧义，而工程总承包一般采用固定总价合同，如果合同目的并不清晰，显然无法明确合同造价所对应的工程内容，易起争议。

故结合工程实践而言，发包人必须将设计完成到一定程度，明确基本参数和基本要求之后，工程总承包模式的"固定总价"才能具有基本的对价基础。简言之，发包人完成的设计阶段越靠前，即越模糊，承包人可能承担的风险就越大，相应的合同价格就越高；反之，发包人完成的设计阶段越靠后，即越明确，承包人可能承担的风险就越低，相应的合同价格就越低。但相应的，发包人自身要完成的设计义务及设计方面的支出亦越高。

据此，发包人招标之前应当完成的设计阶段应当结合项目具体实际界定，其完成的设计阶段应当满足承发包双方对合同对价、风险范围、收益水平均，以可预见性为准，避免项目失控。所以，一个工程项目选择哪个阶段进行工程总承包的发包是要结合项目特点，分析具体到哪个阶段可以确保工程总承包人对工程价款及风险范围具有合理预见的可能，才可以选择这个阶段进行发包。但可以预见，至少是应当完成可行性研究报告阶段才具备进行工程总承包发包的基本条件。

（2）对于政府投资项目，根据《政府投资条例》第十一条规定，"投资主管部门或者其他有关部门应当根据国民经济和社会发展规划、相关领域专项规划、产业政策等，从下列方面对政府投资项目进行审查，作出是否批准的决定……（三）初步设计及其提出的投资概算是否符合可行性研究报告批复以及国家有关标准和规范的要求……"可知，上位法明确规定了政府投资项目应当完成初步设计审批，采用工程总承包项目发包的政府投资项目自然也应受上位法规制，应当在完成初步设计审批后发包。

（3）对于简化程序的政府投资项目，应当在简化审批程序完成后发包，简化审批程序目前暂无详细规定，但可以预见，原则上也至少应当完成可行性研究后发包。因为不论政府投资项目手续如何简化，建设范围、建设规模、建设标准、功能要求、技术方案等项目基本条件都是必须要审查的范围。这就意味着，原则上即使未来简化审批的相关规定出台，可行性研究报告也是审批不可或缺的内容。因此，简化审批项目也应当至少完成可行性研究阶段才可发包。且与企业投资项目相类似，工程总承包项目均具有明确项目基本条件的实质要求，才能明确合同目的，合理分配风险，从这个意义上说，亦要求完成可行性研究才能发包相应工程。

2. 认识依法需要重新招标的情形

重新招标在工程建设项目的招标中也常有出现，引起重新招标的具体事由包括出现法定的情形导致招标投标程序无法进行，招标人、投标人或者评标委员会的违法行为导致招投标或评标无效等。重新招标的目的在于确保招标投标活动遵循公开、公平、公正和诚实信用的基本原则，保护国家利益、社会公共利益和招标投标活动当事人的合法权益。

（1）招标投标实务中，导致重新招标的原因是多样的，就《招标投标法》等法律法规的规定，常见的重新招标的事由包括：

1）通过资格预审的潜在投标人少于3个。

2）投标截止期满，投标人少于3个（不含本数）。

3）同意延长投标有效期的投标人少于3个。

4）评标委员会经评审，认为所有投标都不符合招标文件要求，并否决所有投标。出现上述情况时，由于投标人数过少而不能保证充分必要的竞争，因此，招标人应当依法重新招标。

　　另外还需注意的是，即使参与投标的实际投标人数量大于或等于 3 个，但在评标过程中出现个别投标人废标，导致有效投标人少于 3 个时，评标委员会有权决定是否继续进行招标程序。

　　（2）除了因为上述原因需要重新招标外，如果在招标投标过程中出现如下情形，也需重新招标，包括：

　　1）招标人编制的资格预审文件、招标文件的内容违反法律、行政法规的强制性规定，违反公开、公平、公正和诚实信用原则，影响资格预审结果或者潜在投标人投标的，依法必须进行招标的项目的招标人应当在修改资格预审文件或者招标文件后重新招标。

　　2）国有资金占控股或者主导地位的依法必须进行招标的项目，排名第一的中标候选人放弃中标、因不可抗力不能履行合同、不按照招标文件要求履约保证金，或被查实存在影响中标结果的违法行为等情形的，可以重新招标。

　　另外，因招标投标活动中的违法行为引起重新招标，主要是指招标人、招标代理机构、投标人和评标委员会没有遵守法律或招标文件的规定导致中标无效等。以上是法定重新招标的情形，当然，法律并不限制招标人在招标文件中另外规定重新招标的情形，但仍应当避免出现不合法和不合理的情形。

　　（3）在出现依法应当重新招标的法定情形时，招标人应当重新招标。如果招标人对依法应当重新招标的项目没有重新进行招标的，中标将被认定为无效，并且招标人、投标人还将承担行政责任。但是上述关于重新招标的后果和责任承担也有例外的情形，包括：

　　1）法律允许招标人就重新招标和重新评标进行选择的。

　　2）经项目审批机关批准不进行招标的。

　　3）不属于法定必须招标的项目的。

　　若属于上述三类情形，则招标人可以不再重新招标，只需由评标委员会重新评标或者直接选定中标人即可完成招投标程序。

三、毕业设计的要求

　　（一）对技术的要求

　　（1）招标文件编写要严格按照上面所提供的格式来编写。对于工程招标的条件以及重新招标的情形应进行了解，不得出现违规招标的情形。

　　（2）统一用 A4 纸打印，并按顺序分别装订成两册。

　　（二）对学生的要求

　　（1）学生要充分认识毕业设计（论文）对提高自己专业素养、学习能力以及风险防控意识的重要性，虚心接受教师指导，刻苦钻研、独立思考、勇于实践、敢于创新，按时完成毕业设计（论文）任务。

　　（2）严格遵守学校纪律和要求，在指导教师指定的地点、范围内进行毕业设计（论文）。

（3）主动并定期向指导教师汇报毕业设计（论文）的进展情况，接受指导教师的检查和指导。

（4）完成毕业设计（论文）相关任务后，应按有关规定将毕业设计（论文）交指导教师。

（5）每位学生不得弄虚作假或抄袭他人成果。

（6）毕业论文的图纸、计算书、说明书等相关材料必须符合规范要求（论文、设计中的单位、符号应符合国家标准，格式按指导书的统一标准）

（7）毕业论文成果、资料等文本和电子文档资料交指导老师收存，毕业论文（设计）成果经指导老师同意可公开发表或申请专利。

四、设计进度安排

明确论文各阶段进度、起止日期，熟悉招标内容、程序及编制文件的要求，收集相关资料：

（1）完成课题相关问题调研，提交开题报告（时间：结合具体教学时间确定）。

（2）完成文献综述，构思设计框架，资料准备齐全（时间：结合具体教学时间确定）。

（3）完成模拟清单编制工作（时间：结合具体教学时间确定）。

（4）完成招标文件的整体设计的初稿（时间：结合具体教学时间确定）。

（5）修改设计成果二稿、三稿，直至定稿（时间：结合具体教学时间确定）。

（6）毕业设计说明书、可行性研究报告的修改和完善（时间：结合具体教学时间确定）。

（7）完成全部成果，通过学校查重检测装订、打印及做好答辩的准备工作（时间：结合具体教学时间确定）。

（8）指导教师评审及学生定稿、答辩（时间：结合具体教学时间确定）。

五、毕业设计成果及考核方式、方法与评分标准

（一）毕业设计成果

毕业设计完成后，需提供用 A4 纸打印的材料 1 份，储存所有文件的光盘 1 个（可进行演示）。招标文件内容包括：

（1）编写投标须知及投标须知前附表。

（2）编写合同条款。

（3）编写合同文件格式。

（4）编制"发包人要求"

（5）编制报价清单。

（6）编写投标文件商务标部分格式。

（7）编写投标文件经济标部分格式。

（8）编写资格审查申请书格式。

（二）考核方式、方法与评分标准

1.成绩评定程序

由指导教师给出平时工作与中期检查的成绩和设计质量与水平的成绩，并汇总计算出毕业设计总成绩，按成绩评定标准评定成绩为优、良、及格、不及格四等。

2.成绩评定标准

（1）优秀标准：优，85分以上。

（2）良好标准：良，75~84分。

（3）及格标准：及格，60~74分。

（4）不及格标准：不及格，59分以下分。

六、主要参考文献（原则上查阅文献资料不少于 8 篇）

参考文献

[1] 方乐坤. 建设工程领域"黑白合同"规则实证研究——解释论的视角 [J]. 现代法学, 2020, 42（5）: 196–209.

[2] 李凡. 建设工程施工合同无效问题研究 [D]. 安徽: 安徽大学, 2020.

[3] 杨静, 姚新宇. 建设工程的合同体系 [J]. 施工技术, 2015, 44（S2）: 708–11.

[4] 谢晓琴. 我国建设工程勘察合同风险防范研究 [J]. 法制与社会, 2015（9）: 75–76.

[5] 詹振淮. 浅谈建设工程勘察设计合同签订的一些体会 [J]. 广东水利水电, 2003（4）: 91–92.

[6] 菅学波. 浅析设备采购合同的风险与控制 [J]. 中国市场, 2017, 940（21）: 66, 70.

[7] 袁晓雯. 浅谈建筑工程项目中工程监理的合同管理 [J]. 居舍, 2020（11）: 146.

[8] 李鹏. PPP 项目投融资结构与方式 [J]. 中国外资, 2023（9）: 102–104.

[9] ZHANG, HONGLIAN, DONG, et al. A review of emerging trends in global PPP research: analysis and visualization [J]. 2016, 107（3）: 1111–1147.

[10] 王超, 杨军威, 刘雪松, 等. 浅谈村镇污水治理 PPP 工程实施中的突出问题与应对策略 [J]. 工程建设与设计, 2023（7）: 224–226.

[11] 王雨辰. 融资与避险权衡的公共选择——中国 PPP 项目风险分担变迁研究 [J]. 软科学, 2024（1）: 1–14.

[12] 张彦春, 罗吴赞, 黎良雪. 基于责任分摊的 PPP 项目提前终止补偿计算 [J]. 铁道科学与工程学报, 2022, 19（4）: 1130–1136.

[13] 汪凯, 禚新伦, 杨茜. EPC 模式下项目成本管理流程研究 [J]. 建筑经济, 2021, 42（10）: 37–40.

[14] 林永民, 王涵, 赵德信, 等. 基于 BIM 的装配式建筑全生命周期信息管理平台研究 [J]. 建筑经济, 2023, 44（1）: 77–83.

[15] 李飞. 装配式建筑计价体系建设与对策研究 [J]. 建筑经济, 2021, 42（2）: 23–25.

[16] 李浩, 唐文哲, 沈文欣, 等. 国内 EPC 工程项目索赔管理研究——以杨房沟水电站为例 [J]. 建筑经济, 2020, 41（4）: 59–63.

[17] 刘玲北, 丁浩珉. 工期争议典型案例分析及防范建议 [J]. 建筑经济, 2022, 43（6）: 41–47.

[18] 汤英, 景玉飞. 施工总承包工程竣工结算审价争议问题的分析与解决 [J]. 建筑经济, 2020, 41（S1）: 119–122.

[19] 宋阳．工程全过程造价服务的主要任务和措施 [J]. 建筑结构，2023，53（8）：159.

[20] 宋阳．进度、质量、投资：工程变更对建筑工程造价的影响 [J]. 建筑结构，2023，53（7）：155.

[21] 魏保平．FIDIC 银皮书与我国新版工程总承包合同示范文本的索赔管理比较研究 [J]. 建筑经济，2022，43（S1）：674–678.

[22] 樊子杰，张建龙．岩石级别变化引起的水电工程索赔探讨 [J]. 人民黄河，2021，43（S1）：214–217.

[23] 徐鹏，卢玉敏，胡聿涵，等．不可抗力（疫情）条件下工程承包商的费用索赔研究 [J]. 建筑经济，2021，42（S1）：159–162.